装配式建筑深化设计

刘 峥 谢 俊 谢伦杰 著

中国建筑工业出版社

图书在版编目（CIP）数据

装配式建筑深化设计/刘峥，谢俊，谢伦杰著. —
北京：中国建筑工业出版社，2021.10
ISBN 978-7-112-26724-8

Ⅰ.①装… Ⅱ.①刘…②谢…③谢… Ⅲ.①装配式
构件-建筑设计 Ⅳ.①TU2

中国版本图书馆 CIP 数据核字（2021）第 215326 号

本书主要讲解装配式建筑的深化设计，全书共八章，主要内容包括：装配式建筑专业深化
设计；装配式结构专业深化设计；装配式机电专业深化设计；装配式装修专业深化设计；装配
式工艺专业深化设计；装配式建筑全产业链协同；装配式建筑全产业链创新。
本书供装配式从业人员使用，并可供大中专、高职高专院校师生参考。

责任编辑：郭　栋　辛海丽
责任校对：李美娜

装配式建筑深化设计
刘　峥　谢　俊　谢伦杰　著

*

中国建筑工业出版社出版、发行（北京海淀三里河路 9 号）

各地新华书店、建筑书店经销

北京科地亚盟排版公司制版

北京君升印刷有限公司印刷

*

开本：787 毫米×1092 毫米　1/16　印张：17¾　字数：427 千字
2021 年 12 月第一版　　2021 年 12 月第一次印刷
定价：**59.00** 元
ISBN 978-7-112-26724-8
（38037）

自　序

　　千百年来，经典建筑犹如一曲曲优美的旋律，奏响着时代的最强音，凝聚着一代又一代杰出建筑师的心血结晶。时至今日，装配式建筑已然成为当今建筑发展的重要风向标。

　　现代装配式建筑源于欧洲，兴盛于20世纪的美国、日本和欧洲工业发达国家。中华人民共和国成立，国家就开始推广建筑工业化，推出了装配式建筑1.0版。从20世纪50年代起，学习苏联装配式大板住宅体系，在全国建立起大量装配式预制构件厂，第一代"筒子楼"开始了装配式建筑的规模化尝试，快速建成了一批职工宿舍。但受制于当时的技术条件和设计标准，建筑品质普遍不高，在结构抗震、防水保温、隔声防火等方面均不同程度地存在一些问题。改革开放后，现浇混凝土建筑成为建造领域的主力军，深刻影响着近四十年的建筑发展历程。党的十八大以来，高度重视生态文明建设，新型装配式建筑作为绿色建筑的重要方向，得到党中央、国务院的高度重视。2016年2月出台的《中共中央　国务院关于进一步加强城市规划建设管理工作的若干意见》中明确提出"大力推广装配式建筑，减少建筑垃圾和扬尘污染，缩短建造工期，提升工程质量。力争用10年左右时间，使装配式建筑占新建建筑的比例达到30％。"

　　在新时代的征程上，发展新一代装配式建筑，就是要站在建筑工业化和信息化基础上，结合智能智造和数字技术，采用标准化设计、工厂化生产、装配化施工，一体化装修和信息化管理为主要特征的生产方式，打通建筑产业全流程，构建起设计、制造、装配的完整有机产业链，实现建筑全过程的工业化、智慧化和生态化，大幅提高社会整体建筑质量和综合效益，从而实现建筑业的"碳达峰"与"碳中和"目标。

　　通过总结近十年设计、制造、装配的实践经验，借鉴日本等发达国家的成熟经验，按照智能制造设计思维，我们对新一代装配式建筑的深化设计，从建筑、结构、机电、装修、工艺等专业深入分析要点，做出系统性归纳总结，不只是从设计思维、设计流程，更从各专业设计协同方面，对新型装配式建筑的发展提出建议和意见。希望对广大同行有所参考。

谢　俊

前　言

2020 年 7 月 29 日，从国家住房和城乡建设部等十三部委发布《关于推动智能建造与建筑工业化协同发展的指导意见》，到 2020 年 9 月，习近平总书记在第七十五届联合国大会一般性辩论上提出中国碳达峰、碳中和的时间表，即二氧化碳排放力争于 2030 年前达到峰值，努力争取 2060 年前实现碳中和。"推广装配式，实现绿色建筑"成为新时期建筑业重点发展的方向之一。

作者依托建业集团筑友国家博士后科研工作站和清华大学的科研支持，通过分析国家最新装配式建筑设计规范和评价标准，结合装配式建筑设计施工案例，分别从装配式建筑专业、结构专业、机电专业、装配式装修、工艺制造专业等深化视角，总结装配式建筑各专业深化设计的各种方法，提出装配式建筑深化设计的协同与创新之路，为广大读者提供设计参考和工程借鉴。

本书由建业集团筑友智造刘峥和清华大学博士后谢俊及云南城投众和装饰公司谢伦杰合著。全书第 1、6、7、8 章由刘峥著，第 2、3、4 章由谢俊博士著，第 5 章由谢伦杰著，全文由刘峥统稿。

感谢昆明群之英科技有限公司、筑友集团建筑科学研究院博士后科研工作站、云南城投中民昆建科技有限公司、云南城投众和装饰有限公司给予全书提供研究平台和诸多建设性意见。感谢建业筑友集团与云南城投集团诸多领导和昆明群之英科技有限公司林国强先生给予全书诸多支持及建设性意见。

由于作者理论水平和实践经验有限，书中难免存在不足甚至是谬误之处，恳请读者批评指正。

刘　峥

目　　录

第1章　绪论 ··· 1
　　1.1　装配式建筑相关概述 ··· 1
　　1.2　装配式建筑环境分析 ··· 6
　　1.3　装配式建筑设计特性 ·· 17
　　1.4　装配式建筑设计流程 ·· 26
第2章　装配式建筑专业深化设计 ··· 31
　　2.1　前言 ··· 31
　　2.2　装配式建筑技术策划 ·· 33
　　2.3　装配式建筑平面设计 ·· 41
　　2.4　装配式建筑立面设计 ·· 50
　　2.5　装配式建筑构造设计 ·· 67
　　2.6　本章小结 ·· 75
第3章　装配式结构专业深化设计 ··· 76
　　3.1　前言 ··· 76
　　3.2　装配式建筑结构计算 ·· 85
　　3.3　装配式结构拆分设计 ·· 86
　　3.4　装配式结构构件设计 ·· 91
　　3.5　装配式构件连接设计 ·· 98
　　3.6　装配式构件短暂工况验算 ·· 115
　　3.7　本章小结 ··· 117
第4章　装配式机电专业深化设计 ·· 118
　　4.1　前言 ·· 118
　　4.2　装配式建筑给水排水设计 ·· 120
　　4.3　装配式建筑暖通设计 ·· 131
　　4.4　装配式建筑电气设计 ·· 141
　　4.5　本章小结 ··· 153
第5章　装配式装修专业深化设计 ·· 154
　　5.1　前言 ·· 154
　　5.2　装配式装修各阶段设计 ··· 156
　　5.3　装配式装修设计模数 ·· 160
　　5.4　装配式装修子体系设计 ··· 161
　　5.5　精装修住宅的成本配置 ··· 176
　　5.6　本章小结 ··· 181

第6章　装配式工艺专业深化设计 ···································· 183

　6.1　前言 ·· 183

　6.2　装配式构件工艺设计 ·· 187

　6.3　工艺设计问题解析 ·· 216

　6.4　本章小结 ·· 223

第7章　装配式建筑全产业链协同 ································ 224

　7.1　前言 ·· 224

　7.2　装配式建筑政策协同 ·· 226

　7.3　装配式建筑标准协同 ·· 226

　7.4　装配式建筑市场协同 ·· 228

　7.5　装配式建筑开发协同 ·· 228

　7.6　装配式建筑设计协同 ·· 229

　7.7　装配式建筑制造协同 ·· 232

　7.8　装配式建筑施工协同 ·· 234

　7.9　装配式建筑成本协同 ·· 235

　7.10　装配式建筑协同工具 ··· 238

　7.11　产业链协同发展对策 ··· 244

　7.12　本章小结 ··· 247

第8章　装配式建筑全产业链创新 ································ 248

　8.1　前言 ·· 248

　8.2　装配式建筑市场营销创新 ····································· 248

　8.3　装配式建筑关键技术创新 ····································· 249

　8.4　装配式建筑智慧设计创新 ····································· 251

　8.5　装配式建筑智能制造创新 ····································· 255

　8.6　装配式建筑新材料的创新 ····································· 257

　8.7　装配式建筑质量检测创新 ····································· 265

　8.8　装配式建筑质量追溯创新 ····································· 266

　8.9　本章小结 ·· 267

附录——装配式创新企业简介 ····································· 268

参考文献 ·· 271

后记 ·· 275

第 ❶ 章

绪论

1.1 装配式建筑相关概述

1.1.1 概念阐释

1. 建筑产业化

建筑产业化是指整个建筑产业链的产业化，将建筑业向前端的产品开发、下游的建筑材料、建筑能源甚至建筑产品的销售延伸，是整个建筑行业在产业链条内资源的更优化配置[1]。建筑产业现代化以建筑绿色发展观作为基础和理念，以城市住宅建设为研究重点，以新型建筑工业化作为研究核心，广泛地运用了现代科学技术和信息化管理手段，以建筑工业化、信息化的深度相互融合，对建筑全产业链的形态进行更新、改造和创业性升级，实现了由传统的生产方式向现代工业化的生产方式的转变，从而实现了建筑工程质量、效率和经济效益提升，增强了技术和市场的结合。

2. 建筑工业化

建筑工业化是以建筑部品部件工厂化生产、装配式施工为生产模式，以设计标准化、构件部品化、施工机械化为特征，能够整合设计、生产、施工等整个产业链，实现建筑产品节能、环保、全生命周期价值最大化的可持续发展的新型建筑生产方式[2]。

3. 装配式建筑

装配式建筑是指用工厂生产的部品部件在工地装配而成的建筑[3]。这种建筑的优点是建造速度快，受气候条件制约小，节约劳动力并可大幅提高建筑品质。

4. 协同设计

装配式建筑协同设计是指设计中通过建筑、结构、设备、机电、装修、工艺等专业的相互配合，并运用信息化技术手段来实现建筑设计、制造运输、施工安装等功能性的一体化设计[4]。

由以上概念可见，"建筑产业化"的概念相对宏观，它们更强调建筑工程项目的建造理念、环境和方式；而"建筑工业化"指的是比较具体的建筑项目，"装配式建筑"是建筑工业化项目中的一个典型代表[1]；"协同设计"是装配式建筑从建筑工业化迈向建筑产业化的前置条件。装配式建筑深化设计有狭义和广义之分，狭义的深化设计也叫工艺设计，指预制构件生产加工图设计；广义的深化设计包含所有专业的深化设计。本书研究广义的装配式混凝土建筑深化设计。

1.1.2 全球背景

西欧曾经是现代装配式建筑的先驱和发源地，广泛意义上的现代装配式建筑虽然在很久之前就有所应用，但实践规模都不大。在17世纪初，英德等发达国家就已经开始对建筑产品和工业化这条道路进行探索，经过第二次世界大战以后，由于战争的严重破坏而导致住房状况极度困难，加之各个国家战后经济的快速发展以及劳动力和人口数量的快速增长，这也就使得建筑产品和工业化发展成为必然。为有效解决工业革命和第二次世界大战后住房紧张问题，西欧的一些国家大力发展预制装配式建筑，掀起了住宅工业化的高潮。

西方发达国家的装配式建筑，经过几十年甚至上百年的时间，已经发展到了相对成熟、完善的阶段。日本、美国、法国、瑞典、丹麦是最具典型性的国家[5]，各国结合自身实际和国情，开拓出不同的发展道路。其大致经历了三个发展阶段：①初期阶段重点任务是建立工业化生产体系；②发展阶段重点任务是提高建筑产品质量和性价比；③成熟阶段重点任务是进一步降低住宅的物耗和能耗，发展绿色住宅并解决多样化、个性化、低碳环保等问题[6]。

法国是世界上最早推行建筑工业化的国家之一。1891年，装配式混凝土构件首次在巴黎Biarritz的俱乐部建筑中使用至今，装配式建筑在法国已经历了130余年的发展历程。早在20世纪50~70年代，法国就已使用以全装配式大板和工具式模板为主的建筑施工技术；到了20世纪70年代，又向以通用构配件和设备生产和使用的"第二代建筑工业化"过渡；1978年，正式提出"世构体系"。进入20世纪90年代，法国建筑的工业化已朝着住宅产业现代化方向发展，法国构造体系以预制混凝土体系为主，钢、木结构体系为辅，在集合住宅中得到大量应用。

瑞典是住宅装配化最发达的国家之一。从20世纪50年代开始进行了大规模住宅建设，并于20世纪70年代达到高峰，预制技术取得广泛应用，由私有企业开发了混凝土预制构件的产业化体系，大力发展以通用部件为基础的通用体系。目前瑞典新建住宅中，采用通用部件的住宅占到了80%以上，工业化住宅公司生产的独户住宅已畅销世界各地。

美国的装配式建筑起源于20世纪30年代，盛行于20世纪70年代。20世纪初，美国成立了预制混凝土协会，并由政府及相关部门出资，长期致力于装配式建筑规范和标准的制定，一直推动着装配式建筑的发展。美国装配式建筑的发展道路与其他国家有所不同，其并不太刻意提"住宅产业化"，但由于其工业化的发展，促使住宅也有着产业化要求，并且发展水平很高。其预制构件生产的工厂化程度很高，基本实现了规模化、模数化。经过几十年的发展，美国的装配式建筑已达到世界先进水平：一是装配式结构构件通用化；二是各类预制构件的产业化和商品化供应。美国大城市住宅的结构类型以混凝土装配式和钢结构装配式住宅为主，在小城镇多以轻钢结构、木结构住宅体系为主。

日本装配式建筑的发展在亚洲处于领先地位，其建筑产业化起源于20世纪60年代，通过借鉴欧美装配式建筑发展经验，结合自身国情和地理位置需要，将装配式建筑的理念成功引用至超高层建筑的防震设计中，在减隔震设计方面取得了突破性进展。最具代表性的就是2008年采用预制框架结构建成的东京塔，在几次突发地震中，均成功地验证了装配式建筑结构稳定且易于减震、消能的优势。日本的装配式建筑经历了从标准化、多样化、工业化到信息化的不断演变和完善过程。目前，装配式在混凝土结构中所占比例已超过 50%。其装配式部品部件主要有装配式外墙板、装配式楼梯、装配式阳台和半装配式叠合楼板。

新加坡自 20 世纪 90 年代初，开始尝试采用预制装配式住宅，现已发展得较成熟，装配率很高。其通过平面布置、部件尺寸和安装节点的重复性来实现标准化以设计为核心，施工的工业化和机械化。装配式构件包括梁、柱、剪力墙、叠合板、楼梯、内隔墙、外墙、走廊、女儿墙、设备管井等，整个工程装配率达到 70% 以上。新加坡政府编制了详细的设计文件用于指导预制化住宅的设计和施工，同时将成熟的技术出口到香港和东南亚各地。

国外装配式建筑理论体系进行了积极探索并取得丰富成果。柯布西耶提出多米诺住宅体系，不但利用工业化住宅体系建造思想，而且同步满足居住者所需求的个性可变的要求。该体系不仅是住宅适应性方向的重要研究成果，同时也推动了住宅工业化的发展。"二战"后，采用工业化方式大批量建造住宅，装配式住宅得到快速发展。但同时，构件的标准化也带来了建筑立面失去多样性，城市的空间界面趋于同质化；建筑师为此进行了一系列的探索与实践。1961 年，荷兰建筑师哈布瑞肯（N, Jonh Habraken）在《骨架：大量性住宅的另一种途径》中提出了将住宅分为"骨架（Support）"和"可拆开的构件（Detachable Units）"的概念，并于 1965 年在荷兰建筑师协会会议上首次提出该设想，同时出版了《构架与人（supports and people）》套书，成为 SAR 的理论基础。受到 20 世纪 60 年代 SAR 理论体系的影响，开放建筑（Open Building）理论体系在 20 世纪 70 年代正式形成。在 OB 理论体系中，城市肌理（Tissue level）、建筑主体（Base Building level）和可分体（Infill level）三个层级，分别对应着公（社会）、共（群体）、私（个人）三种角色[7]，在设计过程中承担着不同的作用。日本 KSI 理论体系来源于 SI 体系，包括了结构体与填充体两个主要部分。KSI 住宅理论体系的发展开始于 1973 年进行试验住宅项目，该体系是基于住宅主体内部尺寸模数，进行内装和设备部品化技术体系的研究。

1.1.3 中国背景

第一阶段：20 世纪 50 年代至 80 年代的起步期

装配式建筑在我国起步较晚，20 世纪 50 年代提出向苏联学习工业化建设经验，学习设计标准化、工业化、模数化的设计理念，在建筑业发展预制构件和预制装配件方面进行了很多关于工业化和标准化的讨论与实践，人们逐渐了解装配式建筑的概念。20 世纪 60 年代，研究装配式混凝土建筑施工技术，形成了一系列装配式混凝土建造体系[8]，上海瑶兴大厦的建设中首次使用了预制混凝土块结构。20 世纪 70 年代，结合国情，借鉴国外经验，引进南斯拉夫预应力板柱体系，即后张预应力装配式结构体系，进一步改进了标准化方法，在施工工艺、施工速度等方面都有一定的提高。20 世纪 70 年代末，提出"三化一改"方针，即：设计标准化、构配件生产工厂化、施工机械化和墙体改造，出现了用大型砌块、装配式大板、大模板现浇等住宅建造形式。

第二阶段：20 世纪 80 年代至 90 年代的探索期

20 世纪 80 年代，装配式建筑在全国范围内开始进行试点探索，发达地区逐渐形成设计、生产、安装一体化建造模式。采用预制空心楼板的砌体建筑和装配式混凝土建筑，成了建筑体系两种最主要的形式[9]。实践应用过程中，因设计标准低、工厂制造水平低、整体抗震性能差、建筑隔声保温品质差、防水性能差等技术和要求落后，随着大量农村富余劳动力往城市转移带来现浇混凝土建筑热潮，从 20 世纪 90 年代至 21 世纪 10 年代的 20 年间，装配式建筑进入停滞期。

第三阶段：2010 年至今的发展期

国家住房和城乡建设部住宅产业化促进中心在 2010 年 10 月 16 日发布了《关于印发〈CSI 住宅建设技术导则〉（试行）的通知》。第一次明确提出 CSI 住宅体系，CSI 住宅建筑体系是将住宅的支撑体部分和填充体部分进行分离的设计体系，其中 C 是 China 的缩写[10]，表示基于中国国情和住宅建设及其部品发展现状而设定的相关要求；S 是英文 Skeleton 的缩写，表示具有耐久性、公共性的住宅支撑体，是不允许住户随意变动的一部分；I 是英文 Infill 的缩写，表示具有灵活性、专有性的填充体，是住户在住宅全寿命期内可以根据需要灵活改变的部分。

党的十八大以来，生态文明建设和新型绿色建筑成为主旋律。人口老龄化在建筑业格外突出，伴随着第一代进城务工的建筑工人老去，越来越多的第二、三代务工人员进入互联网等新兴领域，建筑业高强度、低职业尊严、流动性高的行业属性，导致建筑人力成本激增，质量对技能要求增加；两者相加，现浇混凝土建造模式遭遇巨大发展瓶颈，装配式建筑重新回到人们关注的领域。基于新时期高质量发展要求，中国建筑科学研究院有限公司、中国建筑标准设计研究院有限公司、中南大学、湖南大学、清华大学、同济大学、东南大学、大连理工大学、北京工业大学、哈尔滨工业大学等科研机构和重点大学对装配式建筑体系进行了深入的分析与研究，包括建筑模数化、标准化、信息化等装配式建筑领域研究和预制剪力墙连接节点、梁柱节点半刚性连接和型钢混凝土梁柱节点抗震性能试验研究等为代表的装配式结构领域研究。

现阶段，装配式建筑发展趋势是结合 BIM 技术实现从建筑设计、构件生产到装配施工及运营管理等全寿命周期的数字化信息无缝传递[11]。在装配式装修领域，也同步进行了有利探索。装配式建筑采用结构体与建筑内装体相分离的建筑通用体系，既可以满足建筑的多样化与适应性需求，也解决了建筑多次装修时剔凿结构体造成的安全隐患，保证了建筑全寿命期过程中主体结构的安全。结合我国的国情，不断完善我国工业化住宅的建造体系，以创新的思路和方法，利用科学、现代化的管理手段整合社会资源，积极推动国内外最新研究的交流与互动，从多方面来促进我国建筑的产业化发展。

1.1.4 优劣分析

1. 装配式建筑发展的优势

装配式建筑所带来的革新与进步，主要表现为以下几个方面：

1）提高品质

装配式建筑用标准化工序取代粗放管理[12]，将设计、生产、施工按照工业化生产的严格工艺要求来完成。其本质是通过建筑业生产方式的转变实现建筑品质、产品性能的快速提升。其表征是用工厂化生产取代现场作业，用产业化工人取代农民工，用地面作业取代高空生产，通过用机械化作业取代手工作业。

2）节约工期

装配式建筑已经脱离了传统建筑烦琐的施工流程，可以对建筑的各个构件实现同时生产，建筑效率将会大大提高。工业化的生产方式使得人工劳动力得到了解放，有效加快施工进度，缩短工程建设工期，提升房屋开发建设期的抗风险能力，提高投资方的资金的周转率，提升盈利水平。主要体现在以下几个方面：①标准化设计，提高工效；②一体化协同，缩短时间；③机械化作业，加快进度；④施工过程受环境影响小；⑤"产业工人"提高劳动生产率[12]。

3）环保、减碳

由于没有现场的大兴土木，现场作业的粉尘、噪声、污水大大减少；同时，也没有以往大量的模板、脚手架和湿作业，工人也大幅度减少。根据统计，采用装配式建筑的新型建造方式，可以在施工过程中节水 80％、节材 20％、节时 40％、节工 50％，减少建筑垃圾 90％。实践证明，装配式建造过程可很好地实现"四节一环保"，符合国家节能减排和绿色发展的目标[13]，更是实现建筑业"碳达峰"和"碳中和"的重要路径。

2. 装配式建筑发展的不足

经过近十年实践经验总结，我国目前装配式建筑主要存在以下六点不足：

1）政策方面

现行政策缺乏约束力，强制性不足；中央政策导向明确，地方政策落不到实处，制约了装配式建筑产业的长远发展。地方政府关于装配式建筑建造企业的扶持力度不到位，政府未制定完善的保障体系，间接导致了其发展速度较慢，不同区域针对装配式建筑的政策支持力度不均衡，地方性保护主义也限制了装配式建筑的发展。装配式实施主体的开发企业和建筑企业投入大、收入低，未真正享受到政府制定的补贴政策和优惠政策，两者不能匹配，将制约装配式建筑的长远发展。

2）技术方面

中国幅员辽阔、各个地区情况不一，装配式建筑在结构安全、减隔震技术、整体防水、保温连接等技术并未能解决全部问题，形成成熟技术加以推广。BIM 技术应用率较低，部品部件的模数协调技术体系不完善，没有形成建筑的通用化部件，针对装配式建筑方式的规范和标准匮乏，对其质量安全性能缺乏统一的验收标准，装配式建造技术与传统建造技术的对接不成熟，导致建筑产业工业化水平较低，建筑部件达不到规定的质量标准[14]，不同抗震设防地区装配式项目实施难度较大。

3）成本方面

装配式建筑的投入要高于传统建筑成本。工业化的建设需要大量的资金投入，以此来完成流水线；只有当建筑进行了工业化的大规模生产[15]，才可以降低装配式建筑的成本。目前，装配式建筑生产未形成规模经济，建造成本、运输成本以及人工成本较高。装配式建筑的建造过程要求参与建造主体紧密相连，缺乏有效的协同管理手段，在无形中增加了信息沟通和管理成本。同时，工业化产品的增值税税率与建筑业有一定差别，也一定程度增加了装配式建筑的成本。

4）市场方面

不同地区，市场接受程度不一。发达区域接受程度较高，不发达地区老百姓顾虑较多。装配式建筑市场体系不完善、建筑行业的绿色环保意识薄弱、消费者并不了解装配式建筑的优势与理念、居高不下的成本等，制约了该类建筑的发展。应整合上下游资源，重点提高产业链条的资源配置和整合能力，理性对待建筑装配率和预制率，提高装配式建筑市场产业链的集成程度，装配式建筑才能得到有效发展。

5）协同方面

装配式建筑建造过程中，部分构配件由原来的现场施工转移至工厂制造后进行专业化运输至现场，材料和部品生产供应等环节发生了空间变化，作业量提升导致了同一建造环节中参与个体增多，产业链参与主体较多，分工更加细致和专业，容易发生问题的环节多、协同难度大，参与主体之间必然要进行资源和技术的整合，来发挥系统的最大效力[14]。

6）创新方面

目前，创新主体是装配式建筑企业和科研院所，企业注重短期利益，投入资源进行研发，迫切希望能立刻提升市场占有率。科研院所的创新动力在于科研课题和经费来源，偏重学术和理论，应用性不足。两者都需要政府和协会来统筹和孵化，理论结合实践，成果结合市场，短期结合长远，创新才能真正推动我国装配式建筑产业的高质量发展。

1.2 装配式建筑环境分析

1.2.1 工业化制造流程

装配式建筑不是指造型与风格新潮，而是指建筑建造方式和流程的革新。当代建筑生产流程，从设计到施工是一个线性的过程，专业分工直接导致知识和信息分割。装配式建筑应该走制造业升级之路，学习这些行业如何整合集体的智慧以及更合理的生产组织模式，并运用信息管理工具来实现建筑的全专业整合。

随着新型工业化建造兴起和应用，怎样才能把制造业的轮船、飞机、汽车与建筑物联系到一起？一类是会移动的，另一类是固定的。其实，在这两类物体有一个共同点，那就是都是按照自下而上的顺序进行建造或组装。按照事先设计好的图纸，将材料和构配件进行组装和连接成主体结构框架。主体框架结构是后续的围护、装修、设备系统等工作的承载者[16]，克服重力将上部的结构和部件撑起、托住，使其立于地面或浮于水面。用于组装或生产的零部件在专业工厂生产、组装车间加工、总装车间拼装。初步概算，一辆轿车大约需要 4000 个零部件，一架波音飞机需要约 100 万个零部件，而一艘大型轮船的零部件则多达几百万个，见图 1-1。

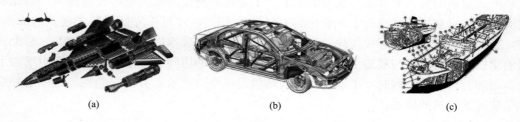

(a)   (b)   (c)

图 1-1 飞机、汽车、轮船组装结构图

随着科技的进步、现代工业化的飞速发展，大型工业设备的建造和组装方式发生了较大变化。新型的建造和组装方式演变成，不再是首先完成整个物体的结构框架，而是结构框架采用分块建造，每块都完成设备系统、外壳和装修等装配工作。这些单独的模块既可以在较远的地点完成，也可以在最后的组装地点完成，在最后的组装地点只有少量的零部件[17]。这些流程上的变化，反映了大型物体建造方式的重大变革。

对于建筑物而言，同样具有象征意义的一刻就是破土动工，开动机械开挖工地上的第一铲土。土方开挖意味着开始，建筑物扎根于大地的基础开始建造，地基基础、结构框架、梁板柱等主体结构才能按工艺流程进行施工，见图 1-2。

(a)金字塔　　　　　　　　(b)埃菲尔铁塔　　　　　　　　(c)悉尼歌剧院

图 1-2　世界知名建筑物及构筑物结构图

龙骨铺设和土方开挖，均代表着一种建造方式，这种建造方式同它们所要建造的轮船和建筑物一样。从底部、基础开始，形成龙骨或基础，然后进行后续结构框架、柱、墙，再到外围墙实现外檐封闭、专业设备安装、调试和精装修等内饰作业，最后形成具备设计使用功能的一艘完整船或一栋完整建筑物。这些工作都是有先后顺序的，而这种层级化的工艺顺序经历了漫长的发展过程，始终没有根本性的改变。

1. 轮船

以前，船只的建造是以其不同设备系统为基本对象展开。如今，船只的建造是以不同空间部位为基本对象进行。如图 1-3 所示的吊车，便意识到了一种新的造船方法的出现，它预示着一种更新、更高效的生产方式的出现。

(a)　　　　　　　　　　　　　　　　　(b)

图 1-3　轮船模块组装过程

随着生产力的发展，人们对工作和生活在船上的需求越来越多，这就导致轮船上安装的设备和装修越来越复杂，所有的材料、设备、配件需要通过狭长通道才能到达各个房间，安装的作业面非常有限，我们必须采用新的建造方式，模块化建造＋组合安装来解决问题。最大的模块是外壳，在工厂加工，小模块在室内建造，不受天气影响，生产好后运到组装地在大模块内部进行最后的组装。模块化设计的意义是这些模块系统达到使用寿命期时便于维修、更换，见图1-4。

(a)   (b)

图 1-4 轮船模块吊装过程

现代工业化造船是建立一种局部与整体、一种界面对接的关系，模块与模块之间是连接的关系，各个模块彼此独立又统一，而不采用部件、配件的集成。因为集成有其弊端，即不便于零部件的拆除和更换；装配式生产方式在船舶制造行业逐步兴起。

2. 飞机

在飞机制造业中以前经常用到的词汇"零部件"，随着工业现代化的飞速发展，取而代之的是"模块"一词。这些模块可以在世界任何地方生产，然后运输到大工厂进行组装。比如，波音77系列在全球有四十多个主要的模块供应商，遍及几十个国家。其中，机身面板设计方案由波音公司完成，生产由日本的川崎重工完成，见图1-5。

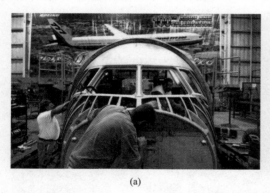

(a)   (b)

图 1-5 飞机模块组装过程

采用模块化的生产组装方式，如此大的飞机，其生产工艺流程只需要七步即可完成交付使用，即机翼组装、机舱骨架、机尾安装、整舱密封测试与防腐、引擎安装、配电等设备系统、内装修。所有模块均需提前加工，所有模块运输到总装厂后就可以进行快速总装。模块化生产方式获得了更高的质量、更好的外观，也节省了安装时间，更节省了建造成本。这种生产加工方式是工艺的进步、品质的提升，模块化飞机制造方式的出现也标志着装配化生产方式的诞生。

3. 汽车

最初的汽车制造也跟轮船和飞机一样，也是由许多个零件组成的，福特汽车底特律工厂率先发明并采用了批量化的生产方式，随着流水线将每辆汽车依次转到工人面前，工人将自己安装的部件安装好即可。每个工位的工人一直在重复同一个安装工作，越安装越娴熟，工作效率越高，见图 1-6。现在，汽车市场需求越来越大，企业开发出另一种生产模式，从企业外部采购零部件和集成模块，甚至安装服务都委托给外部的制造商。

(a)手工生产线　　　　　　　　　　　　(b)自动流水线

图 1-6　汽车模块组装过程

模块化生产方式最初在汽车业推广，最重要的是这种方式更利于质量控制。如果最后组装时的节点越少，安装的误差就会越小，安装精度就会越高、越精准；同样，工厂的厂容厂貌就会很有条理、很清爽，工人的作业环境就会越好，见图 1-7。

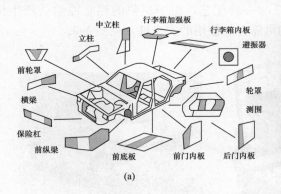 

(a)　　　　　　　　　　　　　　　　(b)

图 1-7　汽车精细化模块拼装

更重要的是，当汽车的生产按模块分解后，每个模块的质量由各自的生产服务商负责，责任界面相当明确和清晰。现如今，模块化组装生产方式几乎已经渗透并涵盖了汽车制造业的所有技术中。模块可由不同类型的供应商负责，见图 1-8。一是位于世界任何地方的工厂，通过船舶将模块运送到最终组装地点；二是最终组装工厂附近的工厂；三是最终组装车间的附属厂房，但它由供应商来运营。

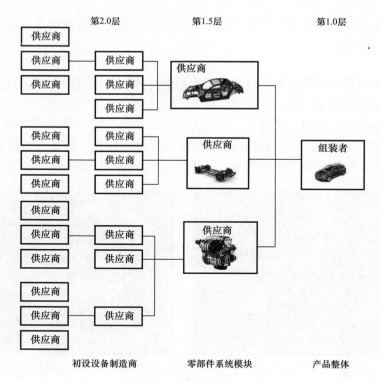

第2.0层　　　　第1.5层　　　　第1.0层

初设设备制造商　　　零部件系统模块　　　产品整体

图 1-8　汽车模块化生产

4. 制造产品节点的连接

以前在组装时，无论汽车、轮船、飞机或是房屋，都是逐个零部件，从下向上、从内部向外部进行安装的。模块化组装中的节点形式和处理方式，与以往的理论有很大的不同。节点的处理是解决众多零部件连接关系的一种工艺，由于材料的热胀冷缩会产生位移，节点的任务就是控制位移，保证连接的可靠性和使用的安全性，见图 1-9。

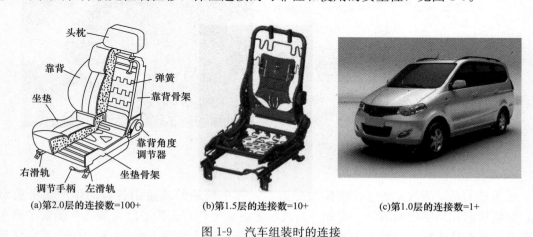

(a)第2.0层的连接数=100+　　　(b)第1.5层的连接数=10+　　　(c)第1.0层的连接数=1+

图 1-9　汽车组装时的连接

汽车、轮船、飞机等为代表的工业品，节点按照"模块独立，模块所包含零部件的制造与最终产品无关"的原则设计。这些零部件之间相互依存并层层联结，最终组成模块。

与飞机、轮船、汽车模块化连接类似,建筑产品工业化的结果就是向模块化组装迈进,如图 1-10 所示。

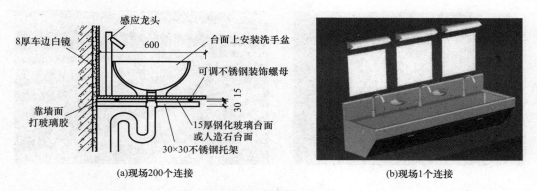

(a)现场200个连接   (b)现场1个连接

图 1-10　卫浴组装时的连接

我们将节点背后的这一数学原理放到组装车间或建筑场地上来。一个制品的零件数目和这些零件之间可能的接口数是成指数关系的[18]。2 个零件对应 1 个接口(2∶1);4 个零件对应 4 个可能的接口(1∶1);16 个零件对应 24 个潜在的接口(2∶3),见图 1-11。

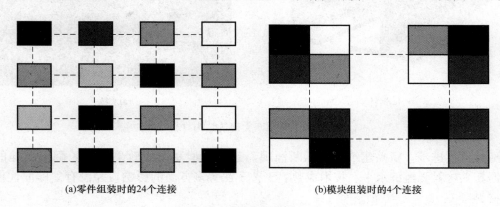

(a)零件组装时的24个连接   (b)模块组装时的4个连接

图 1-11　零件和模块组装时的连接

对于一个整体而言,节点数量越少,无论是制造还是使用,可靠度越高,制造业对零部件的节点进行优化,适度集成,将多个零部件制造成独立的部件即模块。零部件数目的减少会减小对工作空间的扰乱,提高效率和安全性,极大地减少在最终组装和使用时发生错误的可能性。

1.2.2　传统建筑业现状

1. 建筑材料的应用

材料是建筑造型的根源。从历史上看,新材料在建筑中的应用进程是非常缓慢的。人类最初的建筑材料是石头、砖块、黏土、木材、茅草和秸秆。铁作为建筑结构材料使用则大概是在 19 世纪[19],同时期人们也发明了现代混凝土、玻璃作为建筑材料使用。到 20 世纪,人们在混凝土中加入钢筋,形成我们今天最主流的钢筋混凝土建材,从而推动现代建筑主要基于钢筋混凝土结构、钢结构、木结构及几者混合结构的大规模应用，见图 1-12。

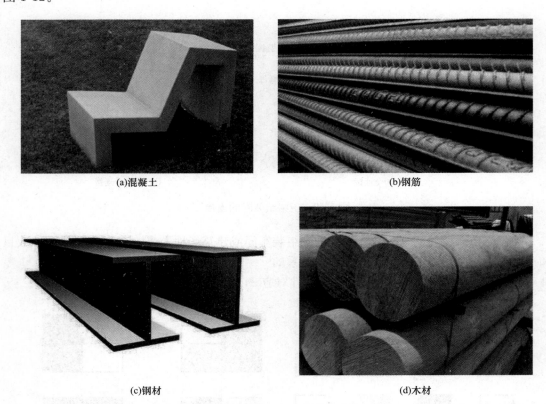

(a)混凝土   (b)钢筋

(c)钢材   (d)木材

图 1-12　常用四大建筑结构材料

随着科技进步，新兴建筑材料不断涌现，建筑造型和立面效果发生了翻天覆地的变化。但新兴材料受经济水平、技术成熟、工艺工法等多方面的影响，并没有立即取代传统建筑材料。

2. 手工制造

在许多发达国家，技术娴熟的建筑工人越来越少，某些工种处于长期缺少劳动力的情况，年轻人都不愿意接受职业培训成为建筑工人。究其原因，主要还是建筑行业的工作环境和安全方面的问题，建筑工人需要露天作业，面临的环境要么太热、太冷、风吹、日晒、雨淋等；无论遇到那种情况，都会造成一定程度的降效或者暂停作业，由此造成的损失又需要加班或采取提效措施进行修复和解决。

如果将这些工作转移到室内，上述问题将迎刃而解。工人的作业环境大大改善，工人的身体和工作的关系将更加协调。没有了高空作业，安全性得到了保证，见图 1-13。传统建设模式是工人随着工作走，从一个地点转移到另一个地点，还得把所有必需的材料和工具都带在身上。如果围绕工人布置工作，生产力和安全性可以同时得到大大的提升。在室内建造时，每个工人都有固定的工作地点，并在附近配备完成工作所需的所有工具。建筑作业方式的转变，将是行业的重大变革，是生产力发展的必然要求，也是建筑工业化发展的必经之路，更是建筑业发展的重要方向之一。

(a)

(b)

图 1-13 传统现场生产与工厂化生产

1.2.3 建筑的批量定制

1. 建造方式的迭代

1913 年，福特为了改变汽车制造的整个生产过程，实行计划生产、同步生产、连续生产，建立起世界上第一条流水式装配化生产线，使得朴实无华的汽车大批量生产。就在福特式装配线诞生的两年之后，建筑业便做出了回应，柯布西耶和瑞士工程师麦克斯·杜布瓦（Max DuBois）合作，研究"多米诺"（Domino）住宅体系，见图 1-14。柯布西耶之所以取名多米诺，实际上是想像福特生产汽车一样，将混凝土建筑批量化[20]。建筑开始与现代工业发展的融合发展。

随着科技的进步，住宅建筑作为批量供应的商品，既可以像制造汽车一样，只选用一种结构形式、同一款车窗、一种内部装修风格、一种车身外饰进行建造。也可以像生产电脑一样，由客户来选择适合自己的产品。无论选择哪种，在保证合格质量的前提下，通过大规模的批量生产，比较容易获得性价比较高的商品，提供给消费者又快又好、价廉物美的居住产品。

2. 模块化建造

通过借助工业化，模拟密斯·凡德罗在 1947 年设计的范斯沃斯住宅的重建工程。通过模块化，减少建筑零部件数量。通过新的建造流程集成，如组件预制、场外建造等，提高整个建筑物的质量和耐久性，成为新建筑的示范[21]，见图 1-15。传统的建造方式需要在现场安装 1000 多个零部件，而组件化装配的建造方式会将现场的零部件减少到 20～40 块，见图 1-16。

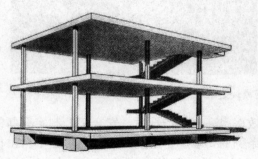

图 1-14 多米诺体系草图

图 1-15 范斯沃斯住宅实景

图 1-16　范斯沃斯住宅装配示意图

　　从数量上就可以看出，采用传统的零部件和现代模块化组装的差距，不仅是制造工艺方式的变化，材料的使用上也发生了相当大的变化。创新可以来自本行业的发展演变，也可以通过吸收和模仿来学习其他行业的制造模式及优点，直至完成行业的全面升级。

3. 干式作业的装配

　　十几年前，建筑业还面临着质量不断下降、成本不断提高等诸多问题，短短的十几年时间，行业发生了翻天覆地的变化，颠覆了人们对建筑行业的认知——原来房子还可以这样建造。很多知名的大公司彻底改变并主宰了这一行业。现在，当人们提起建筑时，基本会想到怎样的维护成本、多长时间的使用寿命，成本低、工期短、品质高的模块化组装方式建造房屋的概念已经形成。

　　波音公司在 2005 年关闭了西雅图两间最大的组装车间以后，将它的飞机组装流程分散到全球各地；波音公司为这片超大车间找到了新的用途，不是生产飞机，而是用来制造建筑。大批量个性化生产方式所需要的、完成内部所有零部件集成的各种组件和模块生产，然后将这些组件和模块运送到世界各地，一个新的全球整体建筑装配商波音全球建设公司就这样诞生了，见图 1-17。

图 1-17　波音公司模块装配车间

　　在装配式建筑工厂里，产业工人们的工作效率很高、工作舒适，安全工厂制定有新的工人安全操作指导手册，满足职业安全与健康条例的要求。车间运行多年，传送平台由机器人精确地在车间的各个部门之间移动，建筑工程质量员和装配专业工人一起工作，从未发生过安全事故，不会因为天气原因造成延误。建筑师设计时和装配化建设公司合作，预测组装过程以及维护中可能会出现的问题，同时探索那些新的、能使建筑物长期受益的设计方案。

1.2.4　工业化建造转型

相对传统建造，建造流程变动较大，如设计流程、材料采购、成本组成、施工工序、技术难点、项目管理、装修等节点多。工业化建造就是运用现代工业技术和现代组织，对建筑产品进行建造的各个阶段通过技术集成和系统整合，达到设计标准化、生产工厂化、部品系列化、施工装配化、装修一体化、管理信息化，形成大规模流水作业[22]，从而达到质量标准、提升效率、提高寿命、降低成本、降低能耗的目标，见图 1-18。

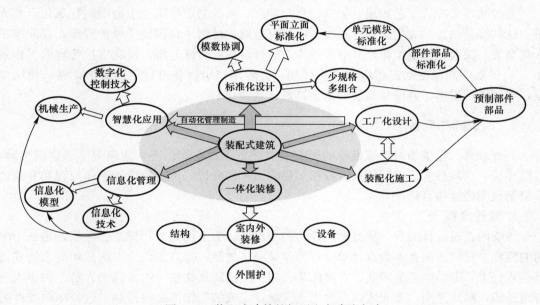

图 1-18　装配式建筑的新型生产建造方式

1. 标准化设计

建筑的标准化是建筑生产工业化的基础。建筑标准化可通过量产化来提高生产性、提高产品质量、保证建筑品质，更好地实现建筑生产的专业化、协作化和集约化。标准化设计可采用标准化户型、模块化部品、标准化连接等方法，体现工业化建造的优势。

2. 工厂化生产

装配式建筑的明显标志就是部件部品的工厂化制造，建造活动由工地向工厂转移；工厂化制造是整个建筑生产建造过程的一个重要环节，需要与上下游的建造环节相联系，进行有计划的生产、协同作业。

3. 装配化施工

装配化施工是指用部品装配施工代替传统现浇或手工作业，实现工程建造装配化施工。装配化施工可以减少用工需求，降低劳动强度。装配化建造方式可以将钢筋下料制作、构配件生产等大量工作在工厂完成，减少现场的施工工作量，极大地减少现场用工的人工需求，降低现场的劳动强度，适应建筑业转型升级的趋势。

4. 一体化装修

通过主体结构与装修一体化建造，实现建筑产品交付的一体化、装配化和集约化，提升用户感受，提升产品价值。一体化装修与主体结构、机电设备等系统进行一体化设计与同步施工，具有工程质量易控、提升工效、节能减排、易于维护等特点。

5. 信息化管理

信息技术集成串联起装配式建筑的策划设计、生产制造、施工安装、装饰装修和项目管理全过程，服务于设计、建设、运维直至拆除的项目全寿命周期在建设全过程中，精确掌握施工进程，以缩短工期、降低成本、提高质量，既能提升项目的精细化管理和集约化经营，有效地减少和避免资源配置的浪费及施工隐患，又能够保证工程质量安全。

6. 智慧化运维

通过前序装配式工艺积累，借助信息化管理，系统制定建筑全生命周期智慧化运营方案，达到综合效益最大化的目标。竣工后的有效维护计划，合理安排维护资源，促使维护人员高效、快速地完成工作，并对维护人员进行有效的考评分析，提高维护管理的工作效率[23]。针对不同设备制定相应的维修计划，提醒用户对设备进行定期维护，延长使用期限，降低维护成本，确保建筑及设备保持最佳运转状态。

1.2.5 建筑师的反省

一直以来，建筑师对建筑设计的研究主要偏重于在空间形态、建筑美学、建筑文脉、自然环境、建构技术等领域的探索及相关影响因素的分析，传统的设计运作流程和专业协作机制也围绕这些目标展开。

1. 设计流程

传统的建筑设计流程，从方案设计、初步设计、施工图设计、施工、验收，是一个单向的流程。目前国内大多数设计单位，为保证经济效益、提高工作效率而采用流水线式设计模式分工，即前期商务团队、方案团队、施工图团队往往是三组不同的人员。各组人员各司其职，团队之间、专业之间一旦出现问题，完成的工作都必须推翻。这种单向线性的设计流程可逆性差、效率低、出错率高，极易导致流程的错序和反复而引发工程质量问题，对于复杂的装配式建筑工程可控性差、准确度低。

2. 手工艺术品还是商业化产品

在国内做建筑设计时，开发商出于对利益的追逐，过分关注建筑的"商品"属性、追求建筑外形的视觉效果，甚至要求建筑师做"一个又一个的地标式建筑"。因此，造成建筑师只关注艺术性、独创性，而忽略如何去实现作品以及作品的可操作性、技术性，为设计"作品"而标新立异。在工业化建筑时代来临之时，这种长期以来形成的作品模式的设计习惯，是造成建筑师产生迷惘情绪的主要原因之一。

3. 建筑数字技术

工业化建筑时代的来临，工业化建筑对设计表达深度、表达精度有更高的要求，各专业间需要在设计阶段做充分的检查，已经远远超越二维绘图工具所能驾驭的范围。我国建筑行业大多还是基于点线面的二维 CAD 技术表达，建筑信息传递依然依靠二维视图的纸质媒介为主。二维图纸的碰撞极难发觉，到施工阶段才能检查出来，而这种错误往往是不可逆的，容易造成工期延误、设备无法安装等工程事故。这也是造成大量建筑师面对工业化建筑的设计产生无措感的根源之一。

4. 各专业割裂式合作

一栋建筑从方案设计完毕到施工图纸交付使用，需要经过总图、建筑、结构、给水排水、电气、暖通空调、精装、景观等多个专业的配合完成。一般设计工期要求都比较紧，建筑专业提出定稿的条件图以后，其他各个专业在建筑图纸的基础之上进行专业设计，专业之间各自为政，口头联系修改，下游对上游专业修改有抵触情绪，出图前不经

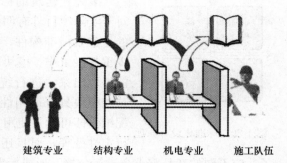

建筑专业　　结构专业　　机电专业　　施工队伍

图 1-19　专业间的分裂串行合作

过相互对图，出图后各专业总工分别审图，专业之间不做也无法进行相互检查。作为子系统的各专业之间相互封闭，信息无法对接和叠加。因此，各专业之间虽表面上看有合作关系，实则缺乏相互制约，是一种分裂式的串行合作，见图 1-19。

5. 设计远离制造

装配式建筑项目设计中，设计与生产制造是完全分离的两个单位、两个运行系统。建筑师自身更关注建筑的空间和形式，建筑设计完成后，由于对构件在工厂流水线上生产、养护、运输、吊装等工艺不了解，对建筑的实现缺少必要的化整为零思想，容易造成设计、生产各个环节的相互割裂和脱节。

6. 设计远离建造

传统的建设流程，在设计施工图与施工单位"交底"对接以后，设计与建造处于分离状态。只有当建造出现问题时，施工单位通知到设计单位，设计者才慌忙找出办法来弥补。装配式施工采用机械化工具，节点的连接与安装至关重要，建筑师缺乏工业化组装理念，往往导致建筑作品完成度低，承包商对于建造的模式与质量反而起决定性的作用，设计对装配建造却失去掌控，建筑的质量难以得到有效保障。

综上所述，装配式建筑的快速发展，以传统的模式进行工业化建筑的设计、生产与建造，暴露出越来越多的不足。与此同时，信息技术迅猛发展并已广泛渗透到工业化建筑的设计与建造中来，以计算机技术为支撑和数字化技术为载体的驱动模式，引起建筑师对新时期设计与建造的思考[24]。

1.3　装配式建筑设计特性

1.3.1　标准化设计

标准化理论最早在 1798 年由美国的 E·惠特尼在设计、生产产品零件中提出。国家对标准化的定义是对现实中存在或者潜在的问题所指定的同一规范，目的是在一定范围里形成最好的秩序效果[25]。国家标准化采用的原理主要分为四个方面，即简化、统一、协调、优化，见图 1-20。标准化广义上指建立技术标准的过程，技术标准可以是标准操作流程、标准计算规范等，运用在建筑领域指的则是建筑设计标准化、构件生产工业化、施工装配机械化等。

图 1-20 标准化设计原理

装配式建筑的标准化使得在工程项目中实现了高质、量产，对于实际项目具有明显的经济效益和实用价值。建筑标准化的目的是建立标准构件，实现构件通用互换，保证产品生产质量，减少重复性工作。模块的标准化工作就是将模块中相似的形式和功能提取出来，进行统一设计，其中形成具有典型化的单元模块。这些模块具有通用性，能够适应不同时间、地点的项目，不用装配维修即可投入使用。在标准化过程中，需要对标准化的对象进行定性处理，而且还需要作出定量的规定。因此，设计的对象为了适应不同的产品需求会进行分档，形成标准系列，见图 1-21。

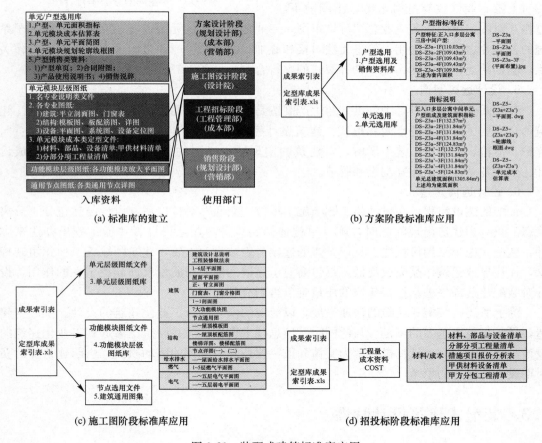

图 1-21 装配式建筑标准库应用

装配式建筑的标准化，有技术标准建立、产品定型分类、标准化产品应用等步骤。通过培育成熟产品线，通过快速复制达到规模化，从而实现规模化增长的战略目标[26]，具有以下优点：

（1）提升设计效率：产品统一，做法统一，减少了图纸层级，图纸无重复表述，图纸量减少，出图效率提高，定型图纸无修改，图纸无修改，有选用记录表，可反向追溯。

（2）提升施工效率：材料、部品、设备定型、定样、数量在规划方案确定后，即可确定分批采购方案；标准化部品统一标准，定型过程中已经征得认可；图纸层级按照施工要求梳理，层级清晰，设计考虑了现场施工需求，图纸重新审查，基本无失误。

（3）降低综合成本：标准化产品定型，以单元为单位成本定型；标准化产品的部品清单、工程量清单均有定型方案；决策阶段成本测算只是简单的加法；按照国家标准分类、编号，统一接口，格式满足成本、设计、工程各专业的对接。

1.3.2　模数化设计

1. 基本概念

模数制主要是建立在模数基础上的一种尺寸配合形式，模数制的应用在包括建筑在内的各个领域都有着久远的历史。如西方的古典柱式和我国宋代"材、分"、清代"斗口"等在木建筑中的运用，都是使用了模数关系，为建筑设计、施工提供了方便，也形成了一种和谐、统一的建筑形式[25]，如图 1-22 所示。模数制设计能够使得模块尺寸具有一定的逻辑关系，以模数为基准的设计能够实现尺寸的互换和兼容。

模数化即模数协调，模数是工业化建筑的一个基本单位尺寸，是指一组有规律的数列之间的配合与协调。构件的模数化设计是通过统一建筑模数、模数协调的原理和方法，简化构件之间的连接关系，并为设计组合创造更多方式，从而使得工业化建筑及其建筑制品通过有规律的数列尺寸协调与配合，形成标准化尺寸体系，规范工业化住宅生产和建造等各环节[24]。

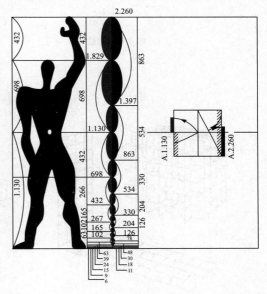

图 1-22　模数化建立图示

2. 一般规定

装配式建筑的设计应进行模数协调，满足预制构件、部品标准化和通用化要求，符合现行国家标准《建筑模数协调标准》GB/T 50002—2013 的规定。在建筑设计时，应考虑定出合理的设计控制模数数列，保证装配式建筑在构件生产和建设施工过程中，在功能、质量、精益建造和经济效益方面获得优化。模数采用及协调应符合部件受力合理、生产简单、优化尺寸和减少部件种类的需要，满足部件的互换、位置可变的要求[27]。

3. 设计内容

模数设计首先确立平面模数和立面模数，随后生成三维立体模数网格体系，作为装配式建筑模数协调体系的第一层级结构体系空间网格[24]，见图 1-23。层高模数以 1M（100mm）进级，开间和进深以扩大模数 6M 和 3M 进级。将模数化的结构体构件放置在空间网格内，依照层高模数、开间模数和进深模数构建出三维模数化的内部空间。构件之间的连接方式可采用预制装配或现浇，一层的构件体系在三维网格中定位完毕后，上移或下移一个层高模数，进行上层或下层的构件体系设计。

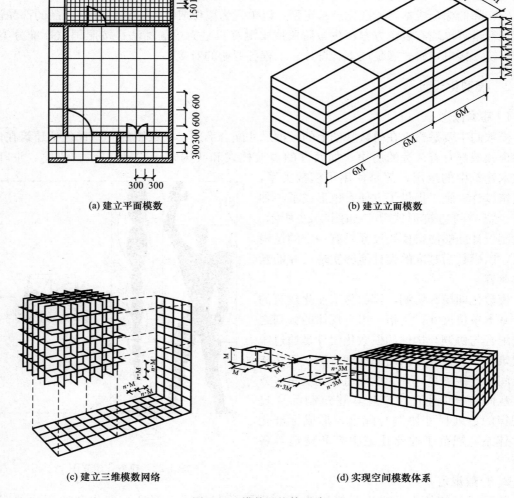

(a) 建立平面模数   (b) 建立立面模数

(c) 建立三维模数网络   (d) 实现空间模数体系

图 1-23　模数网格体系建立

（1）平面设计的模数协调

装配式建筑的平面设计在模数应用的基础上，应做好各专业间的协同设计，共同确定好部品、构件的平面定位。平面设计通常采用中心线定位法定位梁、柱、墙等结构部件，在结构部件水平尺寸为模数尺寸的同时获得装配空间也为模数空间[28]，实现结构主体与内装空间的协调。承重墙体和外围护墙体厚度的选择，应在墙体材料选择多样性基础上保证墙体部件围合后的空间符合模数空间的要求[29]。

建筑的平面设计应采用基本模数或扩大模数，做到构件部品设计、生产和安装等环节的尺寸协调。从灵活性出发，在住宅设计中根据墙体的实际厚度，结合装配整体式剪力墙住宅的特点，建议采用 2M＋3M（或 1M/2M/3M）灵活组合的模数网格，开间尺寸多选择 $3nM$、$2nM$，进深多选择 nM，以满足住宅建筑平面功能布局的灵活性及模数网格的协调。建筑平面自身模数协调主要强调空间尺寸之间模数的一致性，方便结构预制构件。

（2）立面设计的模数协调

装配式建筑的立面设计应按照建筑模数协调的要求，采用适宜的模数及优先尺寸，并采用基本模数或扩大模数的设计方法，来实现结构构件、建筑等部品之间的模数协调。考虑经济性与多样性，建筑层高多选用 $0.5n\text{M}$ 作为优先尺寸的数列。室内净高应以地面装修完成面与吊顶完成面为基准面来计算模数空间高度，同时考虑到架空层、CSI 体系等要素对净高的影响。

（3）构造节点的模数协调

构造节点是装配式建筑的关键技术，通过构造节点的连接和组合，使所有的构件和部品成为整体。节点的模数协调也是重点，通过实现连接节点的标准化，提高构件的通用化和互换性。

4. 模数化设计规定

装配式建筑空间模数、部品模数协调，建筑空间采用传统模数，内部部品使用组合模数，外部部品使用分割模数，与建筑空间模数建立协同关系，并为下一层级的部品接口尺寸奠定基础，从而实现整个设计建筑空间和部品部件模数体系协调[30]。

（1）北京市地方标准《装配式剪力墙住宅建筑设计规程》DB11/T 970—2013 规定[31]，装配式剪力墙住宅采用的优先尺寸宜符合表 1-1 的规定。

装配式剪力墙住宅适用的优先尺寸系列　　　　　　　　　　　　表 1-1

类型	建筑尺寸			预制楼板尺寸	
部位	开间	进深	层高	宽度	厚度
基本模数	3M	3M	1M	3M	0.2M
扩大模数	2M	2M/1M	0.5M	2M	0.1M
类型	预制墙板尺寸			内隔墙尺寸		
部位	厚度	长度	高度	厚度	长度	高度
基本模数	1M	3M	1M	1M	2M	1M
扩大模数	0.5M	2M	0.5M	0.2M	1M	0.2M

注：1. 楼板尺度的说选尺寸序列为 80mm、100mm、120mm、140mm、150mm、160mm、180mm。
　　2. 内隔始厚度的优选尺寸序列为 60mm、80mm、100mm、120mm、150mm、180mm、200mm 高度与楼板的模数序列相关。
　　3. 本表中 M 是模数协调的最小单位。1M＝100mm。

（2）上海市工程建设规范《装配整体式混凝土居住建筑设计规程》DG/TJ 08—2071—2016 规定[32]，厨房、卫生间采用的优先尺寸宜分别符合表 1-2、表 1-3 的规定。

厨房内部空间平面净尺寸（mm）和净面积（m²）系列　　　　　表 1-2

进深方向净尺寸 ＼ 开间方向净尺寸	1500	1700	1800	2200	2500	2800	3100
2700	4.05 单排布置	4.59 L形布置	4.86 U形布置	5.94	6.75	7.56 U形布置（有冰箱）	8.37
3000	4.50	5.10 L形布置（有冰箱）	5.40 双排布置	6.60	7.50	8.40	9.30

续表

进深方向净尺寸 \ 开间方向净尺寸	1500	1700	1800	2200	2500	2800	3100
3300	4.95 单排布置	5.61	5.94 双排布置（有冰箱） U形布置（有冰箱）	7.26	8.25	9.34	10.23
3600	5.40	6.12	6.48	7.92	9.00	10.08	11.16
4100		6.97	7.38	9.02	10.25	11.48	12.71

卫生间内部空间平面净尺寸（mm）和净面积（m²）系列　　　　　　表 1-3

进深方向净尺寸 \ 开间方向净尺寸	900	1200	1300	1500	2800
1300	1.32	1.44	1.56 便器、洗面器		
1500	1.35 便器		1.95 便器、洗面器		
1800	1.76	1.92	2.06	2.40 便器、洗面器、淋浴器	
2100	1.98	2.16	2.34	2.70 便器、洗面器、浴盆	2.88
2200	2.31	2.52	2.73	3.15 便器、洗面器、浴盆	3.36 便器、洗面器、淋浴器、洗衣机
2400	2.42	2.54	2.86	3.30 便器、洗面器、浴盆	3.52 便器、洗面器、淋浴器、洗衣机
2700	2.64	2.88	3.12	3.60 便器、洗面器、淋浴器（分室）	3.84
3000	2.70	3.60	3.90	4.50	5.40 便器、洗面器、浴盆、洗衣机（分室）
3200	2.88	3.84	4.16	4.80 便器、洗面器、浴盆、洗衣机	5.76
3400	3.06	4.08	4.42	5.10 便器、洗面器、浴盆、洗衣机（分室）	6.12

（3）住宅预制楼梯应符合下列规定：

1）建筑层高宜采用 2.8m、2.9m 和 3.0m 三种标准层高。

2）楼梯间净宽应符合模数系列，宜为 100 的整数倍。双跑楼梯间净宽宜采用 2400mm、2500mm 标准尺寸，剪刀楼梯间净宽宜采用 2500mm、2600mm 两种标准尺寸[33]。

3）楼梯梯井的宽度一般为 60～200mm，梯井可以用来调节安装缝之外的剩余尺寸。

4）梯段与侧墙之间缝隙宜为 20mm，梯段与楼梯梁之间水平缝隙宜为 30mm，垂直缝隙宜为 20mm。

5）楼梯踏步宽度宜不小于 250mm，宜采用 260mm、280mm、300mm。

6）楼梯踏步的高度不应大于 175mm，并不应小于 150mm，同一梯段各级踏步的高度均应相同。

7）预制楼梯梯段标志宽度宜为 50mm、100mm 的整数倍，预制双跑楼梯梯段净宽度宜为双跑楼梯标志宽度减单侧缝宽 20mm，预制剪刀楼梯梯段净宽度宜为剪刀楼梯标志宽度减双侧缝宽 40mm。

8）低、高端平台段长度双跑楼梯宜不小于 400mm，剪刀楼梯宜不小于 500mm，板下搁置长度应满足抗震要求。

9）板式楼梯的厚度按梯板净跨的 1/30～1/20 取值，具体数值由结构根据梯板的跨度、楼梯的结构形式、步高、步宽和所受的荷载计算确定。预制楼梯梯段板的厚度不应小于 100mm。

（4）门窗洞口采用的优先尺寸宜符合表 1-4 的规定。

门窗洞口的优先尺寸　　　　　　　　　　　　表 1-4

	最小洞宽	最小洞高	最大洞宽	最大洞高	基本模数	扩大模数
门洞口	7M	15M	24M	23（22）M	3M	1M
窗洞口	6M	6M	24M	23（22）M	3M	1M

注：住宅层高 2900mm 时，门窗洞口的最大洞高优选 23M；住宅层高 2800mm 时，门窗洞口的最大洞高优选 22M。

5. 模式化设计优点

装配式建筑和传统建筑相比，前者的构件体系种类更多、构造也更加复杂。因此，高层装配式建筑的模数协调应通过"体系"来建立，在结构体系空间网格的基础上，实现结构体系和其他构件体系之间的层级式模数协调，最终实现模数细化，有利于构件体系精益建造。同时，对于装配式建筑构件的尺寸参数进行充分的优化选择，在保证宜居尺寸前提下，尽可能减少构件的数量和种类。建立具有互换性的一系列优先尺寸，满足建筑的多样化组合需求。

通过模数及模数协调不仅能协调预制构件之间的尺寸关系，优化构件的规格，使设计、生产、安装等环节的配合快捷、精确，实现土建、机电设备和装修一体化，还有利于实现建筑构件（部品）的通用性及互换性，使通用化的部件适用于不同单体建筑[34]。

1.3.3　通用化设计

从建筑产品的角度看，建筑构件通用性越强，意味着构件销售范围越大，构件生产厂家的生产机动性越大，市场适应能力越强。此外，构件厂的合理运输半径是影响构件成本主要因素之一，因此，构件通用化的实现，可实现构件厂的集约化建设，减少经济和资源的浪费；同时，也有利于构件厂家之间的良性竞争和合作，从而有利于建筑产品质量的进一步提高。

装配式建筑通用化设计应具有四大特征：第一是尺寸上具备互换性；第二是功能上具备一致性；第三是使用上具备重复性；第四是结构上具备先进性。由此可见，通用化设计的前提是标准化，应使标准构件符合国家或行业标准，以避免进行专门设计，从而提高设计和建造效率。同时，尽可能扩大同一构件对象使用范围、提高重复使用率，尽量使同类构件的不同规格，或者不同类构件产品的部分构件的尺寸、功能相同，将其进行简化统一，使其具有功能和尺寸互换性，以减少其数量。因此，在工厂可以大批量地规格化、定型化生产，使通用构件设计以及模具设计、模具生产与工厂制造工作量都得到节约，降低生产成本，获得稳定的产品质量。从建筑中提取通用构件，利用其进行多样化空间和平面的生成；起到简化管理、缩短设计试制周期的作用[24]。

1.3.4　模块化设计

模块化设计就是通过一定的拆解，将装配式住宅中能模块化的功能单独建模，建立模块化体系，在装配式住宅中最典型就是集成厨房和集成卫生间。在一定的结构体系中，利用不同功能模块进行选择和组合，进行空间设计与组合；确保各个模块的合理性，提高预制率和装配率，装配式建筑的基本模块如梁、柱、承重墙，围护模块如隔墙，装饰模块如地板等，见图 1-24。研究生活模块化，让室内空间形态符合人们日常工作和生活需求，科学布置各功能使用模块，使更加合理和高效，节约空间和资源；在有限空间获得地最大使用效能[30]，符合"碳达峰"和"碳中和"理念。

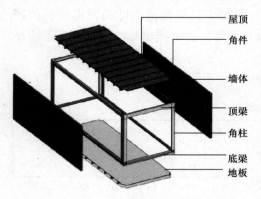

屋顶
角件
墙体
顶梁
角柱
底梁
地板

图 1-24　建筑基本模块构成要素

20 世纪 60 年代，美国的赫伯特-西蒙提出了模块化的概念，早期主要用于研究复杂系统设计。模块化是指从整体的角度来研究系统的构成，通过分解和组合来建立模块体系，从而取得更好的效果。模块化设计是指根据不同的功能或其他属性划分成模块，再通过分析将模块进行组合所得到的产品或设计，见图 1-25。模块化设计主要包含模块的划分和组合两个过程。

图 1-25　基本模块演化为建筑单元

1947 年，柯布西耶提出了"抽斗式"住宅设想，该设想是在以框架形成的格子中插入或者抽取出模块，如同柜子中的抽屉一般灵活多变，"马赛公寓"就是该是该理念指导下的作品。

20 世纪 60 年代初在日本，建筑师黑川纪章设计了"中银舱体大楼"。黑川纪章受到苏联关于飞船"舱体"单位的影响，采用了类似的构思。他设计的居住舱体，连窗户也是船窗一般的圆孔。建筑由这些模块的舱体组合而成。

1960 年由 Moshe Safdie 设计的蒙特利尔 67 号住宅，是装配式建筑模块化的代表之一。这个项目形态特殊，酷似乐高积木，大楼由混凝土方块堆叠而成，其中有着舷窗一般的窗户，建筑师试图在冰冷的几何体与生活和自然之间取得微妙平衡。

高技派建筑师理查德·罗杰斯在"伦敦劳埃德大厦"项目中，将现代预制技术运用到了传统建造当中。建造主体由预制钢筋混凝土梁、柱、楼板组成，把电梯、楼梯、卫生间等辅助用房以模块化的形式有序安装在不同的位置，所有的构件安排都是为了方便随时更换内部设施。这对装配式建筑模块化的发展有极高的参考意义。

1.3.5 集成化设计

集成概念最早于 20 世纪 70 年代在自动化领域提出，是指将某些单元或功能集成在一起，达到一体化效果。集成不是简单地、物理性地拼接在一起，而是按照一定逻辑，将各个单元有机组合成一个整体，整合原有各单元功能，进一步强化整体能效。装配式建筑集成化设计包含技术集成化和体系集成化。

技术集成化，指装配式建筑技术工作集中于工厂生产线，以构件的高度集成保证工业化建筑的高品质，例如集成厨卫、集成吊顶、集成墙板、集成窗套等。这些产品均以工厂标准化生产模式制造，增强复杂设备体的精致美观度、功能性和细节精准度。

体系集成化，指将若干个相对独立又相互关联的构件或构件子体系优化、复合为具有一定规模和功能的大体系。新体系不是简单的构件叠加，而是借助自动化和综合布线等系统技术将分散的设备、功能和信息集成到一个体系，保证构件子体系高技术集成，充分挖掘技术潜力，使构件在同样的边界条件下发挥更大的作用[24]。

装配式建筑集成部件指在工厂或现场预先生产制作完成，构成建筑结构系统的结构构件及其他构件的统称。装配式建筑集成部品是指由工厂生产，构成外围护系统、设备与管线系统、内装系统的建筑产品组装而成的功能单元统称[35]。装配式混凝土建筑集成部品部件类型见表 1-5。

装配式混凝土建筑常用部品部件类型　　　　　　　表 1-5

项目	系统分类	部件部品主要内容
装配式建筑常用部品、部件	结构系统	梁、柱、外墙板、楼板、楼梯、阳台、空调机板等部件
	外围护系统	非承重外墙、内隔墙、装饰构件、门窗等
	设备与管线系统	给水、排水、燃气、暖通、空调、电气与照明、消防、电梯、新能源、智能化等
	内装系统	地面、墙面、吊顶、整体式卫生间、集成厨房、系统收纳等

装配式建筑的设计宜采用主体结构、装修和设备管线的装配式集成技术。《工业化建筑评价标准》GB/T 51129—2015 中参评项目设计的建筑集成技术评分规则应符合表 1-6 的规定[36]，评价的最高分值为 10 分。

建筑集成技术设计评分规则　　　　　　　表 1-6

序号	评价项目	评价指标及要求	评价分值	评价方法
1	外围护结构集成技术	采用预制结构墙板、保温、外饰面一体化外围护系统，满足结构、保温、防渗、装饰要求	4	查阅资料
		采用预制结构墙板、保温或外饰面一体化外围护系统，满足结构、保温、防渗、装饰要求	2	
2	室内装修集成技术	项目室内装修与建筑结构、机电设备一体化设计，采用管线与结构分离等系统集成技术	3	
3	机电设备集成技术	机电设备管线系统采用集中布置，管线及点位预留、预埋到位	3	

国家标准《装配式建筑评价标准》GB/T 51129—2017 中，为评价民用建筑的装配化程度，采用装配率作为评价标准，装配率评价项集成了主体结构、围护结构和内隔墙、装修和设备管线几大系统[3]，评价总分为 100 分，如表 1-7 所示。

装配式建筑评分表 表 1-7

评价项		评价要求	评价分值	最低分值
主体结构 （50分）	柱、支撑、承重墙、延性墙板等竖向构件	35%≤比例≤80%	20～30	20
	梁、板、楼梯、阳台、空调板等构件	70%≤比例≤80%	10～20	20
围护墙和内隔墙（20分）	非承重围护墙非砌筑	比例≥80%	5	10
	围护墙与保温、隔热、装饰一体化	50%≤比例≤80%	2～5	
	内隔墙非砌筑	比例≥50%	5	
	内隔墙与管线、装修一体化	50%≤比例≤80%	2～5	
装修和设备管线（30分）	全装修	—	6	6
	干式工法楼面、地面	比例≥70%	6	10
	集成厨房	70%≤比例≤90%	3～6	
	集成卫生间	70%≤比例≤90%	3～6	
	管线分离	50%≤比例≤70%	4～6	

装配式建筑集成化，可以通过敏捷制造、精益建造提高建筑性能，有效减少构件的数量和种类，减少现场对构件边界条件的湿作业量，有效降低运输、生产、安装等相关成本，提高综合经济效益。装配式建筑集成化设计中，干式工法是集成技术实施的重要手段[37]。传统的设计、施工和管理模式进行装配化施工不是真正的装配式建筑集成，只有将主体结构、围护结构、管线和内装部品等集成为完整体系，方能体现装配式的建造优势，实现减少人工、减少浪费、提高质量、提升效率的目标。

1.3.6 一体化设计

装配式建筑的设计应进行建筑、结构、机电设备、室内装修一体化设计。建筑设计是一个完整、系统的设计，土建、机电和装修设计都是系统设计的重要组成部分，如果各自独立设计，不可避免地会出现机电安装和装修阶段的拆改、剔凿，造成效率低下、质量瑕疵和材料浪费。一体化设计是工厂化生产和装配化施工的前提。装配式建筑一体化设计有多种方法，通过协同工作软件和互联网等手段提高协同效率及质量。如建筑 BIM 技术，从项目技术策划阶段开始，贯穿设计、生产、施工、运营维护各个环节，保证建筑信息在全过程的有效衔接。

一体化设计的关键是做好各相关单位、相关专业的"协同"工作，并结合实际需要找到"协同"的实施路径和办法。

1.4 装配式建筑设计流程

1.4.1 建设流程概述

装配式建筑的建设流程与现浇混凝土建筑相比，更全面、更综合、更精细。增加了技术策划、工厂生产、一体化装修、工艺设计等过程，强调了建筑设计和工厂生产的协同、内装修和工厂生产协同、主体施工和内装修施工的协同。"协同"分为两个层级的协同：第一层级是管理协同；第二层级是技术协同。"协同"的关键是参与各方都要有"协同"意识，在各个阶段都要与合作方实现信息的互联互通，确保落实到工程上所有信息的正确性和唯一性。各参与方通过一定的组织方式建立协同关系，互提条件、互相配合，通过"协同"最大限度地达成建设各阶段任务的最优效果[38]。装配式建筑建设参考流程示意，见图 1-26。

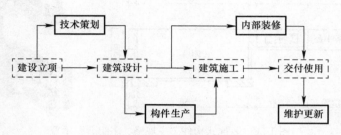

图 1-26　装配式建筑建设参考流程

装配式建筑建设过程中，需要建设、设计、生产、施工、运营等单位密切配合，协同工作及全过程参与。除了与传统设计一致的方案设计、初步设计、施工图设计、精装设计几个阶段外，装配式建筑设计在方案设计阶段之前应增加前期技术策划环节，在配合预制构件生产加工前应增加预制构件加工工艺图设计环节，环节多要考虑的因素也多。

1.4.2　技术策划阶段

装配式建筑设计过程中，前期技术策划对项目的实施起到十分重要的作用，设计单位应充分考虑项目定位、建设规模、装配化目标、成本限额以及各种外部条件影响因素，制定合理的装配式方案，提高预制构件的标准化程度，并与建设单位共同确定技术实施方案[30]，见图 1-27，为后续的设计工作提供设计依据。技术策划阶段要考虑影响因素、策划内容及技术实施方案的关系。

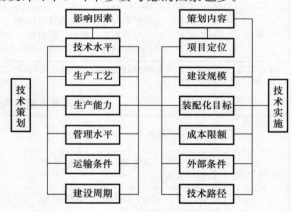

图 1-27　装配式建筑技术策划要点

1.4.3　方案设计阶段

方案设计阶段设计要点：方案设计阶段应根据技术策划实施方案做好平面、立面及剖面设计，①依据技术策划，遵循规划要求，满足使用功能；②构件的"少规格、多组合"，如图 1-28 所示，考虑成本的经济型与合理性。通过以上要求，为初步设计阶段的工作奠定基础。

根据《装配式建筑评价标准》GB/T 51129—2017 要求：主体结构部分评价分值不低于 20 分；围护墙和内隔墙部分评价分值不低于 10 分；采用全装修；装配率不小于 50％。以下是常见的两种不同装配方案，装配率一致均为 50，装配范围不同，表 1-8 为装配式剪力墙结构装配方案，表 1-9 为装配式剪力墙结构装配率评分表。

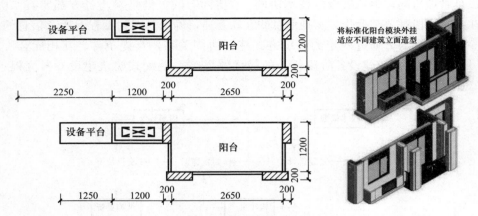

图 1-28　装配式构件"少规格、多组合"示意

装配式剪力墙结构装配方案　　　　　　　　　　　　　　　　　　表 1-8

方案	装配率	预制构件类型	区别
方案一	50%	主体竖向构件：全部现浇 主体水平构件：楼板、阳台板、空调板、楼梯、沉箱 内外围护构件：外围护墙（单板）、内隔墙	集成厨房、卫生间等
方案二	50%	主体竖向构件：剪力墙墙身预制 主体水平构件：楼板、阳台板、空调板、楼梯 内外围护构件：外围护墙（夹心保温）、内隔墙	应用管线分离

注：方案一、方案二水平件预制范围基本相同，且均采用单向叠合板；主体竖向构件预制不同，内隔墙都采用条板。

装配式剪力墙结构装配率评分表　　　　　　　　　　　　　　　　表 1-9

	评价项	评价要求	评价分值	最低分值	方案一	方案二
主体结构 （Q_1） （50分）	柱、支撑、承重墙、延性墙板等竖向构件（Q_{1a}）	35%≤比例≤80%	20～30*	20	0	20
	梁、板、楼梯、阳台、空调板等构件（Q_{1b}）	70%≤比例≤80%	10～20*		18	14
围护墙和内隔墙（Q_2） （20分）	非承重围护墙非砌筑（Q_{2a}）	比例≥80%	5	10	10	10
	围护墙与保温、隔热、装饰一体化（Q_{2b}）	50%≤比例≤80%	2～5*			
	内隔墙非砌筑（Q_{2c}）	比例≥50%	5			
	内隔墙与管线、装修一体化（Q_{2d}）	50%≤比例≤80%	2～5*			
装修与设备管线（Q_3） （30分）	全装修	—	6	6	6	6
	干式工法的楼面、地面（Q_{3a}）	比例≥70%	6	—	16	0
	集成厨房（Q_{3b}）	70%≤比例≤90%	3～6*			
	集成卫生间（Q_{3c}）	70%≤比例≤90%	3～6*			
	管线分离（Q_{3d}）	50%≤比例≤70%	4～6*			
总计					50	50

1.4.4 初步设计阶段

初步设计阶段设计要点：①初步设计阶段应与各专业进行协同设计，进一步细化和落实所采用技术方案的可行性；②协调各专业技术要点，优化构件规格种类，考虑管线预留预埋；③进行专项经济评估，分析影响成本因素，制定合理的技术措施。

1.4.5 施工图设计阶段

施工图设计阶段设计要点：①施工图设计应按照初步设计阶段制定的技术措施进行设计，形成完整可实施的施工图设计文件；②落实初步设计阶段的技术措施，配合内装部品的设计参数，协调设备管线的预留预埋；③推敲节点大样的构造工艺，考虑防水、防火的性能特征，满足隔声、节能的规范要求。

1.4.6 精装设计阶段

装配式建筑的内装修设计应遵循建筑、装修、部品一体化的设计原则，应满足现行国家标准，达到适用、安全、经济、节能、环保等各项指标的要求，装配式建筑内装修设计要点见图1-29。

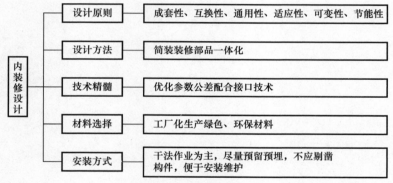

图 1-29 装配式装修设计要点

装配式装修应采用工厂化生产的内装部品，实现集成化的成套供应。部品和构件宜通过优化参数、公差配合和接口技术等措施，提高部品、构件的互换性和通用性。装修部品应优先选用绿色、环保材料，并具有可变性和适应性，便于施工安装、使用维护和维修改造。

1.4.7 工艺设计阶段

装配式建筑工艺设计的依据是施工图设计、精装设计，特别是施工图和精装设计中的水电预埋点位对工艺设计至关重要。工艺设计阶段设计要点：①建筑专业可根据需要提供预制构件的尺寸控制图；②构件加工图纸可由设计单位与预制构件加工厂配合设计完成；③可采用BIM技术，提高预制构件设计的完成度与精确度。

1.4.8 专业协同阶段

装配式建筑应进行建筑、结构、水暖、机电、装修、工艺等一体化设计，充分考虑装配式建筑的特点及项目的技术经济条件,利用信息化技术手段实现各专业间建筑结构、机电设备及装修施工形成完整系统[39],满足装配式建筑设计技术要求。装配式建筑专业协同设计要点内容,见图 1-30。

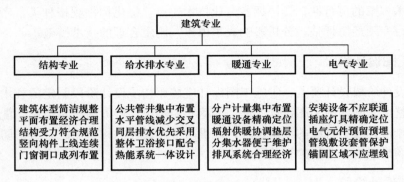

图 1-30 装配式建筑专业协同设计要点

第 ❷ 章
装配式建筑专业深化设计

2.1 前言

2.1.1 名词释义

装配式混凝土结构是由预制混凝土构件通过可靠的连接方式装配而成的建筑物,包括装配整体式结构、全装配混凝土结构等[40]。本书中提到的装配式建筑没有特殊说明,指的是装配式混凝土结构建筑。

2.1.2 设计的基本要求

装配式建筑的设计必须执行国家的建筑方针,必须符合国家政策、法规的要求及相关地方标准的规定,满足建筑的使用功能和建筑的物理性能,提高质量、节约能源、节约造价、建筑全寿命期的可持续性发展,体现以人为本、可持续发展、绿色节能、环境保护的指导思想。

装配式建筑中,能够在合理地利用预制构件满足装配率要求的同时,在进度、施工、质量、环保、成本等方面形成一定优势,因此在技术设计阶段,必须要考虑合理的拆分方案。其优势大体可概括为:一是合理铺排设计计划,精准控制进度,能够有效缩短工期;二是方便施工,突出工业生产优势,减少现场作业;三是提高质量,构件尺寸精准,建筑品质精良;四是保护环境,减少施工垃圾,降低噪声影响;五是控制成本,降低人工成本,减少材料浪费[30]。

2.1.3 设计的基本原则

装配式建筑设计应符合城市规划的要求,并与当地的产业资源和周围环境相协调[4]。并应遵循"少规格、多组合"的原则,在标准化设计的基础上实现系列化和多样化。

(1)建筑设计方案应该与装配方案相互调整,在提高预制率的同时注意对户型的影响,在调整户型时复核预制率,相互协调。

(2)遵循少规格、多组合的原则,在满足建筑功能的前提下实现基本单元标准化,以提高建筑构件的重复使用率,降低建造成本。

(3)建筑平面应较为规整,减少非标准异形结构构件的数量,增加建筑布局的灵活性。

(4)建筑楼梯、阳台、设备板尽量标准化,整体厨卫根据户型实际特点进行设计,注意不同户型之间的协同性。

31

我国各地区在气候、环境、资源、经济社会发展水平及民俗文化等方面都存在较大差异，在工程建设中应符合所在地城市规划的要求，因地制宜地与周围环境相协调是建筑设计的基本原则。"少规格，多组合"是装配式建筑设计的重要原则，减少构件的规格种类及提高构件模板的重复使用率，有利于构件的生产制造与施工，有利于提高生产速度和工人的劳动效率，从而降低造价[4]。在合理的装配率条件下，从概念方案阶段到详图阶段，注重装配式建筑设计的特点，注重模数化、模块化；同时，要从功能需求出发，比如后期布局灵活性的问题，实现一定的统一性与多样性。设计时要保证装配式建筑的技术可行性和经济合理性，采用标准化的设计方法，减少构件规格和接口种类是关键点[41]。

2.1.4　性能设计的要求

装配式建筑的性能设计包括防水设计、防火设计、保温设计、隔声设计等。装配式建筑的防火设计要求与现浇建筑等同，都要严格执行规范中相关条文的规定，特别是外墙采用保温材料进行外保温、夹心保温、内保温时，要注意保温材料的选用和采取相应的防火构造措施。装配式建筑节能设计应根据不同气候分区及建筑类型，按现行国家或行业标准《严寒和寒冷地区居住建筑节能设计标准》JGJ 26、《夏热冬冷地区居住建筑节能设计标准》JGJ 134、《夏热冬暖地区居住建筑节能设计标准》JGJ 75、《公共建筑节能设计标准》GB 50189 执行。装配式建筑的防水设计与现浇建筑不同，是因为装配式建筑由预制构件拼装而成，外墙存在构件安装缝，防水设计时需要采取防水封堵。

2.1.5　与传统设计的区别

装配式建筑设计应符合建筑全寿命期的可持续性原则，满足建筑体系化、设计模数标准化、生产工厂化、施工装配化、装修部品化和管理信息化等全产业链工业化生产的要求[34]。装配式建筑和传统建筑的设计，有以下不同。

1. 设计方法及程序不同

与传统建筑设计方法不同，装配式建筑对建筑构件的拆分是非常重要的工作，其影响到建筑外观效果、建筑使用功能、工厂生产效率、运输效率及安装进度等工程建设的各个环节。需要在构件拆分合理性、构件模数化、构件经济性等各方面做出平衡，在施工过程中处理好各方协同工作。传统建筑设计需要在现场临时解决众多问题；而装配式建筑设计则需要把这些问题前置化，设计考虑的因素相对要宽泛很多。若以传统设计方法处理，则一定会在现场出现诸如构造拼接不合理、存在渗漏隐患等质量问题。

2. 目标体系差异

传统建筑与装配式建筑预期目标不同，主要体现在两个方面。首先，大部分传统建筑设计项目是全新的，从任务书开始设计项目。设计以功能为导向，追求基本功能的满足和空间环境的宜居性。而现有的装配式建筑项目不仅需要着眼功能和宜居，也需要关注设计对工厂化生产和装配式施工的影响。装配式建筑设计关注轴线尺寸统一化与户型标准化，是为了减少外墙构件及楼板构件种类，提高建造效率，实现建筑功能性与经济性的统一。

3. 介入阶段区别

传统住宅项目在方案设计阶段一般仅涉及小区规划设计、建筑单体设计等阶段；而装配式住宅项目由于构件工厂生产、现场装配的要求及内装装配化的要求，必须将设计向全过程延伸。从设计的初始阶段即开始考虑构件的拆分及精细化设计的要求，并在设计过程与结构、设备、电气、内装专业紧密沟通，实现全专业全过程的一体化设计。

4. 设计效率不同

我们在对传统设计单位设计的施工图进行装配式工艺设计中，会遇到大量的适应装配式建筑的修改，这个调整的时间甚至比重新设计还长；更重要的是，这样的调整往往都是沟通到协调到妥协的结果，经常耽误大量时间同时也不能满足装配式构造节点的要求，进而也会对后续施工进度和工程质量造成影响。解决这个问题我们需要在初步设计阶段即充分介入设计的各个环节，再由我们安排具有丰富装配式建筑设计经验的工程师充分考虑后续的工艺拆分、运输吊装、节点构造等内容进行施工图设计。实践证明，这种工作方式是保证工程质量并提高工程进度的有效方法。

5. 规划与单体设计不同

装配式建筑对于总图有一定的要求：一方面是要求单体尽量少，从而进行丰富的组合来达到多样化空间；另一方面是在组合时注重形体边界，避免边界过于自由而导致设计与施工的难度。前者需要户型相对来说较少，从而控制楼栋类型；后者需要在单体楼栋组合时注重形体关系。在单体方案设计方面，传统建筑设计方案不需要过于考虑单体中不同房间面宽、进深的一致性，也不用对于功能房间自由布置形成的整体体型轮廓过多考虑，对于剪力墙的布置位置和长度更加自由[30]，对于楼梯、梁、阳台构件也关注得不多。而对于装配式住宅，需要综合考虑以上几点问题，即：户型面宽、进深、轮廓、剪力墙位置等要素，从设计、成本和施工的综合维度进行平衡，在具体平面和立面设计上受到一定限制。

2.2　装配式建筑技术策划

2.2.1　技术策划的目的

装配式建筑应在项目技术策划阶段进行前期方案策划及经济性分析，对整体规划设计、单体设计、部品生产和施工建造各个环节统筹安排。建筑、结构、机电、室内、经济、构件生产等环节密切配合，对技术选型、技术经济可行性和可建造性进行评估。

装配式建筑的建造方式是一个系统工程。相比传统的建造方式而言，约束条件更多、更复杂。为了实现提高工程质量、提升生产效率、减少人工作业、减少环境污染的目标，体现装配式建筑的"两提两减"，需尽量减少现场湿作业，构件在工厂按计划预制并按时运到现场，经过短时间存放进行吊装施工。因此，装配式建筑实施方案的经济性与合理性、生产组织和施工组织的计划性、设计、生产、运输、存放和安装等各工序的衔接性和协同性等方面，相比传统的建造方式尤为重要。好的策划能有效控制成本、提高效率、保证质量，充分体现装配式的优势[30]。

2.2.2　技术策划的内容

技术策划的总体目标是使项目的经济效益、环境效益和社会效益实现综合平衡，技术策划的重点是项目经济性的评估[42]，主要包括：

1. 概念方案和结构选型的合理性

装配式建筑的设计方案，首先要满足使用功能的需求；其次，要符合标准化设计的要求，具有装配式建造的特点和优势，并全面考虑易建性和建造效率；最后，结构选型要合理，其对建筑的经济性和合理性非常重要。在前期技术策划中，需要各专业共同研究项目的预制装配率带来的对各专业的限制，特别是建筑和结构专业，通过调研、统计分析等，最终确定合理的技术方案。

2. 预制构件厂技术水平、可生产的预制构件形式与生产能力

装配式建筑中预制构件几何尺寸、重量、连接方式、集成程度、采用平面构件还是立体构件等技术配置，需要结合预制构件厂的生产线产能等实际情况来确定。

3. 预制构件厂与项目的距离及运输与经济性

装配式建筑的施工应综合考虑预制构件厂的合理运输半径，用地周边应具备完善的构件、部品运输交通条件，用地应具有构件进出内部的便利条件。受运输条件限制的特殊构件也可在现场预制完成。

4. 施工组织及技术路线

主要包括施工现场的预制构件临时堆放方案可行性，用地是否具备充足的构件临时存放场地及构件在场区内的运输通道，构件运输组织方案与吊装方案协调同步，吊装能力、吊装周期及吊装作业单元的确定等。

5. 造价及经济性评估

预制构件在工厂生产，其成本较传统现浇施工方式易于确定。从国内的实践经验来看，通常是用每立方米混凝土为基本单位来标定的，在前期策划阶段可参考。装配式建筑技术策划对规划设计、部品生产和施工建造各环节统筹安排，对技术选型、技术经济可行性和可建造性进行评估。确定项目的结构选型、围护结构选型、集成技术配置等，并确定项目装配式建造目标。好的策划能有效控制成本、提高效率、保证质量，充分体现装配式建筑的工厂化优势。

2.2.3 体系构成及选型

装配式建筑由结构、外围护、内分隔、装修和设备这五个功能属性各异的体系组成，见图2-1。由结构构件体系形成建筑结构主体，组成工业化住宅的承重骨架；外围护体系在结构构件体系的基础上添加外围护功能，形成住宅的气候界面与城市空间界面；内分隔体系在结构构件体系和外围护体系所限定的室内空间中，通过竖向构件实现建筑内部空间的分隔；装修体系是指结构体系、外围护体系、内分隔体系所限定的空间内，实现使用空间可居性的、以装饰性构件为主的体系；设备构件体系是通过各种性能设备、管线的设置，实现工业化住宅的不同使用要求[24]，见图2-2。

1. 结构体系构成与选型

装配式建筑的结构构件体系依据所用材料的不同，可以分为混凝土结构构件体系、钢结构构件体系、木结构构件体系以及复合结构构件体系四类。本书只讨论混凝土结构体系，即PC，不涉及钢结构和木结构。以下简述几种结构体系在装配式项目中的选用。

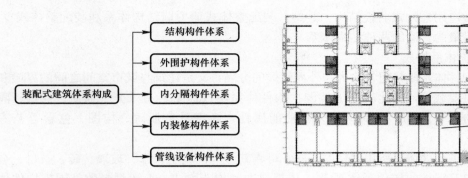

图 2-1　装配式建筑体系构成　　　　图 2-2　装配式建筑体系分类图示

（1）装配整体式剪力墙结构体系：剪力墙全部或部分预制装配，其他构件（外挂墙板、叠合楼板、阳台、楼梯等）酌情选择预制的装配整体式混凝土结构体系，对于室内的影响较小，住户接受度高。目前实践中，在住宅中采用此种结构体系较为常见[30]。由于剪力墙结构的建筑整体性好，并且该结构的室内没有梁、柱等外露与凸出，便于房间内部的家具布置，满足人的居住体验感，因此近年来得到广泛应用，成为当前我国国内推广实施工业化混凝土建筑最多的结构体系。

（2）装配整体式框架结构体系：全部或部分框架梁、柱采用叠合梁、预制柱，其他构件（外围护墙板、叠合楼板、阳台、楼梯等）酌情选择预制组成的装配整体式混凝土结构体系。高度受限制，其次由于框架柱造成室内有一定的平面影响，住户接受度差，一般用于低多层公寓、保障房[30]和其他公共建筑中。

（3）装配整体式框-剪结构体系：框架梁、柱采用叠合梁、预制柱，剪力墙采用现浇，其他构件（外围护墙板、叠合楼板、阳台、楼梯等）酌情选择预制组成的装配整体式混凝土结构体系。装配式框-剪结构在其预制率方面相对较高，其梁、柱构件都属于线性单元，能够实现标准化安装；与此同时，其还具有使用空间大、空间安排方面灵活性强、内部空间比较规整、侧向力学承重性能好等突出优势。但是梁、柱截面较大，影响室内使用效果，连接钢筋较多，现场施工复杂，影响施工效率。用于住宅时住户接受度较差[30]，必须结合室内设计。一般在高层住宅，特别是保障房住宅、公寓、酒店、医院中用得较多。

（4）现浇外挂体系与叠合剪力墙 PCF 体系：竖向结构全现浇，预制率整体偏低，但抗震性能好。实际运用中与其他体系互补，可以将外挂墙板结合装配整体式剪力墙体系或框架体系使用，提高预制率。

（5）装配式低多层墙板结构体系：墙体通过高强度螺栓等可靠连接方式，承担建筑封闭和承重功能。按构件连接方式，分为干式连接、等同现浇湿式连接或混合连接方式。干式连接墙板结构施工速度可实现墙板一天内主体吊装完成，屋面实现整体吊装，是具有广泛市场前景的新型密拼墙板结构体系，100％预制率纯干法作业，生产及安装工期短；构件不出筋，控制精度高，高强度螺栓连接，抗震性能好；墙板间采用密拼并增加防水卷材的防水构造，具有整体防水效果好等优点。干式连接墙板结构是目前低多层应用最多的结构体系。

在满足装配率和成本可控的条件下，要根据业态选择对应的结构类型[30]。高层住宅常选用装配整体剪力墙结构，高层公寓、医院、酒店常选用装配式整体式框架-剪力墙结构，学校常选用装配式整体式框架结构，多层办公、商业常选用装配式整体式框架结构，低多层住宅常选用装配式墙板结构。其中，装配整体式剪力墙结构体系和装配整体式框-剪结构体系是最为普遍的两种结构体系。

2. 外围护体系构成

外围护构件体系既是建筑室内与外界气候的分隔，又是建筑与城市空间之间的界面和建筑形象的重要载体，因此决定了外围护构件体系不仅需要具有采光、通风、保温、隔热、隔声、防水、防潮、耐火、耐久等功能属性，尚需具有肌理、构图、色彩等艺术属性。

根据外围护构件体系所用主材的不同，可将其分为混凝土、木、玻璃、砖、石材、金属、复合材料等种类的构件子体系[24]。依据建造和构造方式，上述材料的外围护构件体系可以分为两种：一种是直接传力给梁、柱和楼板的砌筑类（砖、石、混凝土）重型围护体系，以预制钢筋混凝土外围护体系为代表；另一种是通过支撑结构悬挂于主体结构之外的幕墙类（玻璃、木、金属、复合材料等）轻质围护体系，见图 2-3。同时，依据在建筑中的位置不同，外围护构件体系又可以分为外墙墙板、女儿墙板、带窗墙板、阳台栏杆栏板等子体系。建筑屋面虽然常规上属于外围护体系，现实中由于屋面对于防水、保温隔热及排水等有特殊要求，因此归属于结构体系中的横向结构构件子体系。多数情况下采用现浇方式，也有少数采用叠合楼板等形式。

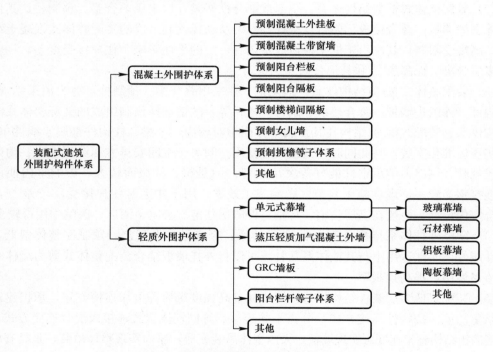

图 2-3 装配式建筑外围护构件体系构成

与其他材料相比，混凝土外围护体系具有整体性好、稳定性好、强度高、耐疲劳、耐冲击振动、不容易产生裂缝等优点，是高层工业化住宅采用最多的外围护体系。预制混凝土外围护构件体系通常包括：预制混凝土外挂墙板、预制混凝土带窗墙板、预制阳台栏板、预制阳台隔板、预制楼梯间隔板（无保温）、预制女儿墙、预制挑檐等子体系。公共建筑受结构体系和外立面要求，多采用轻质围护体系，主要包括：单元式幕墙（玻璃幕墙、石材幕墙、铝板幕墙、陶板幕墙)、蒸压轻质加气混凝土外墙、GRC 墙板、阳台栏杆等子体系。

3. 内分隔体系构成

内分隔体系是指在建筑中起分隔室内空间作用的部分，通常是在由外围护构件体系所限定的建筑内部空间基础之上的竖向分隔。对于高层住宅来说，外围护体系和内分隔体系的关系有相邻、分离和包含三种形式，这主要是由居住功能模块与住宅公共功能模块之间的联系、二者与外界气候的关系以及居住建筑对保温性能的特殊需求三个条件共同决定的。

常用的内分隔构件有：预制钢筋混凝土墙板、内门、玻璃隔断、木隔断墙、轻钢龙骨石膏板隔墙、蒸压轻质加气混凝土墙板、钢筋陶粒混凝土轻质墙板等[24]，见图 2-4。

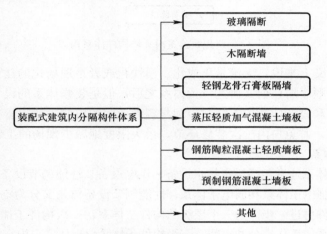

图 2-4　装配式建筑内分隔构件体系构成

多数情况下内分隔构件位于建筑室内，几乎不直接与外界气候接触，或者参与围合交通空间无需增设保温隔热性能，因此相对于外围护结构体系来说，内分隔构件的性能要求相对较低，以隔声、防火、隔视线等功能属性为主，所用材料与节点的做法也更趋向于多样化。并且，由于在住宅中所处的位置不同，内分隔构件的寿命周期要求和功能属性要求又存在一定的差异性。因此，内分隔构件体系分为两个子体系：住户外部空间的分隔体构件子体系和住户内部空间的分隔构件子体系。前者如住宅与公共空间的界面、住户间的界面构件体系、管道井等，对隔声、防火等要求较高，使用年限较长，尤其是公共空间的分隔构件，甚至可能与建筑同寿命周期；后者为住户内诸如起居室（厅）、卧室、厨房、卫生间、餐室、过厅、过道、储藏室等功能空间的分隔，人们对居住空间多样化、个性化等特殊需求决定了户内分隔构件体系既需要满足住宅全生命周期内的空间可变性、可持续性，又需要满足居住者的审美情趣和舒适感，因此对内分隔构件体系材料的多样性、安全性、时代性，连接构造的多样性、复杂性与可靠性均有较高的要求，这些要求赋予内分隔构件体系以轻质、高效等鲜明的特征，对新技术、新材料有更高的需求。

4. 内装修体系

内装修构件体系，是指在结构构件体系、外围护构件体系和内分隔构件体系所限定的功能空间内，起到保护主体、延长其使用寿命的作用，并且和围护体系一起增强和改善建筑物的保温、隔热、防潮、隔声、美化等性能，从而将建筑内部空间进一步优化为宜居空间的各种构件[24]，主要包括给水排水、暖通和电气设施以及地面、吊顶、墙面等，见图 2-5。

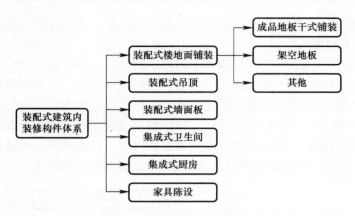

图 2-5 装配式建筑内装修构件体系构成

虽然从严格意义上来说，无论是集成化、模块化或者是现场化的建造模式，装修构件体系的生产和建造顺序均在前文所述三大体系之后，但是装修体系的设计应早期介入，实现与三大体系生产和设计环节的无缝对接和与各专业间的协同，使得管线的预设、预埋在工厂内一次性完成，避免户内二次装修环节，最大限度地减少现场的工作量。

5. **设备管线体系**

管线设备构件体系通常包括给水排水设备、供电设备、性能调节设备等子体系，其中供电设备体系又分为强电子体系和弱电子体系；性能调节设备体系又分为空调子体系和暖通子体系。管线设备构件可进一步分为三个层级的构件子体系：一级构件子体系位于住宅外部空间；二级构件子体系位于住宅公共空间；三级构件子体系位于住宅户内空间[24]，见图 2-6。

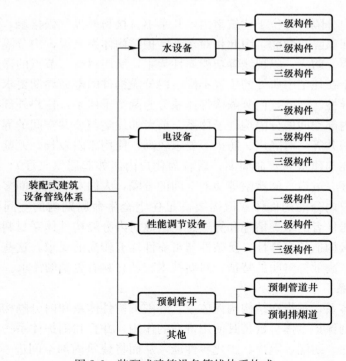

图 2-6 装配式建筑设备管线体系构成

由于管线设备体系的专业化、集成化程度较高，设计与建造时有较高的协同要求。此外，与其他四个构件体系相比，在整个设计-建造流程中，该体系需要更加充分的前置，方能真正实现管线设备体系的安装、使用、维修、更换和拆除等流程。

2.2.4　主体部件和预制率

装配式混凝土建筑中，适合预制的主体部件主要包含：叠合板、叠合梁、预制柱、预制楼梯、预制阳台、预制空调板、预制女儿墙、预制剪力墙等。主体结构通常用预制率指标作为评价指标，即主体结构中预制混凝土方量与总体混凝土方量的比值。

1. 预制楼梯

预制率约为 2%，预制楼梯施工便捷，构件质量好、成本低，是最易推广的装配技术之一。装配式建筑会优先选择预制楼梯，其表面平整粉刷后和现浇楼梯并无差别，其次对于空间的影响有限，成本和进度方面容易满足要求，楼梯面的处理会在工厂内完成，缩短现场工期。

2. 叠合板

预制率为 12%，可节省板底模板，减少现场支模量，省工期，易实施。叠合楼板是较容易出量的一部分，建筑的开间、进深在一定程度上是模数控制、有规律可循的，不同面积段对应的房间开间和进深相对来说容易把握。

3. 预制阳台及空调板

预制率为 2%，设计及安装施工简易，同时在外立面效果呈现上有一定的丰富性，安装较为便利。

4. 预制女儿墙及挑檐

预制率为 1%～1.5%，女儿墙一般也采用预制，根据不同的檐口形式决定预制部位，以混凝土为内结构，外表面进行粉刷或反打其他材料。

5. 叠合梁

预制率约为 3%，节省模板及支模工作量，钢筋连接与现浇基本相同，造价增量很少。

6. 预制柱

垂直构件的预制可以实现整体结构体系的预制装配化，大量减少现场工程量，但柱钢筋套筒连接会有造价增量。同时，由于柱对于住宅室内空间影响较大，不会全部使用预制柱，只在疏散楼梯、厨房管井等局部位置布置，预制率有限[30]。

7. 预制剪力墙

分为预制内剪力墙和预制外剪力墙两种，前者预制率最大约为 25%，后者预制率约为 20%。预制外部剪力墙可以在工厂中生产，利用反打技术等等，对于呈现效果较好。预制外墙一般采用夹心保温，实现保温装饰一体化，外墙耐久性得到很好的保证，但外墙与主体之间仍存在防水隐患，预制外墙成本较高，给当下适度提高预制率带来一定的掣肘。预制内部剪力墙，其布置会影响平面的开间、进深等，同时垂直结构体系下对于地下室空间有一定影响，因此在策略上一般选择布置在住宅户内北侧厨房、卫生间、楼梯间和户型中部片墙、南侧大空间分户墙与隔墙。

为了满足合理的预制率要求，在不同结构高度即不同住宅层数下，对于结构构件的选择也有差异，如 6F 洋房、11F 小高层、18F 高层和 33F 高层住宅对于预制构件的选择就略有不同。不同高度导致其预制率拆解策略不同。下面以 30％的预制率为例，对于常见住宅层数下不同预制构件对于预制率的影响及拆分组合做了一定的归纳分析。

（1）采用 PC 内部剪力墙，预制率拆解估算如下。其中，叠合板的预制比例包含了预制阳台板和空调板，见表 2-1。

PC 内剪力墙预制比例　　　　　　　　　　表 2-1

层数	预制比例						
	叠合板（含阳台）	楼梯	内剪力墙	梁	柱	女儿墙	合计
6F	0.129	0.026	0.105	0.020	0	0.020	0.3
11F	0.126	0.028	0.106	0.020	0	0.020	0.3
18F	0.137	0.033	0.058	0.030	0.017	0.025	0.3
33F	0.133	0.033	0.057	0.030	0.022	0.025	0.3

（2）采用外墙 PC，预制率估算如下，见表 2-2。

PC 外墙预制比例　　　　　　　　　　表 2-2

层数	预制比例						
	叠合板	楼梯	外墙	内剪力墙	梁	柱	女儿墙	合计
6F	0.129	0.026	0.095	0.030	0	0	0.020	0.3
11F	0.126	0.028	0.096	0.040	0	0	0.010	0.3
18F	0.120	0.033	0.110	0.027	0	0.010	0.010	0.3
33F	0.100	0.033	0.140	0.017	0	0.010	0	0.3

经以上分析后，对于不同结构构件在不同高度下的预制率贡献有了初步的认知，归纳出不同预制率下结构的拆解方案[30]，见表 2-3。

不同预制率下结构的拆解方案　　　　　　　　　　表 2-3

剪力墙、框剪体系预制率	PC 外墙	PC 内墙	柱	梁	楼板	楼梯	阳台、空调板	女儿墙
60％～75％	●	●	●	●	●	●	●	●
40％～60％	●	●	●	●	●	●	●	●
30％～40％		●		●	●	●	●	●
20％～30％		●			●	●	●	●
10％～20％					●	●	●	

2.2.5　成本经济性分析

装配式建筑设计应统筹建设方及各设计专业，按照项目的建设需求、用地条件、容积率等结合预制构件厂生产能力及装配式结构适用的不同高度，结合项目的实际情况尽量采用预制构件进行经济性分析，确定项目的技术方案，包含结构形式、预制率、装配率[43]。

（1）装配式混凝土结构按照结构形式，可分为装配式框架结构、装配式剪力墙结构、装配式框架-剪力墙结构，目前应用最多的是装配式剪力墙结构（主要应用于住宅建筑），其次是框架结构、框架-剪力墙结构（主要应用于公共建筑）。建筑设计应根据不同建筑使用功能，选择不同的结构体系，根据预制装配目标，确定合理的预制率、适宜的预制部位和构件种类。

（2）预制率的计算内容主要针对主体结构构件和围护结构构件，其中包括：预制外承重墙、预制外围护墙、内承重墙、柱、梁、楼板、外挂墙板、楼梯、空调板、阳台等构件。由于非承重内隔墙板的种类繁多，预制率计算中暂不包括这类构件[44]。

（3）装配率评价除了主体结构外，还有非承重构件和内装部品的应用程度，主要包括非承重内隔墙、整体（集成式）厨房、整体（集成式）卫生间、预制管道井、预制排烟道和护栏等。非承重内墙主要包括：预制轻质混凝土整体墙板、预制混凝土空心条板、加气混凝土条板、轻钢龙骨内隔墙等以干法施工为特点的装配式施工工艺的内隔墙系统。

装配式建筑要根据使用功能、经济能力、构件工厂生产条件、运输条件等分析可行性，不能片面追求预制率的最大化。在技术方案合理且系统集成度较高的前提下，较高的预制率能带来规模化、集成化的生产和安装，可加快生产速度、降低人工成本、提高产品品质、减少能源消耗。若技术方案不合理且系统集成度不高，甚至管理水平和生产方式达不到预制装配的技术要求时，片面追求预制率反而会造成工程质量隐患、降低效率并增加造价[42]。因此，要通过系统的、适宜的技术方案选择来确保项目更具有科学性、经济性和系统性。

2.2.6　装配产品适用范围

根据建筑的主体结构及使用功能要求，选择适合装配的部位与构件种类，如楼梯、阳台构件、管道井等在装配式建筑中属于易于做到标准化程度高、便于重复生产的部位[34]。

建筑使用功能空间分隔、内装修与内装部品是建筑中比较适宜采用工业化产品的部位。在内装修中，宜采用工厂生产的部品现场组装。现阶段的内装修推广采用轻质隔墙进行使用功能空间的分隔，推广采用整体（集成式）厨房和整体（集成式）卫浴间，可以减少施工现场的湿作业，满足干法施工的工艺要求。

根据国际国内的实践经验，适宜采用预制装配的建筑部位主要有：①具有规模效应的、统一标准的、易生产的，能够显著提高效率和质量、减少人工和浪费的部位。②技术上难度不大，可实施度高，易于标准化的部位。③现场施工难度大，适宜在工厂预制的部位。比如，复杂的异形构件、需要高强混凝土等现场无法浇筑的部位、集成度和精度要求高、需要在工厂制作的部位等[42]。④其他有特殊要求的部位。

2.3　装配式建筑平面设计

装配式建筑的平面设计除了要满足使用功能的要求外，还应采用标准化的设计方法全面提升建筑品质、提高建设效率及控制建造成本。

2.3.1　平面设计方法

建筑的基本单元、组成构件和建筑部品重复使用率高、规格少、组合多的要求，决定了平面设计应采用标准化、模数化、系列化的设计方法，应遵循"少规格、多组合"的原则。平面布置除满足建筑使用功能需求外，应考虑有利于装配式混凝土结构建造的要求。平面设计不仅应考虑建筑各功能空间使用尺寸，还应当考虑到住户家庭结构的变化、生活习惯的变化等引起的空间需求的变化，平面设计应有一定的适应性。因此，平面布置上要尽量采用大空间，一般住宅南侧起居厅和餐厅的大面宽设计给大空间布局留下可变余地。大空间的设计有利于减少预制构件的数量和种类，提高生产和施工效率，减少人工，节约造价[30]。

目前，我国已建成的装配式建筑多为装配整体式剪力墙住宅，因此平面设计方法的表述以装配式住宅的设计为例。

1. 平面设计的设计方法

平面设计应采用标准化、模数化、系列化的设计方法，应遵循《装配式混凝土结构技术规程》JGJ 1—2014 中 3.0.2 条的"少规格、多组合"的原则，并满足《装配式建筑评价标准》GB/T 51129—2017 中的有关规定。标准化设计评分规则应符合表 2-4 的规定。

标准化设计评分规则   表 2-4

序号	评价项目	评价指标及要求		评价分值	备注
1	模数协调	建筑设计采用统一模数协调尺寸，并符合现行国家标准《建筑模数协调标准》GB/T 50002 的有关规定		2	
2	建筑单元	居住建筑	在单体住宅建筑中重复使用量最多的三个基本户型的面积之和占总建筑面积的比例不低于70%	4	
		公共建筑	在单体公共建筑中重复使用量最多的三个基本单元的面积之和占总建筑面积的比例不低于60%		
3	平面布局	各功能空间布局合理、规则有序，符合建筑功能和结构抗震安全要求		2	
4	连接节点	连接节点具备标准化设计，符合安全、经济、方便施工等要求		2	
5	预制构件	预制梁、预制柱、预制外承重墙板、内承重墙板、外挂墙板在单体建筑中重复使用量最多的三个规格构件的总个数占同类构件总个数的比例均不低于50%		4	
		预制楼板、预制叠合楼板在单体建筑中重复使用量最多的三个规格构件的总个数占预制楼板总数的比例不低于60%		2	
		预制楼梯在单体建筑中重复使用量最多的一个规格的总个数占楼梯总个数的比例不低于70%		2	
		预制内隔墙板在单体建筑中重复使用量最多的一个规格构件的面积之和占同类型墙板总面积的比例不低于50%		2	
		预制阳台板在单体建筑中重复使用量最多的一个规格构件的总个数占阳台板总数的比例不低于50%		1	
6	建筑部品	外窗在单体建筑中重复使用量最多的三个规格的总个数占外窗总数量董的比例不低于60%		2	
		集成式卫生间、整体橱柜、储物间等室内建筑部品在单体建筑中重复使用量最多的三个规格的总个数占同类部品总数量的比例不低于70%，并采用标准化接口、工厂化生产、装配化施工		2	

预制构件和建筑部品的重复使用率是项目标准化程度的重要指标，根据对工程项目初步调查，在同一项目中对相对复杂或规格较多的构件，同一类型的构件一般控制在三个规

格左右并占总数量的较大比重，可控制并体现标准化程度；对于规格简单构件，用一个规格构件数量控制。

公共建筑的基本单元主要是指标准结构空间，居住建筑则是以套型为基本单元进行设计，套型单元的设计通常采用模块化组合的方式。建筑的基本单元、构件、建筑部品重复使用率高、规格少、组合多的要求，也决定了装配式建筑必须采用标准化、模数化、系列化的设计方法[30]。

2. 装配式住宅的设计要求

装配式住宅设计应符合《住宅设计规范》GB 50096—2011、《装配式住宅建筑设计标准》JGJ/T 398—2017、《CSI住宅建设技术导则（试行）》等国家及行业标准的规定。应满足适用性能、环境性能、经济性能、安全性能、耐久性能等住宅性能及质量要求，并符合适老化要求。

国家标准《住宅设计规范》GB 50096—2011 明确规定，要积极推进装配式建筑设计。我国住宅建筑量大面广，实施装配式建造，是我国建筑行业发展的必然趋势。装配式建筑不仅能有效加快住宅的建造速度和提高住宅的建造质量，而且在后期的运行维护中可做到快速维修和更新。

从目前我国装配式建筑发展的现状来说，住宅的装配式建造可操作性更强，标准化设计、工厂化生产、装配化施工、一体化装修过程中的可控性更高，推广力度更大。通过推行建筑主体、建筑设备、建筑构配件和内装部品的标准化、模数化，适应装配式建筑生产的要求，提高装配式建筑的建造水平。

在住宅设计中，多样化的设计能满足使用者不同的居住需求，但应严格遵守标准化、模数化的相关要求，不能为了多样化而放松标准化设计的基本原则，进而派生出不符合标准化、模数化要求的空间尺寸和构件尺寸。

2.3.2　总平面图规划

装配式建筑的总平面设计应在符合城市总体规划要求、满足国家规范及建设标准要求的同时，配合现场施工方案，充分考虑构件运输通道、吊装及预制构件临时堆场的设置[45]，见图 2-7。

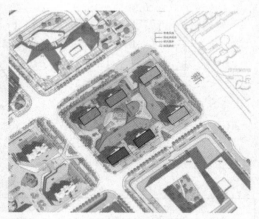

装配式建筑的大部分预制构件在工厂加工后运到施工现场，经过短时间存放或立即进行吊装，施工组织计划和各施工工序的有效衔接相比传统的施工建造方式要求更高。总平面设计要结合施工组织进行统筹考虑，一般情况要

图 2-7　装配式建筑总平面规划示意

求总平面设计应为装配式建筑生产施工过程中构件的运输、堆放、吊装预留足够的空间。在不具备临时堆场的情况下，应尽早结合施工组织，为吊装和施工预留好现场条件。考察预制构件生产地到施工现场之间道路的路况、荷载、宽度、高度等条件，统筹考虑预制构件的规格、重量、运输成本及道路临时加固等因素，并确定构件运输的施工现场进出口位置。

总平面的道路交通设计，要考虑与建筑构件施工运输的方案相结合，预制构件需要在施工过程中运至塔式起重机所覆盖的区域进行吊装。运输道路应有足够的路面宽度和转弯半径。合理选择预制构件临时堆放场地，尽量避开施工开挖区域。

2.3.3 单体平面设计

装配式建筑的平面形状、体型及其构件布置应符合现行国家标准《建筑抗震设计规范》GB 50011 的相关规定，并符合国家工程建设节能减排、绿色环保的要求[34]。

建筑设计的平面形状应保证结构的安全及满足抗震设计的要求。装配式建筑的平面形状及竖向构件布置要求，应严于现浇混凝土结构的住宅建筑。从建筑设计角度看，平面设计时要注意对于体型的控制，不可像传统方案一样过于自由，对于错缝、凹槽等设计手法尤为注意。另外，平面设计的规则性有利于结构的安全性，符合建筑抗震设计的要求。在实际功能需求和经济性之间寻求平衡，尽量避免非必要的不规则凹凸。

《装配式混凝土结构技术规程》JGJ 1—2014 对装配式结构的平面布置规定：不应采用严重不规则的平面布置，见图 2-8，长宽比（L/B）宜按表 2-5 采用。

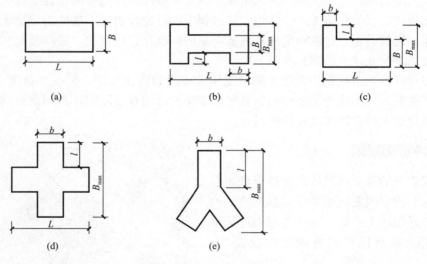

图 2-8 结构平面布置规定

平面尺寸及突出部位尺寸的比值限值 表 2-5

抗震设防烈度	L/B	l/B_{max}	l/b
6、7 度	≤6.0	≤0.35	≤2.0
8 度	≤5.0	≤0.30	≤1.5

装配式建筑的平面形状及竖向构件布置要求，应严于现浇混凝土结构的建筑。平面设计的规则性有利于结构的安全性，符合《建筑抗震设计规范》的要求。特别不规则的平面设计在地震作用下内力分布较复杂，不适宜采用装配式结构[45]。平面设计的规则性，可以减少预制楼板与构件的类型，有利于经济的合理性。不规则的平面会增加预制构件的规

格数量及生产安装的难度，且会出现各种非标准构件，不利于降低成本及提高效率。为实现相同的抗震设防目标，形体不规则的建筑要比形体规则的建筑耗费更多的结构材料[46]。不规则程度越高，对结构材料的消耗量越大，性能要求越高，不利于节材。在建筑设计中要从结构和经济性角度优化设计方案，尽量减少平面的凸凹变化，避免不必要的不规则和不均匀布局。

2.3.4　标准模块组合

在建筑产业化背景具体要求下，建筑方案受到前期装配式设计方案一定的限制。在装配式结构选型和预制率拆解下，平面设计时注重模数、体型、灵活性等要素，在传统设计方案的多样化基础上进行优化，实现装配式所要求的标准化。

装配式建筑的设计需要整体设计的思想。平面设计要考虑建筑全寿命期的空间适应性，大空间结构形式有助于实现这一目标，大空间的设计还有利于减少预制构件的数量和种类，提高生产和施工效率，减少人工，节约造价[30]。

室内空间划分应尽量采用轻质隔墙。室内大空间可根据使用功能需要，采用轻钢龙骨石膏板、轻质条板、家具式分隔墙等轻质隔墙进行灵活的空间划分。轻钢龙骨石膏板隔墙内还可布置设备管线，方便检修和改造更新，满足建筑的可持续发展，符合国家工程建设节能减排、绿色环保的大政方针[34]。

1. 套型模块设计

装配式住宅的设计应以基本套型为模块进行组合设计。装配式住宅的平面设计宜运用模块化的设计方法，利用优化后的套型模块进行多样化的平面组合。

套型模块可以分解成若干独立的、相互联系的功能模块，对不同模块设定不同的功能，以便于更好地处理复杂、大型的功能问题。模块应具有"接口、功能、逻辑、状态"等属性。其中，接口、功能与状态反映模块的外部属性，逻辑反映模块的内部属性，模块应是可组合、分解和更换的。模块应满足模数协调的要求，模块应采用标准化和通用化构件部品，并为主体构件和内装部品尺寸协调、工厂生产及装配化施工安装创造条件。套型模块应进行精细化设计，应考虑系列化，同系列套型间应具备一定的逻辑及衍生关系，并预留统一的接口。

住宅套型模块应由起居室、卧室、门厅、餐厅、厨房、卫生间、阳台等功能模块组成，宜在分析清楚居住需求的前提下，提供适宜的空间尺度控制，并用大空间的结构加以固化，见图 2-9。套型模块的设计，可由标准模块和可变模块组成。在对套型的各功能模块进行分析研究的基础上，用较大的结构空间满足多个并联度高的功能空间的要求，通过设计集成、灵活布置功能模块，建立标准模块（如客厅＋卧室的组合等）。可变模块为补充模块，平面尺寸相对自由，可根据项目需求定制[38]，便于调整尺寸进行多样化组合（如厨房＋门厅的组合等）。可变模块与标准模块组合成完整的套型模块。

起居室模块应按照套型的定位，满足居住者日常起居、娱乐、会客等功能需求，应注意控制开向起居室的门的数量和位置，保证墙面的完整性，便于各功能区的布置。卧室模块按照使用功能一般分为双人卧室、单人卧室以及卧室与起居室合并的三种类型。卧室与起居室合为一室时，应不低于起居室的设计标准，且满足复合睡眠功能，并适当考虑空间布局的多样性。餐厅模块包含独立餐厅及客厅就餐区域。中小套型中，当厨房面积太小，不具备冰箱放置空间时，在餐厅或兼餐厅的客厅内要增加冰箱摆放的空间，餐桌旁设餐具柜，摆放微波炉等厨用电器。门厅模块包括收纳、整理妆容及装饰等功能。应根据一般生活习惯对各功能进行合理布局，结合收纳部品进行精细化设计。

厨房模块　　　　玄关及客厅模块

卫浴模块　　　　居室模块

阳台模块

标准居住模块

图 2-9　套型模块设计

厨房模块包括收纳、洗涤、操作、烹饪、冰箱、电器等功能及设施，应根据套型定位合理布局。厨房模块中的管道井应集中布置并预留检修口。厨房常用布局模式及尺寸宜符合《住宅整体厨房》JG/T 184—2011 的规定。厨房设计应遵循模数协调标准，优选适宜的尺寸数列进行以室内完成面控制的模数协调设计，设计标准化的厨房模块，满足功能要求并实现工厂化生产及现场的干法施工。装配式住宅设计应优先选用整体厨房。

卫生间模块包括如厕、洗浴、盥洗、洗衣、收纳等功能，应根据套型定位及一般使用频率和生活习惯进行合理布局。卫生间的常用布局模式及尺寸宜符合《住宅整体卫浴间》JG/T 183—2011 的规定。卫生间设计应遵循模数协调标准，设计标准化的卫生间模块，满足功能要求并实现工厂化生产及现场的干法施工。装配式住宅设计应按照《装配式混凝土结构技术规程》JGJ 1—2014 第 5.2.4、5.4.5 条的要求，优先选用同层排水的整体卫生间。

2. 标准化接口设计

个性化和多样化是建筑设计的永恒命题。但不要把标准化和多样化对立起来，两者的巧妙配合能够帮助我们实现标准化前提下的多样化和个性化[34]。以住宅为例，可以用标准化的套型模块结合核心筒模块组合出不同的平面形式和建筑形态，创造出多种平面组合类型，为满足规划的多样性和场地适应性要求提供设计方案。

楼栋应由不同的标准套型模块组合而成，通过合理的平面组合形成不同的平面形式并控制楼栋的体型。楼栋标准化是运用套型模块化的设计，从单元空间、户型模块、组合平面与组合立面四个方面，对楼栋单元进行精细化设计。楼栋在进行套型模块组合设计时，模块的接口类型非常重要。每个模块都有接口，模块接口应标准化[45]。设计模块时接口越多，模块组合的方式就越多，但是给自身的条件限制也就越大，也不利于装配式建筑的建造。

户型模块标准化接口，见图 2-10，采用标准化接口，户型模块可选用双拼户型、单个组合户型等多种模式。

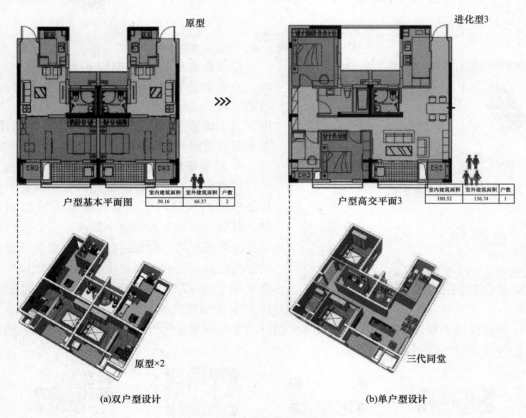

图 2-10　标准化接口设计

3. 核心筒模块设计

核心筒模块主要由楼梯间、电梯井、前室、公共走道、候梯厅、设备管道井、加压送风井等功能组成，应根据使用需求进行标准化设计[45]。核心筒设计应满足《住宅设计规范》GB 50096—2011、《建筑设计防火规范》GB 50016—2014 防火安全疏散的相关要求。在满足国家相关规范的基础上，从使用的安全性和交通的便捷性出发，考虑舒适性和经济性，合理布局各功能模块。

电梯的设置是核心筒设计的一个重要部分，其数量、规格、组合方式将直接影响到建筑的使用和品质，见图2-11。楼梯的设计应满足疏散要求，合理设置楼梯的位置与数量，最大限度地节约公共交通面积，提高使用率[47]。楼梯的设计应实现标准化设计，方便后期进行工厂化预制与装配化施工。前室、候梯厅、公共走道等关系到使用的舒适度，前室和候梯厅应具有良好的采光通风条件。

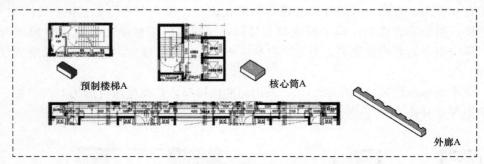

图 2-11 核心筒及水平交通模块设计

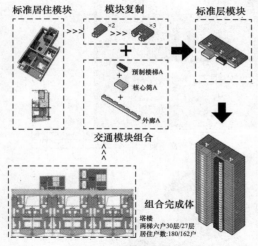

图 2-12 单体模块组合设计

设备管井应考虑机电设备管线的集中布置，合理布置节约面积，同时预留检修空间。功能安排上应考虑强弱电设备管井不共用、强电不与水暖管井相邻、排烟井尽量设在角部、茶水间靠近水管井等要求。

4. 功能模块组合设计

楼栋组合平面设计应优先确定标准套型模块及核心筒模块，平面组合形式要求得越清楚，其模块设计实现的效率越高。组合设计可以优先考虑相同开间或进深便于拼接的套型模块进行组合，结合规划要求利用各功能模块的变化组合形成标准套型模块基础上的多样化[45]。套型模块组合平面形式详见图2-12。

单体模块平面形式有很多种，在方案设计时要根据地区的气候特点、居住习惯、用地指标等综合考虑选用，见图2-13。

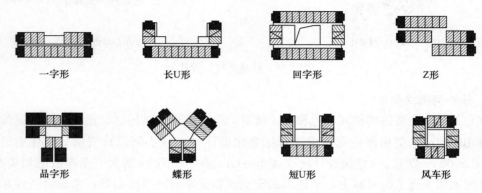

图 2-13 单体平面组合示意

　　与传统住宅设计相比，装配式住宅在户型设计方面最大的特点是建立了一套相对完整的标准化设计体系。标准化设计体系由标准化户型模块及标准化交通核模块共同构成。

　　户型模块方面，通过对轴线尺寸的调整和对剪力墙的梳理，使得装配式住宅户型趋于外形规整化；同时，通过对剪力墙设计的调整，使得每个户型都由若干模块组成，模块外部尺寸固定而内部由轻质隔墙灵活分隔，一是实现标准户型的模块化；二是实现厨卫与阳台的标准化用标准化模块[48]，可以组合出 100 多种户型，如图 2-14～图 2-17 所示。

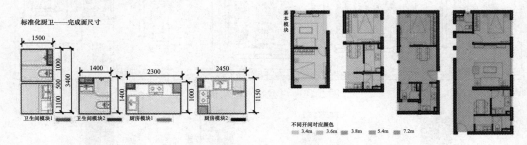

图 2-14　厨卫基本模块设计

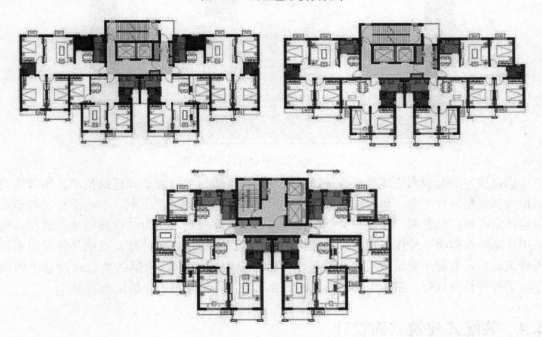

图 2-15　厨卫模块组合设计

2.3.5　面积计算优惠

　　当装配式建筑采用预制夹心外墙板时，夹心板保温层外部的外叶墙板作为保温层的保护层存在。如果将其计入建筑面积，会增加外墙面积占比。根据规范，可以在计算面积时按保温材料水平截面的外表面计算建筑面积，以保证装配式建筑与常规建筑面积计算的一致性。

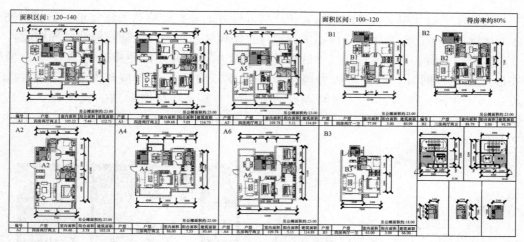

图 2-16　户型基本模块设计

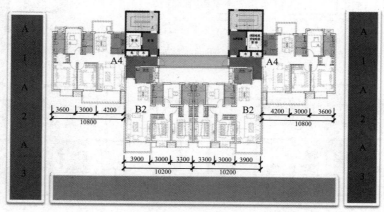

图 2-17　户型模块组合设计（126 种）

　　值得探讨的是我国应该积极推进以建筑被动式节能为主的被动式建筑技术。如果建筑面积按保温层外皮考虑，将影响套内空间使用面积，降低空间使用率，不利于建筑被动式节能技术的推广和发展。建议相关标准将建筑面积计算规则调整为"自然层建筑面积，当采用外墙外保温时，应按其保温材料结构相邻界面的水平截面积计算，也就是外保温不计入建筑面积，有利于建筑被动式节能技术的推广应用。"现在，全国各地也针对这个问题作出了各种补充规定，基本上都给予装配式建筑外墙不计入容积率的优惠政策。

2.4　装配式建筑立面设计

　　装配式建筑的立面、剖面设计，应采用标准化的设计方法，通过模数协调，依据装配式建筑建造方式的特点及平面组合设计，实现建筑立面的个性化和多样化效果。

　　德国柏林的柏林洪堡大学新图书馆（Jacob and Wilhelm Grimm Centre of the Berlin Humboldt University）言简意赅地表达了建筑个性，建筑立面的主导划分网格以内部空间的利用方式作为设计依据[49]，见图 2-18。建筑师马克斯·杜德勒（Max Dudler）模糊了缝与窗的概念区别——在藏书区域，采用立面石材间狭窄的裂缝对应两排书架间的走道；

在自习区域，则将这些窄缝放宽，以便能够容纳下窄窗。这种通过变换石材间距离的方法，形成了统一而有韵律的建筑立面。

图 2-18　德国柏林洪堡大学新图书馆

2.4.1　立面设计特点

装配式建筑的立面设计与标准化预制构件、部品的设计是总体和局部的关系，通过立面设计优化，设计运用模数协调的原则，采用集成技术，减少构件的种类并进行构件的多样化组合，达到实现立面个性化、多样化设计效果及节约造价的目的[30]。预制构件的规格化、定型化生产可稳定质量，降低成本；通用化部件所具有的互换能力，可促进市场的竞争和部件生产水平的提高。

1. 标准化设计

装配式建筑最大的特点是标准化、模数化，在立面设计时需要在模数化、标准化的基础上进行协调，立面自身有一定的模数系统，从阳台、设备板到外墙构件均遵循一定的模数，高度多选用 $0.5nM$ 作为优先尺寸的数列，构成立面模数系统。预制外墙构件尽量标准化，遵循 $0.5nM$ 的模数，尽量减少墙板的规格。

2. 构件化特点

与传统现浇方案不同，装配式建筑在立面设计上除了采用标准化和模数化，其立面效果通过几种构件的相互组合形成，即类似于单元式幕墙。整体立面效果就好比是一组组单元构成，单元内有一定的构件组合，呈现构件化的特点。从主体结构构件连接、外立面构件与主体结构的连接到立面构件与构件之间的连接，体现了立面构件的拆分与连接的特征。

3. 装饰材料与墙板组合

预制外墙板饰面在构件厂一体化完成，其质量、效果和耐久性都要大大优于现场作业，省时省力、提高效率。采用幕墙（如石材幕墙、金属幕墙、玻璃幕墙、人造板材幕墙等）作为围护结构，幕墙厂家需配合预制构件厂做好结构受力构件上幕墙预埋件的预留预埋，也可采用清水混凝土、预制墙板饰面等，构成丰富的效果。

4. 注重立面细部处理

装配式建筑受生产方式的制约，构件在工厂预制加工到现场组装施工，更加注重对细部的处理。不仅仅在于构件尺寸的模数，特别是节点深化方面需要提前处理，注重构件与构件之间的接缝，做到建筑效果和结构合理性的统一。

建筑立面应规整，外墙宜无凹凸，立面开洞统一，减少装饰构件，尽量避免复杂的外墙构件。

2.4.2 立面设计原则

装配式建筑的立面是标准化预制构件和构配件立面形式装配后的集成与统一。立面设计应根据技术策划的要求，最大限度地考虑采用预制构件，并依据"少规格、多组合"的原则，尽量减少立面预制构件的规格种类。

装配式建筑外立面的预制构件可以拆分为：预制外墙、阳台、设备板等，见图 2-19。预制阳台涵盖了栏杆栏板，设备板具体有空调机板、遮阳板、分户隔板等。预制外墙根据其是否承重又分为两种：外承重墙和外挂墙板。预制外承重墙一般出现在装配整体式剪力墙结构中，外挂墙板是外围护结构，类似于幕墙挂在主体结构上[30]。这两种做法作为结构构件和围护构件，均计算预制率。

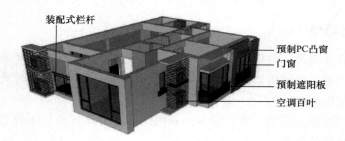

图 2-19　建筑外立面构件拆分图

采用预制外承重墙，由于其结构形式的复杂性，其立面有一定拘束，但其预制率较高；采用外挂墙板，其相当于幕墙，全部在工厂预制但要在设计前期完成深化，立面较为自由，但预制率相对预制外承重墙低一些。

1. 功能性

立面设计首先是对应平面布局，保证户型功能性的完整，立面本身需要有一定的功能性，不可因预制而预制、因造型而造型。

2. 整体性

住宅基本单元套型或公共建筑的基本单元在满足项目要求的配置比例前提下尽量统一，通过标准单元的简单复制、有序组合达到高重复利用率的标准组合方式，实现里面外墙构件的标准化和类型的最少化。建筑立面呈现整齐划一、简洁精致、富有装配式建筑特点的韵律效果[45]。

3. 多样性

外立面同时要注重逻辑和创意，通过设计体现"规则与变化"的审美，一方面采用构件模块组合的设计体现规则性、韵律性、多样性的特点；另一方面，可以借助建筑外墙、阳台、这样、空调板等制作为构件化的标准件，合理搭配组合，形成独具特色的造型，见图 2-20。此外，利用较新的反打技术将面砖、石材等外饰材料与构件一次成型，实现造型一体化的呈现。

(a)变化中的立面

(b)规则中的立面

(c)反打技术一体化立面

(d)面砖反打立面

图 2-20　变化和规则的立面设计图示

2.4.3　建筑高度设计

1. 建筑高度

装配式建筑选用不同的结构形式，可建设的最大建筑高度不同。结构的最大适用高度具体见《装配式混凝土结构技术规程》JGJ 1—2014 中第 6.1.1 条相关规定。

2. 建筑层高

装配式建筑的层高要求与现浇混凝土建筑相同，应根据不同建筑类型、使用功能的需求来确定，应满足国家规范、标准中对层高和净高的规定。

应注意的是，装配式建筑采用传统地面构造做法与采用 CSI 体系设计的楼地面高度是不同的[50]。采用传统地面构造做法，电气管线敷设在叠合楼板的现浇层内，如电气管线、弱电布线等的预留预埋；设备管线敷设在地面的建筑垫层内，如给水排水管、暖气管、太阳能管线等的预留预埋。CSI 体系设计采用的是建筑结构体与建筑内装体、设备管线相分离的方式，取消了结构体楼板和墙体中的管线预留预埋，而采用与吊顶、架空地板和轻质双层墙体结合进行管线明装的安装方式。

建筑专业应与结构专业、机电专业及内装修进行一体化设计，配合确定梁的高度及楼板的厚度，合理布置吊顶内的机电管线、避免交叉，尽量减小空间占用，协同确定室内吊顶高度[51]。设计各专业通过协同设计确定建筑层高及室内净高，使其满足建筑功能空间的使用要求。

1）住宅的层高

装配式住宅建筑的层高要根据不同的建设方案、结构选型、内装方式合理确定。采用传统地面构造做法与采用 CSI 体系设计的楼地面高度是不同的。住宅的层高＝房间净高＋楼板厚度＋架空地板（传统地面构造）高度＋吊顶高度。影响住宅层高的因素主要为架空地板与吊顶的高度。

采用传统地面构造做法的建筑，如采用地面辐射供暖时，供暖管线敷设于楼面的垫层，住宅的层高宜为 2.90m。如采用传统的散热器采暖，则与传统现浇混凝土建筑的层高无区别。

采用 CSI 体系技术且通层设置地板架空层的住宅层高不宜低于 3.00m；采用局部设置架空层的住宅层高不宜低于 2.80m。

2）公共建筑的层高

装配式混凝土结构公共建筑的层高应满足使用功能要求及规范对净高的要求。与现浇混凝土建筑的设计相比，楼地面构造做法、吊顶所需建筑空间区别不大。但是，装配式建筑在吊顶的设计中应加强与各专业的协同设计，合理布局机电管线、设备管道及设备设施，减少管线交叉，进行准确的预留预埋及构件预留孔洞设计。

2.4.4 立面门窗设计

装配式建筑立面门窗设计应满足建筑的使用功能、经济美观以及采光、通风、防火、节能等现行国家规范、标准的要求[51]。

1. 门窗洞口的尺寸

门窗洞口尺寸应遵循模数协调的原则，宜采用优先尺寸，并符合《建筑门窗洞口尺寸系列》GB/T 5824—2008 的规定。门窗洞口尺寸应符合模数协调标准，在满足功能要求的前提下应选用优先尺寸。同一地区同一建筑物门窗洞口尺寸优先选用《建筑门窗洞口尺寸系列》GB/T 5824—2008 中的基本规格，其次选用辅助规格，并减少规格数量，使其相对集中；采用组合门窗时，优先选用基本门窗组合而成的门或窗。减少门窗的类型，就是减少预制构件的种类，利于降低工厂生产和现场装配的复杂程度，保证质量并提高效率。

2. 门窗洞口的布置

装配式建筑的设计应在确定功能空间的开窗位置、开窗形式的同时重点考虑结构的安全性、合理性，门窗洞口布置应满足结构受力的要求。基于装配式混凝土剪力墙结构对建筑设计的要求，门窗洞口的布置应满足结构受力的要求，位置与形状应方便预制构件的加工与吊装。转角窗的设计对结构抗震不利，且加工及连接比较困难，装配式混凝土剪力墙结构不宜采用转角窗设计。对于框架结构预制外挂墙板上的门窗，要考虑外挂墙板的规格尺寸、安装方便和墙板组合的合理性。装配式建筑立面设计时，应重视门窗洞口布置的结构设计原则，在满足结构安全的基础上实现立面多样化的设计。

2.4.5 立面墙体设计

建筑的外立面表现，涉及用什么样的外墙材料，材料的尺寸、形状、拼接方式等因素，就如同织物的不同粗细和编制方式会形成完全不同的花纹和美感，建筑师需要提前设计好建筑外墙的分格方式和组合逻辑，在拼接中对于缝隙的精细处理同样会对建筑个性的塑造产生影响。

对于建筑表皮而言，需要将建筑材料分割成不同尺寸的单元，通过分格和拼缝的设计形成丰富的建筑细节，提高建筑的精致度和品质感。对于预制外墙而言，这个尺寸需要满足工业化生产要求，避免尺寸过大带来的生产和吊装难度；同时，尽量将构件尺寸形成模数体系，统一的构件尺寸有利于提高预制建筑的建造效率[49]。对于外墙拼缝而言，可以扩大材料拼接的距离，填入类似抹灰等不同的建筑材料；或者变换缝隙的颜色，来突出拼缝给人们带来的视觉感受。

1. 预制外墙设计

预制外墙板的组合设计主要考虑结构的安全性要求、预制构件模具的适应性、吊装的可行性及经济性、现场塔式起重机或其他起吊装置的起吊能力等。随着施工技术的不断进步，这些条件也在不断变化。

预制混凝土外墙板通常分为整板和条板。整板大小通常为一个开间的长度尺寸，高度通常为一个层高的尺寸。条板通常分为横向板、竖向板等，根据工程设计也可采用非矩形板或非平面构件，在现场拼接成整体。装配式剪力墙结构建筑，外围护结构通常采用具有剪力墙功能的预制混凝土外墙板，一般设计为整间板。框架结构建筑的外围护结构通常采用预制外挂墙板及轻质外墙板等，可设计为整间板、横向板和竖向板。

采用预制外挂墙板的立面分格宜结合门窗洞口、阳台、空调板及装饰构件等，按设计要求进行划分。预制女儿墙板宜采用与下部墙板结构相同的分块方式和节点做法。

（1）预制混凝土外墙板的设计应符合下列要求：

1）外墙板的设计应满足墙体稳定和安全防护的要求。

2）设计应充分考虑其制作工艺、运输及施工安装的可行性。

3）饰面应考虑外立面分格、饰面颜色与材料质感等细部设计要求。

4）接缝部位、门窗洞口等构配件组装部位的构造设计及材料的选用应满足各类建筑的物理、力学、耐久性及装饰性能的要求。根据不同部位接缝特点选用构造防水、材料防水或两者相结合的防排水系统。

5）独立装饰构件与预制混凝土外墙板应可靠连接，并应满足热工设计的要求。

（2）装配式结构体系主要分为两种：装配式框架结构体系和装配式剪力墙结构体系，这两种结构体系对应不同的预制外墙。

1）装配式框架结构体系中采用的是 188mm 厚装饰一体化外墙板，由 120mm 厚混凝土板、50mm 厚 XPS 保温层、18mm 厚 ECC 外装饰板组成。其中，外装饰板自带装饰效果，由连接件将 ECC、XPS、混凝土连接成一体，实现保温装饰一体化，见图 2-21。

2）装配式剪力墙结构体系采用的是 300mm 厚装饰一体化外墙板。由 50mm 厚混凝土外叶板、50mm 厚 XPS 保温层、200mm 厚混凝土组成，其中外叶板自带装饰效果，三者由连接件将外叶板、保温层和混凝土墙连接成一体，实现保温装饰一体化。此外，墙又分为剪力墙外墙和含梁外隔墙两种，具体构造见图 2-22。

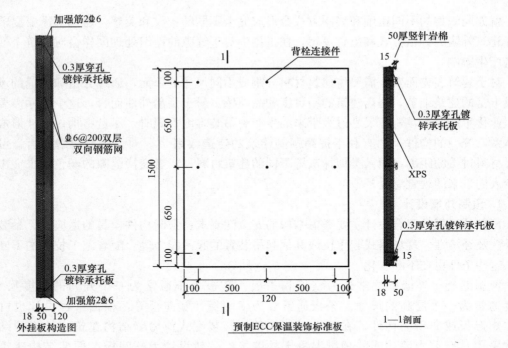

图 2-21　188mm 厚装饰一体化外墙板

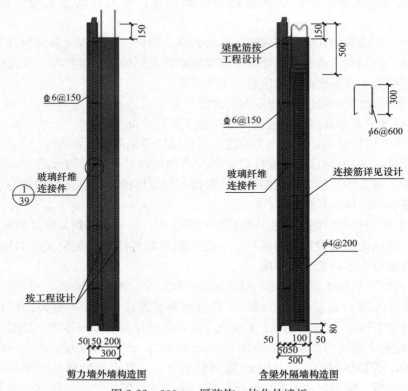

图 2-22　300mm 厚装饰一体化外墙板

2. 预制内墙设计

建筑内墙采用 100mm、200mm 厚工业化方式的预制混凝土墙板。预制混凝土内墙满足隔声、耐火的设计要求，可根据不同部位的情况，在 200mm 墙体中增加 100mm 厚的 EPS 减重材料。

预制混凝土内隔墙的内部应预留预埋设备管线安装位置。预制混凝土内隔墙表面预平整，内装修无需二次找平，只需局部修复。预制混凝土建筑隔墙与预制混凝土隔墙之间连接采用灌浆料或抗裂砂浆，内侧采用三角桁架筋、插筋等方式进行连接。预制混凝土建筑隔墙与预制混凝土隔墙外侧采用抗裂砂浆和抗裂网格布相结合的方式，防止开裂或采用墙板与楼板相连接的方式，外侧增加抗裂砂浆，防止墙体连接处开裂。用作卫生间潮湿房间的隔墙板下设 200mm 高现浇混凝土反坎。建筑隔墙底部均设 20mm 砂浆进行坐浆，起调平及封堵密实作用。

预制混凝土建筑隔墙可根据不同房间、空间要求，对隔墙采用清水混凝土墙面、涂料墙面、乳胶漆墙面、壁纸墙面、面砖墙面、石材墙面进行二次装修，见表 2-6。

内墙饰面构造做法表　　　　　　　　　　　　　　　　　表 2-6

名称	基层类别	厚度	简图	构造做法	备注
清水混凝土墙面	预制混凝土内墙板	68	18 50 设计	1. 腻子层修补，打磨平整 2. 预制混凝土内墙板	
涂料墙面		68	18 50 设计	1. 内墙涂料两遍 2. 复补腻子抹平 3. 预制混凝土内墙板	
乳胶漆墙面		68	18 50 设计	1. 树脂乳液涂料二道饰面 2. 封底漆一道 3. 复补腻子抹平 4. 预制混凝土内墙板	封底漆干燥后再做涂面
壁纸墙面		68	18 50 设计	1. 壁纸（布）面层 2. 复补腻子抹平 3. 预制混凝土内墙板	

续表

名称	基层类别	厚度	简图	构造做法	备注
面砖墙面	预制混凝土内墙板	12～15		1. 8～10mm 厚面砖水泥砂浆擦缝 2. 4～5mm 厚 1:1 水泥砂浆加水重 20%建筑胶镶贴 3. 刷素水泥砂浆（修补外墙面） 4. 预制混凝土墙	墙面砖规格小于 400mm，若大于上述尺寸时应有安全措施
干挂石材墙面		105～125		1. 30mm 厚石材板，用环氧树脂胶固定销钉；石材接缝宽 5～8mm，用硅酮密封胶填缝 2. 按石材高度安装配套不锈钢管件龙骨，宽度 80～95mm 3. 角钢龙骨与墙面角钢头或预留钢板焊接 4. 预制混凝土内墙	所有角钢、钢板均应为热镀锌或刷防锈漆

备注：所有内墙均未含防水做法，有防水要求的房间需在用腻子修补后，增加 1.5mm 聚合物水泥基复合防水，管道及四周上翻 300mm

（1）清水混凝土内墙的混凝土自身材质表面光滑、干净，预留生产孔采用 1:2 水泥砂浆抹平，一般应用在无特殊要求的墙面，如管道井、电梯井、电梯机房等空间。

（2）涂料内墙面具有细腻、光洁、淡雅、颜色多样化的装饰效果，价格不高、工艺简单，一般用于无特殊要求的卧室、书房、教学及一般办公场所等空间。

（3）乳胶漆内墙面有一定的装饰效果，具有色彩单一、容易擦洗等特性，价格不高、工艺简单，一般用于相对简单装修的楼梯间、设备用房、值班室、储物空间等。

（4）壁纸内墙面是流行趋势较大的装饰材料，效果多样、耐摩擦性较强、抗污性强、施工简单，一般用于对装修有一定要求的客厅、卧室、会所、餐饮及办公等空间。

（5）面砖内墙面具有耐久性强、耐脏、耐擦洗、图案颜色较为丰富、工艺简单、价格相对涂料较高等特性，一般用于有一定要求的公共空间、走道、卫生间、厨房、阳台等大多数有一定档次的空间。

（6）干挂石材墙面具有面砖优点的同时，更具美观性、耐久性，但相对价格过高，一般用于装修要求较高的公共建筑空间内以及住宅入口大厅、电梯井、写字楼、大型商业等建筑空间内。

2.4.6 外墙饰面设计

装配式建筑的外墙饰面材料选择及施工应结合装配式建筑的特点，考虑经济性原则及符合绿色建筑的要求。饰面的质量应符合《建筑装饰装修工程质量验收标准》GB 50210—2018 的相关规定。

预制外墙板饰面在构件厂一体完成，其质量、效果和耐久性都要大大优于现场作业，省时省力、提高效率。外饰面应采用耐久性好、易维护的装饰建筑材料，可更好地保持建筑的设计风格、视觉效果和人居环境的绿色健康，减少建筑全寿命期内的材料更新替换和维护成本[52]，减少施工带来的有毒有害物质排放、粉尘及噪声等问题。可选择面砖和石材、清水混凝土、耐候性涂料等。预制混凝土外墙可处理为彩色混凝土、清水混凝土、露骨料混凝土及表面带图案装饰的混凝土等，不同的质感和色彩可满足立面效果设计的多样化要求。面砖饰面、石材饰面坚固耐用，具备很好的耐久性和质感，且易于维护，在生产过程中饰面材料与外墙板采用反打工艺同时制作成型，可减少现场工序，保证质量，提高饰面材料的使用寿命。涂料饰面整体感强，装饰性良好、施工简单、维修方便，较为经济。

1. 建筑外墙饰面设计

建筑外墙饰面采用工业化方式进行设计，外饰面在工厂中与保温层、混凝土复合成一体，包括清水混凝土、ECC 预制装饰一体化墙面、丙烯酸烯涂料（真石漆）墙面、面砖外墙面、干挂石材外墙面。

（1）清水混凝土墙面主要由混凝土本身肌理、质感、精心设计施工的明缝和对拉螺栓孔组合而成的一种自然状态饰面，一般在办公楼、研发楼、库房等特定建筑使用。

（2）ECC 预制混凝土外墙面主要在工厂内将外墙的外叶板（高强混凝土）与保温层以及外饰面一次成型。外饰面主要以涂料、真石漆及复合工艺为主，适用于无特殊要求的外墙。

（3）丙烯酸烯涂料（真石漆）墙面具有耐水、耐酸、耐碱、易施工等优点，但质感相对较差、寿命相对较短等劣势，适用于建筑底层以上、成本相对较小的建筑上部。

（4）面砖外墙面具有耐碱性、耐脏、耐擦洗、寿命长等优点，但成本相对投入较高、工艺难度较大、后期有可能出现脱落现象的劣势，适用于成本中等、有一定质感要求的建筑底层部位以及商业网点等部位。

（5）干挂石材墙面具有稳定性高、耐久性强、美观性优等特点，但成本较为高昂、抗震性较弱、使用空间较少等劣势，适用于建筑临街商业、商场、办公楼等对建筑形象要求较高的公共建筑以及住宅底部基座部位。

2. 外饰面节点做法

预制外挂板缝（包括屋面女儿墙、阳台、勒脚等处的竖缝、水平缝、十字缝以及窗口处）根据不同部位接缝特点及当地气候条件，选用构造方式、材料防水或构造防水与材料防水相结合的防水系统。挑出外墙的阳台、空调板、雨棚等构件应在板底设置滴水线，详见表 2-7。

预制外挂板水平缝采用高低缝。建筑外墙的接缝及门窗洞口等防水薄弱部位设计采用材料防水和构造防水相结合的做法。

外墙饰面构造做法表

表 2-7

名称	基层类别	厚度	简图	构造做法	备注
清水混凝土墙面	预制混凝土	18	 ⊢18⊣50⊣设计	1. 腻子层修补，打磨平整 2. 预制混凝土外墙板，板内凹缝 10～15mm 宽，凹入 5～8mm 厚	

名称	基层类别	厚度	简图	构造做法	备注
ECC 预制混凝土外墙面	预制混凝土外墙板	18		1. 18mm 厚 ECC 高强混凝土外页板（仿石材涂料、复合材料外墙面一次成型） 2. XPS 保温层（单项工程确定） 3. 预制混凝土外墙板（承重墙）	
丙烯酸烯涂料（真石漆）墙面		2～5		1. 2mm 厚涂饰丙烯酸面层涂料二遍 2. 复补腻子抹平 3. 刷封底材料 4. 腻子层修补 5. 预制混凝土外墙板	墙面为真石漆时，取消 1～3 条，改为真石漆喷涂两遍
面砖外墙面	预制混凝土外墙板	12～15		1. 8～10mm 厚面砖 1∶1 水泥砂浆勾缝 2. 4～5mm 厚 1∶1 水泥砂浆加水重 20％建筑胶镶贴 3. 刷素水泥砂浆（修补外墙面） 4. 预制混凝土外墙板	
干挂石材墙面		135		1. 30mm 厚石材板，用环氧树脂胶固定销钉；石材接缝宽 5～8mm，用硅酮密封胶填缝 2. ∟50×50×5 横向钢龙骨（根据石板大小调整角钢尺寸）中距为石板高度+缝宽 3. ∟60×60×6 竖向钢龙骨（根据石板大小调整角钢尺寸）中距为石板长度+缝宽 4. 角钢龙骨与墙面角钢头或预留钢板焊接	适用于 6m 以下，规格为 0.6m×1.2m，所有角钢、钢板均应为热镀锌或刷防锈漆

2.4.7　立面多样化设计

与传统项目不同，装配式项目应该建立与材料特性和建构特色相适应的立面美学体系。应该遵循"墙层"理论来实现立面形式的多样化。标准化的设计往往限定了几何尺寸不变的户型和结构体系，相应地也固化了外墙的几何尺寸。但其色彩、光影、质感、纹理、组合及建构方式和顺序，作为"墙层"要素都是可以"编辑"的。通过"墙层"的编辑，能够产生多样化的立面形式[48]，见图 2-23。

装配式建筑的立面受标准化设计、定型化的标准套型和结构体系的制约，固化了外墙的几何尺寸。为减少构件规格，门窗大都一致，可变性较低。但是，可以充分发挥装配式建筑的特点，通过标准套型的系列化、组合方式的灵活性和预制构件色彩、肌理的多样化寻求出路，结合新材料、新技术实现不同的建筑风格需求，形成装配式建筑立面的多样化和个性化[30]。实践中比较成熟的做法有：

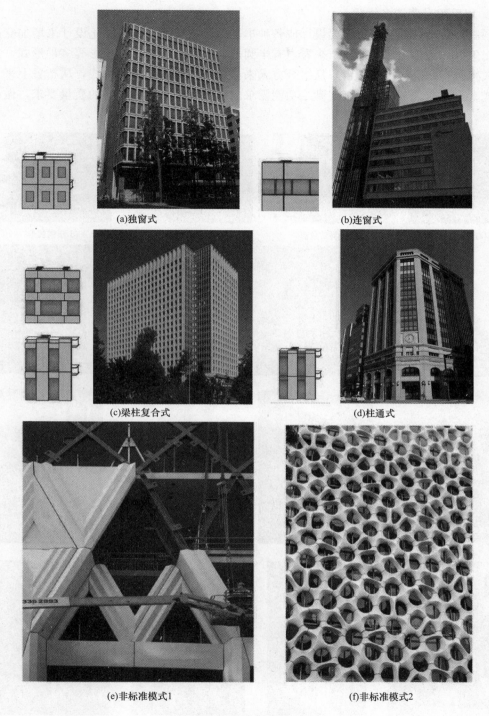

(a)独窗式　　　　　　　　　　　(b)连窗式

(c)梁柱复合式　　　　　　　　　(d)柱通式

(e)非标准模式1　　　　　　　　(f)非标准模式2

图 2-23　立面多样化设计图示

　　设计应结合装配式建筑的特点，进行一定程度的多样化组合，带来建筑体型的多样化。通过预制阳台、外挂墙板、外门窗、设备板等，具有规律性的重复来实现建筑立面效果，呈现多样化。

1. 利用阳台营造多样化

预制阳台可以根据设计需要设计成各种丰富的形式，阳台的多样化设计来增加立面的多样化效果。预制阳台从形状上来看，有半圆形、三角形、矩形、梯形等多种形式，从平面形式来看有凹阳台、凸阳台，从组合方式来看有垂直对齐或交错方式，从布置上来看有成组式、点状式。工厂化预制在满足功能需求的情况下，能达到更好的质量要求，做得更加精致、细致，见图 2-24。

(a)预制半圆形　　(b)预制三角形　　(c)预制矩形　　(d)预制弧形

(e)垂直对齐式　　(f)交错式　　(g)凸阳台　　(h)凹阳台

(i)预点状式　　(j)成组式　　(k)交错式　　(l)不规则式

(m)其他类型

图 2-24　预制阳台不同布置形式图示

2. 利用外墙开窗形式丰富立面效果

门窗在装配式建筑立面设计中是不可缺少的构成元素，以前由于构件种类、标准化的影响，开窗的形式受到一定限制，但是随着经济条件的转好和预制混凝土技术的发展，预制构件的类型已经可以增加，可以运用更多种开窗形式[53]，为立面的表现添彩。我们不能过分强调标准化，这将导致开窗的单调，可以改变窗在立面上的分布位置、墙体与窗的凹凸关系、窗不一样的构造做法、窗的遮阳设计等进行组合，形成虚实关系，从而营造立面效果，见图 2-25。

(a)大小窗、错位窗 　　　　　　　　　　　　(b)三角形凸窗

(c)均匀布置　　　(d)渐变布置　　　(e)错位布置　　　(f)无规则布置

图 2-25　外窗的不同组合方式图示

3. 利用设备板丰富立面效果

装配式建筑外立面预制小型构件包括遮阳板、百叶栏板、空调机位、分户隔板等，这些预制构件布置相对灵活、规格较小，但是数量比较多。考虑对建筑立面细部的影响，最好在工厂预制完成[54]，可以保证精度高且质量好。良好的处理会对立面造型产生决定性的影响，见图 2-26。

(a)立面预制栏板　　　　　　　　　　　　(b)空调机位错层布置

图 2-26　预制设备板的不同组合方式图示（一）

(c)遮阳板　　　　　　　　(d)空调机位　　　　　　　　(e)分户隔板

(f)推拉遮阳　　　　　　　　(g)折叠遮阳　　　　　　　　(h)卷帘遮阳

图 2-26　预制设备板的不同组合方式图示（二）

4. 利用结构构件丰富立面效果

装配式建筑外立面结构构件包括外露柱、梁、楼板、楼梯，利用凸出或者凹入的结构构件，对这些结构构件装饰设计，从而对于立面比例、质感、颜色形成丰富的效果，表达立面的多样性。比如楼梯设计时，需要注意其与主体结构的组合关系，是嵌入式、独立式还是咬接式，在立面表现上可以结合入口空间进行设计；同时，可以通过楼梯的体块打破建筑立面的连续界面，获得立面的视觉变化，见图 2-27。

(a)带肋外墙板　　　　　　　　　　　　　　(b)外露结构柱颜色变化

图 2-27　利用结构构件营造的立面造型图示（一）

(c)楼梯独立式、嵌入式、咬接式、独立式

图 2-27　利用结构构件营造的立面造型图示（二）

5. 利用外墙板多样化组合

装配式建筑外墙"标准化"要求典型性单元要尽量"少"，而多样化却要求组合形式尽可能地"多"。如何用最"少"的单元组合成最"多"的立面形式，一直是工业化建筑领域探讨的问题。预制外墙板的组合可以采用单个单元进行重复组合、以多个单元成组进行重复组合、渐变组合、非规律性的组合等几种方式。通过外墙板单元重复叠加、错动、变化组合等方式，形成较为丰富的外立面效果。此外，除了单元重复组合，还可以对预制外墙板的色彩、材质、纹理进行思考深化，从而增加外立面的丰富性，见图 2-28。

(a)单个外墙单元重复组合　　　　　　　　　　(b)多个外墙单元重复组合

(c)外墙单元重复组合

图 2-28　利用外墙板多样化营造的立面造型图示（一）

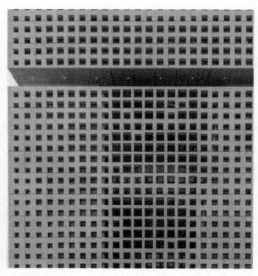

(d)外墙单元渐变组合

图 2-28　利用外墙板多样化营造的立面造型图示（二）

6. 外墙色彩运用多样化

　　色彩设计是衡量现代建筑的重要指标之一，良好的配色可以使建筑效果事半功倍。为实现装配式建筑立面多样化表现，需要重点思考色彩设计在装配式建筑立面设计中的作用，遵从概念色彩设计方法，将色彩作为装配式建筑设计的基本元素之一，在设计之初就精细推敲设计。在立面设计过程中，需要仔细思考色彩和地域文化的关系、色彩和材料的关系、色彩和预制构件的关系、色彩和建筑形体或建筑立面的关系。利用立面构件的光影效果，改善体型的单调感，利用预制阳台、空调板、空调百叶等不同功能的构件及组合方式，形成丰富的光影关系，用"光"实现建筑之美，见图 2-29。

　　综上所述，建筑是构成城市空间和环境的重要因素。装配式建筑外立面应进行多样化设计，避免造成单调乏味、千城一面的城市环境。要通过标准套型的系列化、组合方式的灵活性和预制构件色彩、肌理的多样化寻求出路，结合新材料、新技术实现不同的建筑风格需求，形成装配式建筑立面的多样化和个性化。

(a)蓬皮杜中心色彩编码

图 2-29　色彩在装配式建筑立面上运用图示（一）

(b)阿姆斯特丹Silodam住宅楼色彩编码

(c)墨尔本Arena儿童早教中心色彩编码

(d)韩国首尔江南区建筑色彩与时间要素结合

图 2-29　色彩在装配式建筑立面上运用图示（二）

2.5　装配式建筑构造设计

2.5.1　楼面构造设计

1. 叠合楼板楼地面构造

采用叠合楼板的楼地面构造设计，应适合叠合楼板的施工与建造特点。装配式建筑的楼板宜采用叠合楼板设计，叠合板的厚度不宜小于 60mm，现浇混凝土叠合层厚度不小于 60mm[40]，通过现场浇筑叠合层组合成叠合楼板；其工序由工厂预制、现场装配、浇筑施工组成。通常，将建筑的电气管线、弱电布线预埋在现浇叠合层中，设备管线预埋在建筑垫层中，线盒预埋在预制层中。

2. CSI 住宅体系的地面构造

采用 CSI 住宅体系的楼地面宜采用架空地板系统，架空层内敷设排水和供暖等管线。架空层的设置根据不同的特点和需求，采用通层设置或局部设置。架空层的通层设置是指整个建筑平面内设置架空层，设备管线全部同层布置，有利于建筑平面布局的整体改造（厨卫均可移位）[4]；其缺点是建筑层高较高。而局部设置设备管线架空层是通过厨卫局部降板来实现管线的同层布置，其优点是节省层高；但厨卫要相对固定而不能移位，不利于平面布局的整体改造。

3. 楼面防水构造

室内防水如果设计、施工不好，造成漏水，将对工作、生活造成不便，造成经济损失。防水设计应满足相关规范的规定，有用水要求的房间、部位应做防水处理，采取可靠的防水措施。厨房、卫生间等用水房间，管线敷设较多，条件较为复杂，设计时应提前考虑，可采用现浇混凝土结构。如果采用叠合楼板、预制沉箱，预制构件留洞、留槽、降板等均应协同设计，提前在工厂加工完成。采用架空地板的须预留检修盖板，并推荐使用柔性防水材料。

2.5.2 屋面构造设计

薄壳、装配式结构、钢结构及大跨度建筑屋面，应选用耐候性好、适应变形能力强的防水材料。卷材、涂膜的基层宜设找平层。找平层厚度和技术要求应符合表 2-8 的规定。

找平层厚度和技术要求 表 2-8

找平层分类	适用的基层	厚度（mm）	技术要求
水泥砂浆	整体现浇混凝土板	15～20	1：2.5 水泥砂浆
	整体材料保温层	20～25	
细石混凝土	装配式混凝土板	30～35	C20 混凝土、宜加钢筋网片
	板状材料保温层		C20 混凝土

屋面防水层的整体性受结构变形与温差变形叠加的影响，变形超过防水层的延伸极限时就会造成开裂。叠合板屋盖应采取增强结构整体刚度的措施，采用细石混凝土找平层；基层刚度较差时，宜在混凝土土内加钢筋网片[51]。屋面应形成连续的完全封闭的防水层；选用耐候性好、适应变形能力强的防水材料；防水材料应能够承受因气候条件等外部因素作用引起的老化；防水层不会因基层的开裂和接缝的移动而损坏、破裂。

2.5.3 外墙构造设计

在预制率要求下，对于采用结构构件如预制内墙、叠合梁、叠合板等的预制率拆解方案，其剖面设计与传统类似，只需要对于现浇部分和预制部分的节点做一定梳理；对于采用围护结构预制如预制外承重墙和外挂墙板的预制率拆解方案，则要关注外墙大样，特别是防水构造、外墙和内部结构之间的连接关系，见图 2-30。

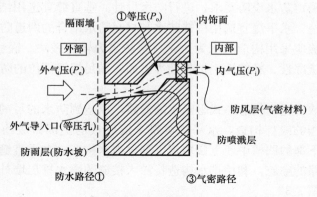

图 2-30 装配式外墙墙身大样构造

首先是外墙的安装方法，分为先安装法和后安装法。前者在主体施工时就将预制外墙安装好，用现浇的进行连接，外墙可以是承重墙也可以是外挂墙板，称为"湿式系统"；后者待主体结构完工后，将外挂墙板用金属构件进行连接在主体结构上，称为"干式系统"。

传统建筑容易出现渗漏的部位是窗户、砖墙之间的缝隙、厨卫间等。装配式建筑外墙存在大量的拼接缝，容易发生拼接缝渗漏，在装配式建筑中防水显得更为重要。接缝部分防水一般也分为两种：封闭式接缝与开放式接缝。封闭式接缝主要是"堵"的思想，利用不定型的密封材料来填充缝隙，保持气密性和水密性，耐久性不强，需要经常维修；开放式接缝是"疏"的思想，使得 PC 外墙外侧处于一种半开放的状态，将水引导向墙面。

装配式建筑的外墙除了应满足建筑造型设计要求外，还应满足结构、防水、防火、保温、隔热、隔声等性能设计要求。

1. 装配式外墙保温节点

预制外墙板的接缝及连接节点处，应保持墙体保温性能的连续性。有保温或隔热要求的装配式建筑外墙，应采取防止形成热桥的构造措施。对于夹心外墙板，当内叶墙板为承重墙，相邻夹心外墙板间浇筑有后浇混凝土时，在夹心层中保温材料的接缝处，应选用符合防火要求的保温材料填充。

建筑的保温系统中应尽量采用燃烧性能为 A 级的保温材料，A 级材料属于不燃材料；当采用燃烧性能为 B_1、B_2 级的保温材料时，必须要采用严格的构造措施进行保护，保温层外侧保护墙体应采用不燃材料且厚度不应小于 50mm。预制钢筋混凝土夹心保温外墙示意详见图 2-31。

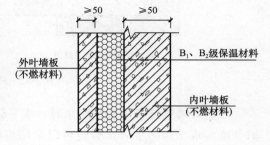

图 2-31 预制钢筋混凝土夹心保温外墙节点设计

2. 装配式外墙防水节点

预制外墙板板缝受温度变化、构件及填缝材料的收缩、结构受外力后变形及施工的影响，板缝处出现变形是不可避免的。变形容易产生裂缝，导致外墙防水性能出现问题。对接缝部位应采取可靠的防排水措施。预制外墙接缝包括屋面女儿墙、阳台、勒脚等处的竖缝、水平缝、十字缝以及窗口处，应根据工程特点和自然条件等确定防水设防要求，进行防水设计。垂直缝宜选用结构防水与材料防水结合的两道防水构造，水平缝宜选用构造防水与材料防水结合的两道防水构造。

预制外墙板板缝应采用构造防水为主，材料防水为辅的做法。嵌缝材料应在延伸率、耐久性、耐热性、抗冻性、粘结性、抗裂性等方面，满足接缝部位的防水要求。

（1）构造防水

构造防水是采取合适的构造形式阻断水的通路，以达到防水的目的。可在预制外墙板接缝外口处设置适当的线性构造，水平缝可将下层墙板的上部做成凸起的挡水台和排水坡，嵌在上层墙板下部的凹槽中，上层墙板下部设披水构造；在垂直缝设置沟槽等。也可形成截断毛细管通路的空腔，利用排水构造将渗入接缝的雨水排出墙外等措施，防止雨水向室内的渗漏，见图 2-32。

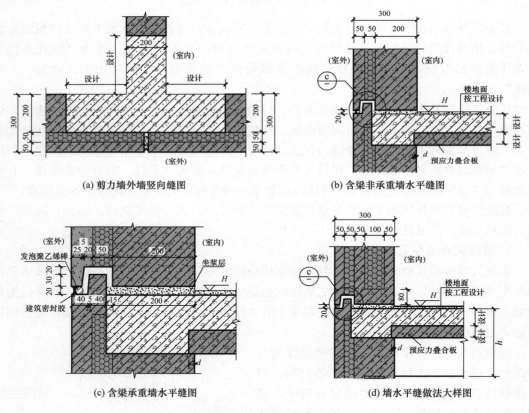

(a) 剪力墙外墙竖向缝图

(b) 含梁非承重墙水平缝图

(c) 含梁承重墙水平缝图

(d) 墙水平缝做法大样图

图 2-32　外墙防水节点设计

预制外墙接缝采用构造防水时，水平缝宜采用企口缝或高低缝。当竖缝后有现浇节点时并能实现结构防水时，竖缝可以采用直缝[31]。应在预制构件与现浇节点的连接界面设置"粗糙面"，保证预制构件与现浇节点接缝处的整体性和防水性能。当屋面采用预制女儿墙板时，应采用与下部墙板结构相同的分块方式和节点做法，女儿墙板内侧在要求的泛水高度处设凹槽或挑檐等防水材料的收头构造。挑出外墙的阳台、雨篷等构件的周边应在板底设置滴水线。

1）斜缝：与水平面夹角小于 30°的斜缝按水平缝构造设计，其余斜缝按垂直缝构造设计。

2）T 形缝、十字缝：预制外墙板立面接缝不宜形成 T 形缝。外墙板十字缝部位每隔 2～3 层应设置排水处理，板缝内侧应增设气密条密封构造。当垂直缝下方为门窗等其他构件时，应在其上部设置引水外流排水管。

3）变形缝：外墙变形缝的构造设计应符合建筑相应部位的设计要求。有防火要求的建筑变形缝应设置阻火带，采取合理的防火措施；有防水要求的建筑变形缝应安装止水带，采取合理的防排水措施；有节能要求的建筑变形缝应填充保温材料，符合国家现行节能标准的要求。具体构造可参见国家建筑标准设计图集《变形缝建筑构造》14J936。

（2）材料防水

材料防水是靠防水材料阻断水的通路，以达到防水和增加抗渗漏能力的目的。防水密封材料的性能，对于保证建筑的正常使用、防止外墙接缝出现渗漏现象起到重要的作用，见图 2-33。选用的防水材料及填缝材料均应为合格产品。

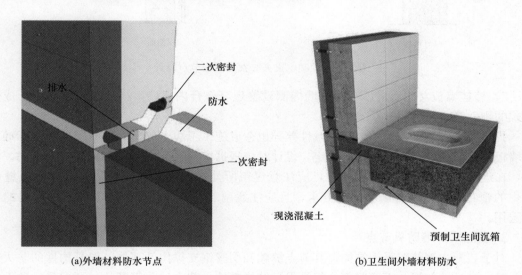

(a)外墙材料防水节点   (b)卫生间外墙材料防水

图 2-33   外墙防水材料设计

预制外墙接缝采用材料防水时，应采用防水性能可靠的嵌缝材料。预制外墙接缝的防水材料还应符合下列要求：外墙接缝宽度设计应满足在热胀冷缩及风荷载、地震作用等外界环境的影响下，其尺寸变形不会导致密封胶的破裂或剥离破坏的要求。在设计时应考虑接缝的位移，确定接缝宽度，使其满足密封胶最大容许变形率的要求。外墙板接缝宽度不应小于 10mm，一般设计宜控制在 10～35mm 范围内；接缝胶深度一般在 8～15mm 范围内。外墙接缝所用的密封材料应选用耐候性密封胶，耐候性密封胶与混凝土的相容性、低温柔性、最大伸缩变形量、剪切变形性、防霉性及耐水性等均应根据设计要求选用。

（3）女儿墙防水

1）在女儿墙顶部设置预制混凝土压顶或金属盖板，压顶的下沿做出鹰嘴或滴水。预制承重夹心女儿墙板构造示意详见图 2-34。

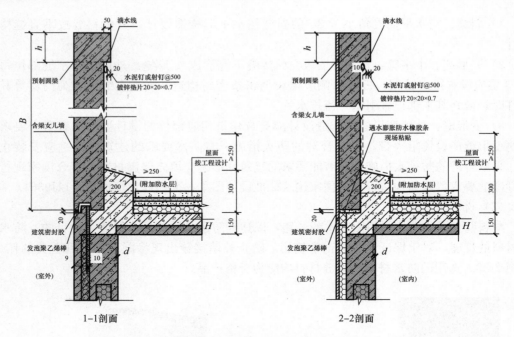

图 2-34 预制承重夹心女儿墙板节点设计

2) 外挂墙板女儿墙可以在女儿墙内侧设置现浇叠合内衬墙,与现浇屋面楼板形成整体式的刚性防水构造。

我国南北方气候差异较大,地域性差异也造成施工工法上的不同,我国各地方标准对外墙板缝的处理都有比较详细的规定,设计时应根据实际情况结合地方标准综合考虑。因此,在进行外墙接缝的构造设计时,应注意建筑所处的气候区条件的影响。外墙板缝中使用的密封材料应符合国家标准要求,且应注意南北方不同使用条件下对密封材料的正确选用。

3. 装配式外墙防火节点

对于装配式钢筋混凝土结构,其节点缝隙和明露钢支撑构件部位一般是构件的防火薄弱环节,容易被忽视,而这些部位却是保证结构整体承载力的关键部位,要求采取防火保护措施,耐火极限满足《建筑设计防火规范》GB 50016 的相应要求。

预制外挂墙板可作为混凝土结构的外围护系统,外挂墙板自身的防火性能较好,但是,在安装时梁、柱及楼板周围与挂板内侧一般要求留有 30～50mm 的调整间隙。如不采取一定的防火措施,火势会蔓延,难以实施扑救,故应按照防火规范的要求,采取相应的防火构造措施。外挂墙板与周边构件之间的缝隙,与楼板、梁柱以及隔墙外沿之间的缝隙,要采用具有弹性和防火性能的材料填塞密实,要求不脱落、不开裂。

当围护结构为外挂墙板时,与梁、柱、楼板等的连接处应选用符合防火要求的保温材料填塞。外挂墙板层间防火封堵构造示意详见图 2-35。

采用预制混凝土夹心保温外墙时,墙体同时兼有保温的作用。保温层处于结构构件内部,保温层与两侧的墙体及结构受力体系之间不存在空隙或空腔,且共同作为建筑外墙使用。此类墙体的耐火极限应符合《建筑设计防火规范》GB 50016 对建筑外墙的防火要求。

4. 装配式外墙门窗节点

门窗安装应根据建筑功能的需要，满足结构、采光、防水、防火、保温隔热、隔声及建筑造型等设计要求。外门窗作为热工设计的关键部位，其热传导占整个外墙传热的比例很大，门窗框与墙体的间隙成了保温的一个薄弱环节。为了保证建筑节能，要求外窗具有良好的气密性能。带有门窗的预制外墙板，其门窗洞口与门窗框间的气密性不应低于门窗的气密性。

传统的现浇混凝土建造方式中，门窗洞口在现场手工支模浇筑完成，施工误差较大，而

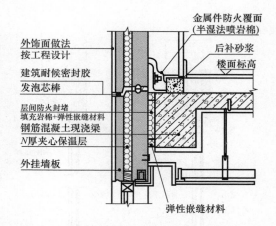

图 2-35　外挂墙板层间防火封堵节点设计

工厂化制造的门窗的几何尺寸误差很小，一般在毫米级。门窗与洞口之间的不匹配导致门窗施工质量控制困难，容易造成门窗处漏水。而预制外墙由于是工厂生产，采用统一的模板按构件的精度要求制作，一般误差很小，与工厂制造的门窗部品较匹配，施工工序简单、省时省工，质量控制有保障，较好地解决外门窗的渗漏水问题，改善建筑的性能，提升建筑的品质。

工厂化生产可以避免施工误差，提高安装的精度，可以实现门窗洞口尺寸和外门窗尺寸的公差协调，有助于实现门窗的定型生产、高效装配和"零渗漏"。但是，不同的气候区域存在施工工法的差异。香港和深圳属于多雨地区，通常采用门窗"预装法"，在工厂生产过程中将外门窗框直接预埋于预制外墙板中，窗框与混凝土墙板被一次性浇筑成整体，强化其集成性和防水性能；但缺点是成品保护难度大，适应变形能力低。而北京地区四季温差大，在缺乏大量试验数据和实施经验的情况下，北京的地方标准中不建议采用预装法。

预制外墙板的门窗安装方式，在不同的气候区域存在施工工法的差异，应根据项目所在区域的地方实际条件，按照地方标准的规定，结合实际情况合理设计。我国南方地区有些工程采用预装法将门窗框直接预装在预制外墙板上，其生产模板的统一性及精度决定了门窗洞口尺寸偏差很小，便于控制，可保证外墙板安装的整体质量，减少门窗的现场安装工序。门窗与墙体在工厂同步完成的预制混凝土外墙，在加工过程中能够更好地保证门窗洞口与框之间的密闭性，避免形成热桥。北方地区与南方地区的门窗安装方法不同[51]。北京市地处寒冷地区，冬夏温差大，外门窗的温度变形大，预装法可能会造成接缝开裂漏水，因此不建议预装。如果采用预装法，应研究好节点构造，确保不漏水。

《工业化住宅建筑外窗系统技术规程》CECS 437：2016 中对窗附框的安装提出了要求：①工业化住宅建筑外窗应安装在预制有窗附框的墙体构件上；②工业化住宅建筑外窗附框应在工厂制作，并在进入工程现场前与外墙构件连接为一个整体。其各项性能应符合行业和地方现行相关标准的规定。采用后装法安装门窗框时，预制外墙板上应预埋连接件及连接构造。预制承重和非承重夹心外墙板门窗后装法构造示意详见图 2-36。

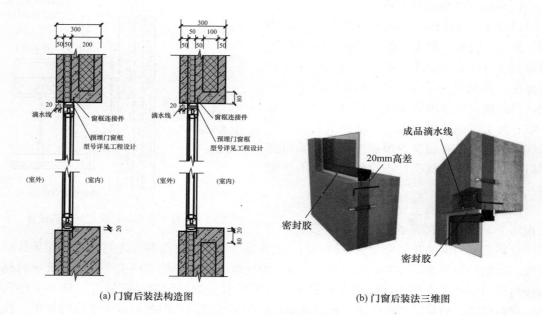

(a) 门窗后装法构造图　　　　　　(b) 门窗后装法三维图

图 2-36　门窗后装法节点设计

5. 装配式外墙装饰件节点

外墙装饰构件应结合外墙板整体设计，保证与主体结构的可靠连接，并应满足安全、防水及热工的要求。空调室外机建议放置于空调机室外搁板上，具体做法可参照国家建筑标准设计图集《预制钢筋混凝土阳台板、空调板及女儿墙》15G368-1，也可参见图 2-37。

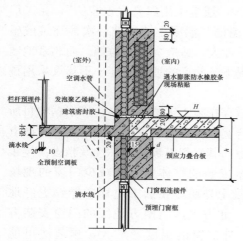

图 2-37　预制空调板节点设计

2.5.4　节能构造设计

1. 建筑节能设计体系

预制外墙均为三明治夹芯保温，保温材料均采用 50mm 厚 XPS，预制内隔墙均采用 100mm、200mm 厚混凝土墙板（其中，100mm 厚为全混凝土材料；200mm 厚为 50mm 混凝土、100mm 厚 EPS 保温材料、50mm 混凝土），屋面保温材料及厚度详见单体工程设计，外门窗保温限值需满足国家和地方规范要求。将结构材料、保温材料和装饰材料集成为一体化产品，提高了资源利用率和生产效率，降低了材料损耗成本、运输成本和施工成本，大大缩短了施工周期和用工成本。

2. 建筑节能设计专篇

（1）明确保温材料的干密度（kg/m³）指标

用于外墙体保温的 XPS 板的抗压强度不应小于 0.20MPa，干密度一般为 25～32kg/m³，超过此范围的板材由于整张板的刚度较大，易引起板的翘曲变形，导致墙体表面开裂（《墙体材料应用统一技术规范》GB 50574—2010 第 3.5.1.4 条文说明）。

用于倒置式屋面的 XPS 板的压缩强度不应小于 150kPa（《倒置式屋面工程技术规程》JGJ 230—2010 第 4.3.1 条强制性条文）。按此规定，XPS 板的表观密度要不小于 20kg/m³，EPS 板的表观密度要不小于 30kg/m³（Ⅲ型板）。Ⅰ、Ⅱ型板表观密度小于 30kg/m³，强度低，不能采用（《倒置式屋面工程技术规程》JGJ 230—2010 表 4.3.3、表 4.3.4）。

（2）节能节点构造详图

节能计算书是节能设计文件的重要内容，但它是一个过程文件，是审查节能设计是否符合规范的资料。计算书一般不会作为图纸文件，更不会以此作为施工依据，因此所有节能做法均应落实到设计图纸和设计说明中来，才能满足实际要求。

（3）屋面增加防火隔离带

一是注明具体位置；二是用于防火隔离带的保温材料应采用 A 级无机保温材料。

（4）户门的传热系数限值不同

户门的传热系数限值中，有户门开向封闭空间，又有开向敞开空间的，户门的传热系数限值不同。

2.6　本章小结

装配式建筑作为一种新型工业化建造方式，强调采用标准化、模数化、通用化、模块化、集成化、一体化的设计思维。装配式建筑的设计要求、设计原则、设计深度等，与传统建筑设计有所区别。建筑专业作为设计龙头专业，项目前期要参与到装配式建筑技术策划中，对项目的装配率进行测算，对项目可享受到的政策红利、构件生产运输、现场施工、经济性等做充分技术分析，提供给业主可行性建议；项目中期要针对装配式建筑的特点进行总平面统一规划，平面采用标准化、模数化设计，立面采用构件化、多样化、细节化设计，节点构造采用通用化、耐久性设计；项目后期要协同各专业，对装配式建筑满足性能要求、使用功能、结构安全、生产和施工等提出具体要求。本章首先介绍了装配式建筑的概念，然后通过技术策划展开，分别介绍了装配式建筑的平面设计、立面和剖面设计、节点构造设计，让读者对装配式建筑专业深化设计有一定的了解，并为本书下文的结构专业、机电专业、精装专业、工艺专业的深化设计做好铺垫，为装配式建筑生态链的协同和创新提供理论依据。

第 3 章

装配式结构专业深化设计

3.1 前言

3.1.1 结构体系认知

1. 装配整体式剪力墙结构

通过预制剪力墙形成一体化的结构体系，主要预制构件为剪力墙、叠合梁、叠合板等，见图 3-1。按照内部结构体系和围护体系对应分为：内承重剪力墙预制和外部墙板预制[30]。这种结构体系具有较高的预制率，采用内部结构体系的预制经济性较好；采用外部墙板预制成本高、防水工艺有一定要求，但是立面效果优良，两者各有利弊。在墙体布置时尽量简单、规则布局，住宅南侧留有大空间，预制剪力墙尽可能北面布置。在对于室内空间要求较高的建筑中使用，在目前成品装配式住宅预制结构选型中是较普遍的。

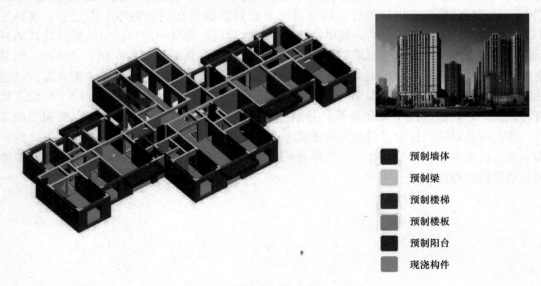

预制墙体
预制梁
预制楼梯
预制楼板
预制阳台
现浇构件

图 3-1 装配整体式混凝土剪力墙结构

2. 装配整体式框架结构

全部或部分框架梁、柱采用预制的方式。由于抗震设防的要求，装配式框架结构高度有限制约为 60m，同时类型上基本为公寓、保障房、公共建筑等。根据工法体系的差异，主要有两种：一种是结构梁与柱全部预支，然后通过主体现浇达到建筑的整体性；另一种是只预制梁，柱子通过预制模板的形式来完成，现场现浇柱，达到结构整体性。但其缺点很明显，住宅室内空间出现柱子，需要在设计上下很大功夫进行处理，同时住户接受度较差，见图 3-2。

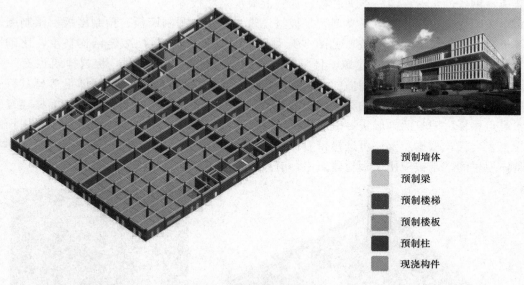

预制墙体
预制梁
预制楼梯
预制楼板
预制柱
现浇构件

图 3-2　装配整体式框架结构

3. 装配整体式框架-剪力墙结构

采用装配式框架结构和现场浇筑混凝土剪力墙，一同组成框架-剪力墙结构，见图 3-3。此种结构以框架结构为基础，通过现浇剪力墙等竖向构件的方式实现刚度和整体性。这种结构体系包含了框架结构和剪力墙结构的优点，一定程度上实现了开放式结构体系，有利于户内较为灵活的布局。但其框架柱对于户内空间破坏较大，需要根据实际情况进行选择。在高层保障房住宅、公寓和公共建筑中用得较多。

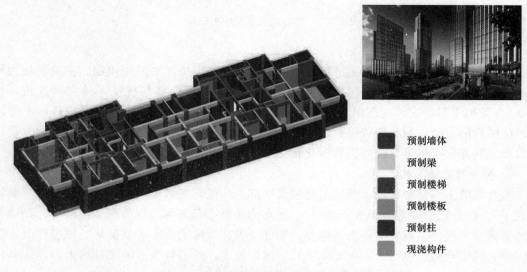

预制墙体
预制梁
预制楼梯
预制楼板
预制柱
现浇构件

图 3-3　装配整体式框架-现浇剪力墙结构

4. 装配式墙板结构

国内，装配式低多层墙板结构墙体按材质分类，有全预制混凝土单板、混凝土岩棉复合外墙板、薄壁混凝土岩棉复合外墙板、混凝土聚苯乙烯复合外墙板、混凝土珍珠岩复合外墙板、钢丝网水泥保温材料夹芯板、加气混凝土外墙板等。

全装配式建筑体系的主要类型就是板材建筑，它是由预制墙板、预制楼板、预制屋面板等板材安装砌筑而成的建筑，见图 3-4。板材的使用可以有效地减轻结构自重，比砌块建筑更能够适应体量较大的建筑，且具有良好的抗震性能[49]。同时，板材建筑也有一些缺点，其中最主要的是小开间横向承重的结构体系对建筑物的平面布局和体量造型具有一定程度的制约。为保证建筑的结构整体性和物理性能，板材之间的节点设计是板材建筑的技术难点。板材建筑的内墙板一般采用钢筋混凝土实心板或空心板，外墙板一般采用预制混凝土复合板，根据需要还可选择带有保温层或者外饰面的预制墙板。集中室内管道和盒式整体卫生间常常被应用于板材建筑中，有效地提高了装配化程度。

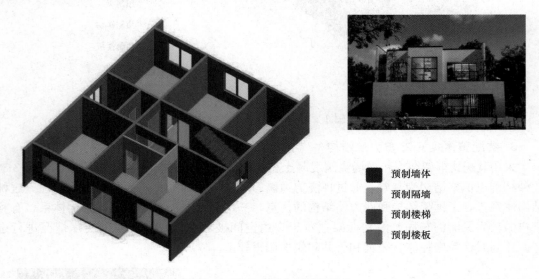

■ 预制墙体
■ 预制隔墙
■ 预制楼梯
■ 预制楼板

图 3-4　装配式低多层墙板结构

5. 现浇外挂结构

从抗震角度出发，装配式主体结构仍采用现浇、外围护体系采用预制。主要表现为外挂墙板、预制飘窗、预制阳台等，这些外围护构件通过螺栓等与现浇主体之间连接，见图 3-5。类似于幕墙安装的逻辑，现场施工效率较高，外挂墙板仅作为围护构件，不受内在现浇结构的限制，耐久性较强；缺点就是整体预制率偏低，在高预制条件下采用时设计上需要提前深化定稿外立面并进行深化到工厂预制深度，设计时间较为紧张。

6. 叠合剪力墙结构

叠合板剪力墙结构体系由预制部分和现浇部分构成，又名半预制体系，俗称"预制钢筋笼子"。叠合板由两部分组成，见图 3-6。剪力墙核心部分绑扎钢筋现浇混凝土，预制部分多为薄板，既作为模板又作为结构受力构件。但在运输安装中容易破坏，现场组装定位很困难，同时现浇量也很大，在实际项目中运用较少，目前可参考的案例有上海浦东新区惠南项目[30]。

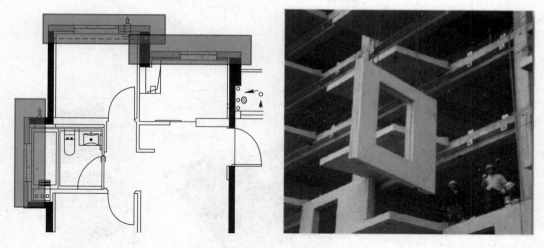

图 3-5　现浇外挂结构

图 3-6　叠合剪力墙结构

3.1.2　结构体系特点

1. 装配整体式混凝土剪力墙结构

指全部或部分剪力墙采用预制墙板构建成的装配整体式混凝土结构[40]，简称装配整体式剪力墙结构，见图 3-7。

装配整体式剪力墙结构的特点是：

（1）由叠合板、叠合梁、预制剪力墙、预制非承重墙、预制楼梯及后浇节点组成；

（2）预制剪力墙钢筋采用灌浆套筒连接；

（3）梁钢筋在节点区内采用锚固板锚固；

（4）楼板采用预应力筋叠合楼板或钢筋桁架叠合板；

（5）预制楼梯采用一端固定铰支座、另一端滑动铰支座的构造。

2. 装配整体式混凝土框架结构

指全部或部分框架梁、柱采用预制构件构建成的装配整体式混凝土结构[40]，简称装配整体式框架结构。

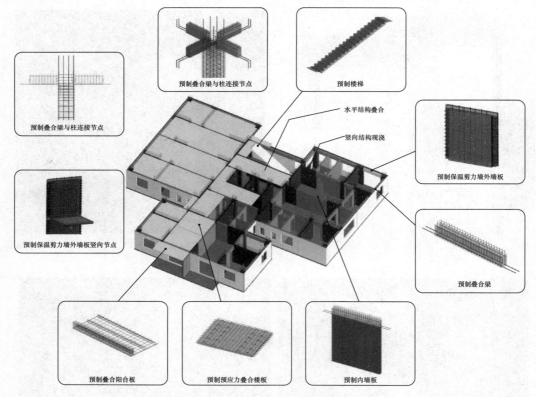

图 3-7 装配整体式混凝土剪力墙结构体系图

装配整体式框架结构的特点是：

（1）由叠合板、叠合梁、预制柱、预制楼梯及后浇节点组成；

（2）预制柱钢筋采用灌浆套筒连接；

（3）梁钢筋在节点区内采用锚固板锚固；

（4）楼板采用预应力筋叠合楼板或空心楼板叠合板；

（5）预制楼梯采用一端固定铰支座、另一端滑动铰支座的构造。

3. 装配整体式框架-现浇剪力墙结构

指全部或部分框架梁、柱采用预制构件构，剪力墙采用现浇方式建成的装配整体式混凝土结构，简称装配整体式框架-现浇剪力墙结构。

装配整体式框架-现浇剪力墙结构的特点是：

（1）由叠合板、叠合梁、预制柱、预制楼梯以及后浇节点组成；

（2）预制柱钢筋采用灌浆套筒连接，梁钢筋在节点区内采用锚固板锚固；

（3）剪力墙均采用现浇方式施工；

（4）楼板采用预应力筋叠合楼板或钢筋桁架叠合板；

（5）预制楼梯采用一端固定铰支座、另一端滑动铰支座的构造。

装配式混凝土结构应符合现行国家标准《混凝土结构设计规范》GB 50010—2010 第 3 章中的各项规定。如果房屋层数为 10 层及 10 层以上或者高度大于 28m，还应参照《高层建筑混凝土结构技术规程》JGJ 3—2010 第 3.1 节中关于结构设计的一般性规定。

装配式混凝土结构应采取有效措施加强结构的整体性。装配整体式结构的设计，是在选用可靠的预制构件受力钢筋连接技术的基础上，采用预制构件和后浇混凝土相结合的方法，通过连接节点合理的构造措施，将预制构件连接成一个整体。保证其具有与现浇混凝土结构等同的延性、承载力和耐久性，达到与现浇混凝土结构性能基本等同的效果[38]。装配式结构的整体计算模型与连接节点和接缝性能有关，与现浇混凝土有一定区别。

3.1.3　最大适用高度

《装配式混凝土结构技术规程》JGJ 1—2014 规定，装配整体式框架结构、装配整体式剪力墙结构、装配整体式混凝土框架-现浇剪力墙结构、装配整体式部分框支剪力墙结构的房屋适用高度应满足表 3-1 的要求，并符合下列规定：

当结构中竖向构件全部采用现浇且楼盖采用叠合梁板时，房屋的最大适用高度可按现行行业标准《高层建筑混凝土结构技术规程》JGJ 3 中的规定采用。

装配整体式剪力墙结构和装配整体式部分框支剪力墙结构，在规定的水平力作用下，当预制剪力墙构件底部承担的总剪力大于该层总剪力的 50％时，其最大适用高度应适当降低[3]；当预制剪力墙构件底部承担的总剪力大于该层总剪力的 80％时，最大适用高度应取表 3-1 中括号内的数值。

装配整体式结构房屋的最大适用高度（m）　　　　　　　　　　　表 3-1

结构类型	非抗震设计	抗震设防烈度			
		6 度	7 度	8 度 (0.2g)	8 度 (0.3g)
装配整体式框架结构	70	60	50	40	30
装配整体式框架-现浇剪力墙结构	150	130	120	100	80
装配整体式剪力墙结构	140 (130)	130 (120)	110 (100)	90 (80)	70 (60)
装配整体式部分框支剪力墙结构	120 (110)	110 (100)	90 (80)	70 (60)	40 (30)

注：房屋高度指室外地面到主要屋面的高度，不包括突出屋顶的部分。

对于预制预应力混凝土装配整体式框架结构，其最大适用高度在《预制预应力混凝土装配整体式框架结构技术规程》JGJ 224—2010 中第 3.1.1 条进行了规定：对预制预应力混凝土装配整体式框架结构，乙类、丙类建筑的适用高度应符合表 3-2 的规定。

预制预应力混凝土装配整体式结构适用的最大高度（m）　　　　表 3-2

结构类型	非抗震设计		设防烈度	
			6 度	7 度
框架式结构	采用预制柱	70	50	45
	采用现浇柱	70	55	50
装配式框架-剪力墙结构	采用现浇柱、墙	140	120	110

对采用钢筋混凝土材料的高层建筑，从安全和经济诸多方面综合考虑，其最大高度应有限制。当钢筋混凝土结构的房屋高度超过最大适用高度时，应通过专门研究，采取有效加强措施并按有关规定进行专项审查。

装配整体式框架结构，当取可靠连接方式和合理的构造措施（符合《装配式混凝土结构技术规程》JGJ 1—2014 的要求）后，其性能可以等同于现浇混凝土结构。因此，两者最大适用高度基本相同。如果节点及接缝构造措施的性能达不到现浇结构的要求，其最大适用高度适当降低。

装配整体式剪力墙结构中，墙体之间接缝数量多且构造复杂，接缝的构造措施及施工质量对结构整体抗震性能影响较大，使其结构抗震性能很难完全等同于现浇结构。因此，装配整体式剪力墙结构的最大适用高度相比现浇剪力墙结构适当降低[40]。当预制剪力墙承担的底部剪力较大时，对其最大适用高度的限制更加严格。

装配整体式框架-现浇剪力墙结构中，框架的性能与现浇框架等同，因此整体结构的适用高度与现浇的框架-剪力墙结构相同。当框架采用预制预应力混凝土整体装配式框架时，最大适用高度比框架现浇结构降低10m[55]。对于预制预应力混凝土装配整体式框架结构，其最大适用高度比《装配式混凝土结构技术规程》JGJ 1—2014 中的装配整体式框架结构和装配整体式框架-现浇剪力墙结构的适用高度略低。

3.1.4 结构抗震等级

《装配整体式混凝土结构技术规程》JGJ 1—2014 规定，装配整体式结构构件的抗震设计，应根据设防类别、烈度、结构类型和房屋高度采用不同的抗震等级，并应符合相应的计算和构造措施。丙类装配整体式结构的抗震等级应按表 3-3 确定。

丙类装配式结构的抗震等级　　　　　　　　　　　　　表 3-3

结构类型		抗震设防烈度					
		6 度		7 度		8 度	
装配整体式框架结构	高度（m）	≤24	>24	≤24	>24	≤24	>24
	框架	四	三	三	二	二	一
	大跨度框架	三		二		一	
装配整体式框架-现浇剪力墙结构	高度（m）	≤60	>60	≤24	>24且≤60	>60	≤24	>24且≤60	>60
	框架	四	三	四	三	二	三	二	一
	剪力墙	三	三	三	二	二	二	一	一
装配整体式剪力墙结构	高度（m）	≤70	>70	≤24	>24且≤70	>70	≤24	>24且≤70	>70
	剪力墙	四	三	四	三	二	三	二	一
装配整体式部分框支剪力墙结构	高度（m）	≤70	>70	≤24	>24且≤70	>70	≤24	>24且≤70	>70
	现浇框支框架	二	二	二	二	一	二	一	
	底部加强部位剪力墙	三	二	三	二	一	二	一	
	其他区域剪力墙	四	三	四	三	二	三	二	

注：大跨度框架指跨度不小于 18m 的框架。

预制预应力混凝土装配整体式房屋应根据设防类别、烈度、结构类型和房屋高度采用不同的抗震等级，并应符合相应的计算和构造要求。丙类建筑的抗震等级应符合表 3-4 的规定。

预制预应力混凝土装配整体式房屋的抗震等级　　　　　表 3-4

结构类型		烈度			
		6 度		7 度	
装配式框架结构	高度（m）	≤24	>24	≤24	>24
	框架	四	三	三	二
	大跨度框架	三		二	

续表

结构类型		烈度				
		6 度		7 度		
装配式框架-剪力墙结构	高度（m）	≤24	>24	<24	24~60	>60
	框架	四	三	四	三	二
	剪力墙	三		三	二	

注：1. 建筑场地类别Ⅰ类时，除 6 度外，允许按表内降低一度所对应的抗震等级采取抗震构造措施，但相应的计算要求不应降低。

2. 接近或等于高度分界时，允许结合房屋不规则程度及场地、地基条件确定抗震等级。

3. 乙类建筑应按本地区设防烈度提高一度的要求加强其抗震措施，当建筑场地类别Ⅰ类时，除 6 度外，允许仍按本地区设防烈度的要求采取抗震构造措施。

4. 大跨度框架指跨度不小于 18m 的框架。

《装配式混凝土结构技术规程》JGJ 1—2014 表 6.1.3 中，丙类装配整体式结构的抗震等级参照现行国家标准《抗震设计规范》GB 50011—2010 和现行行业标准《高层建筑混凝土结构技术规程》JGJ 3—2010 中的规定进行制定并适当调整。由于装配整体式剪力墙结构及部分框支剪力墙结构在国内外的工程实践数量还不够多，也未经历实际地震的考验，因此对其抗震等级的划分高度从严要求[56]，比现浇结构适当降低。

预制预应力混凝土装配整体式框架结构与《装配式混凝土结构技术规程》JGJ 1—2014 中装配整体式框架结构相同，而装配整体式框架-剪力墙结构比《装配式混凝土结构技术规程》JGJ 1—2014 中装配整体式框架-现浇剪力墙的抗震等级中高度划分低了 10m。

当建筑物为Ⅲ、Ⅳ类时，对设计基本地震加速度为 0.15g 和 0.3g 的地区，宜分别按照抗震设防类别 8 度（0.2g）和 9 度（0.4g）时抗震设防类别建筑的要求采取抗震构造措施。当甲、乙类建筑按规定提高一度确定其抗震等级，而房屋高度超过提高一度后对应的房屋最大适用高度时，则采用比对应抗震等级更有效的抗震构造措施。

各地方标准中，对于装配式混凝土结构的抗震等级规定与《装配式混凝土结构技术规程》JGJ 1—2014 中的规定基本相同。如有区别，应当按照地方标准与《装配式混凝土结构技术规程》JGJ 1—2014 的规定中较严格的执行。对于《装配式混凝土结构技术规程》JGJ 1—2014 中未作规定的装配式混凝土的类型，如在地方标准中有规定，可按照地方标准的规定执行并应注意适用的地域范围。

3.1.5　结构的高宽比

《装配式混凝土结构技术规程》JGJ 1—2014 规定：高层装配整体式结构的高宽比不宜超过表 3-5 的数值。

高层装配整体式结构适用的最大高宽比　　　　　　　　表 3-5

结构类型	非抗震设计	抗震设防烈度	
		6 度、7 度	8 度
装配整体式框架结构	5	4	3
装配整体式框架-现浇剪力墙结构	6	6	5
装配式剪力墙结构	6	6	5

最大高宽比参照现行行业标准《高层建筑混凝土结构技术规程》JGJ 3—2010 中的规定并适当调整。其是对结构刚度、整体稳定、承载能力和经济合理性的宏观控制；一般情

况下，可按所考虑方向的最大宽度计算高宽比，但对突出建筑平面很小的局部结构（如楼梯间、电梯间等），一般不应包含在计算宽度内。控制高度比主要是控制结构底部在侧向作业下的倾覆弯矩，尤其是对首层即采用装配式的结构。

3.1.6 平面和竖向布置

《装配式混凝土结构技术规程》JGJ 1—2014 规定，装配式结构的平面布置宜符合下列规定，平面尺寸见图 3-8。

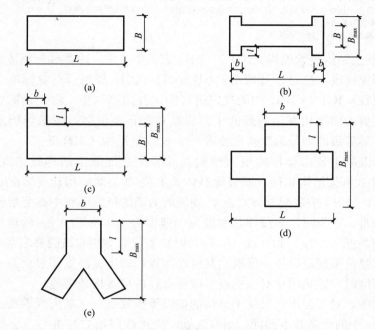

图 3-8 建筑平面示例

1) 平面形状宜简单、规则、对称，质量、刚度分部宜均匀，不应采用严重不规则的平面布置；

2) 平面长度不宜过长，见图 3-8，长宽比（L/B）宜按表 3-6 采用；

3) 平面突出部分的长度 l 不宜过大、宽度 b 不宜过小，l/B_{max}、l/b 宜按表 3-6 采用；

4) 平面不宜采用角部重叠或细腰形平面布置。

平面尺寸及突出部位尺寸的比值限值   表 3-6

抗震设防烈度	L/B	l/B_{max}	l/b
6、7 度	≤6.0	≤0.35	≤2.0
8 度	≤6.0	≤0.30	≤6.0

对平面规则性的限制从结构抗震角度主要有两个目的：①控制结构扭转；②避免楼板中出现应力集中。结构在地震作用下的扭转对装配式混凝土结构尤其不利，会造成结构边缘的构件剪力较大，预制构件水平缝容易产生开裂和破坏；扭转还会在叠合楼板中产生较大的面内应力，在楼板与竖向构件的接缝处引起面内剪力，都容易造成破坏。对于平面较长外伸、角部重叠和细腰形的平面，凹角部位楼板内会产生应力集中，中央狭窄部位楼板

的应力也很大。如果采用此种不规则的平面布置时，设计中应有针对性地进行分析和局部加强，如采用现浇楼板、加厚叠合楼板的现浇层及构造配筋，或者在外伸端部设置刚度较大的抗侧力构件等[57]。

竖向不规则会造成结构地震作用和承载力沿竖向的突变，装配式混凝土结构在突变处的构件接缝更容易发生破坏。如果发生竖向承载力或刚度突变的情况，突变位置可局部采用现浇结构。装配式混凝土结构的平面及竖向布置要求，应严于现浇混凝土结构。在进行建筑方案设计时，需考虑装配式混凝土结构对规则性的要求，尽量避免采用不规则平面、竖向布置。

3.2　装配式建筑结构计算

3.2.1　作用及作用组合

装配式结构设计过程中，作用与作用组合与其他类型结构是一致的。需要注意的是短暂设计的状况下构件及连接节点验算：包括构件脱模翻转、吊运、安装阶段的承载力及裂缝控制，吊具承载力验算；构件安装阶段的临时支撑验算、临时连接预埋件验算等。施工阶段的荷载及荷载组合主要按照《混凝土结构工程施工规范》GB 50666—2011[58]等确定，并应符合《装配式混凝土结构技术规程》JGJ 1—2014 中的规定。

3.2.2　结构整体分析方法

按《装配式混凝土结构技术规程》JGJ 1—2014 第 6.3.1 条所述，装配整体式结构采用与现浇混凝土结构相同的方法进行结构分析，结构分析应符合《混凝土结构设计规范》GB 50010—2010 中第 5 章的要求，包括基本原则、分析模型、弹性分析、塑性分析等[59]。如果房屋层数为 10 层及 10 层以上或者房屋高度大于 28m，还应按照《高层建筑混凝土结构技术规程》JGJ 3—2010 第 5.1～5.5 节中的要求进行。但是，当同一层内既有预制又有现浇抗侧力构件时，应在按照现浇结构计算的基础上，对地震作用下现浇抗侧力构件的弯矩和剪力进行适当放大；对于装配整体式剪力墙结构，《装配式混凝土结构技术规程》JGJ 1—2014 第 8.1.1 条就是放大的具体方法。

按《装配式混凝土结构技术规程》JGJ 1—2014 第 6.3.2 条所述，对结构整体变形和内力，一般采用弹性方法进行计算，框架梁及连续梁等构件可考虑塑性变形引起的内力重分布。如果结构需要进行性能化设计，则可能需要进行弹塑性分析[60]。弹性计算中，采用的各种参数与现浇结构计算基本相同，注意抗震等级的划分高度与现浇结构不同。连梁刚度折减系数、周期折减系数等与现浇结构相同。楼板对楼面梁的影响也可按照《混凝土结构设计规范》GB 50010—2010 中第 5.2.4 条规定考虑。

对于主要采用干式连接的装配式结构，其整体计算方法也应符合《混凝土结构设计规范》GB 50010—2010 中第 5 章的原则性要求，节点的模拟宜按照实际节点构造进行。如简单地按照现浇结构折减刚度或者承载力来等效计算，应有充分的依据。对多层装配式剪力墙结构，如果节点接缝以后浇带连接为主，可近似按照现浇结构进行分析；如果有干式连接节点，应按照实际连接情况建立计算模型，选取适当的方法进行结构分析。

3.2.3　层间位移角限值

《装配式混凝土结构技术规程》JGJ 1—2014 规定，按弹性方法计算的风荷载或多遇地震标准值作用下的楼层层间最大位移 Δu 与层高 h 之比的限值宜按表 3-7 采用。

楼层层间最大位移与层高之比的限值　　　　　　　　　　　　　表 3-7

结构类型	$\Delta u/h$ 限值
装配整体式框架结构	1/550
装配整体式框架-现浇剪力墙结构	1/800
装配整体式剪力墙结构、装配整体式部分框支剪力墙结构	1/1000
多层装配式剪力墙结构	1/1200

装配整体式框架结构和剪力墙结构的层间位移角限值均与现浇结构相同。对多层装配式剪力墙结构，当按现浇结构计算而未考虑墙板间接缝的影响时，计算得到的层间位移会偏小，因此加严其层间位移角限值。

3.2.4　现浇部分的设计

高层装配整体式结构的地下室、高层装配整体式剪力墙结构的底部加强区和电梯筒、装配整体式框架结构的首层及顶层楼盖、转换部位，建议采用现浇混凝土结构。主要是在抗震时，这些部位较为关键、不太规则、构件截面较大、配筋较多、节点构造复杂，采用现浇结构是为了保证结构抗震的安全性和整体性。

当在有可靠的技术措施，保证在以上部位采用现浇结构也能确保整体性和施工质量时，也可以考虑采用预制装配式结构[61]。如结构底部加强区比较规则且构件尺寸和上部基本一致时，也可以采用装配式结构；此时，应特别注意约束边缘构件区域内纵筋的连接及封闭箍筋的设置，保证结构的有效传力。当顶层楼盖采用叠合楼盖时，应加大现浇层的厚度，以保证结构的整体性能。

3.2.5　抗震性能设计

结构抗震性能设计应根据结构方案的特殊性、选用合适的结构抗震性能目标，并应论证结构方案能否满足抗震性能目标预期要求[62]。

需要注意的是，在进行结构抗震性能设计时，构件的性能目标设定应有针对性，对抗震构件部位、不规则部位设定较高的性能目标，如中震不屈服或中震弹性；一般构件可不必设定超出规范要求的性能目标[63]。构件的性能目标宜区分受力状态，抗剪、偏拉、偏压可分别设定性能目标，一般抗剪的性能目标＞偏拉＞偏压。应注意重要节点及接缝也应设置合理的性能目标，接缝的性能目标不宜低于墙肢的抗剪性能目标。结构整体弹塑性分析应考虑拼缝的影响，进行合理的模拟。

3.3　装配式结构拆分设计

3.3.1　拆分设计必要性

结构拆分设计是将结构中楼板、楼梯、梁、柱、墙等从主体中拆分出来，形成若干个预制构件，方便工厂生产和现场吊装。区别于现浇建造方式，装配式建筑结构拆分设计是一个化整为零的过程，见图 3-9。预制率和装配率是测评装配式混凝土建筑最重要的两个指标[64]，根据评价指标对结构进行拆分，还需考虑以下几个因素。

1）叠合板、预制楼梯、预制墙等构件是装配式混凝土建筑中使用较多的形式，在拆分设计时需要形成预制部分和现浇部分，根据装配率要求形成拆分设计方案，要注意预制构件外形及剪力槽等相关细部构造。

(a)预制外墙

(b)叠合板

(c)预制飘窗

(d)预制内墙

(e)预制空调板

(f)预制楼梯

图 3-9　典型预制部品部件（一）

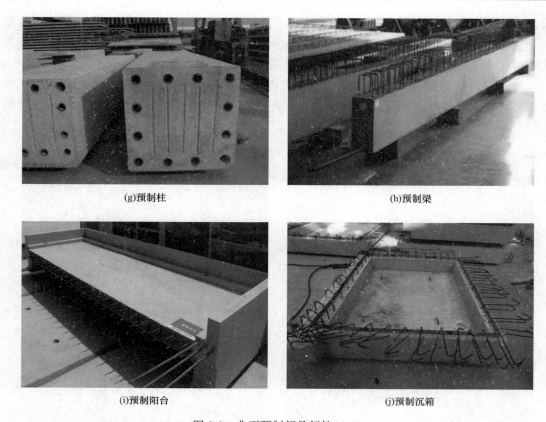

(g)预制柱　　　　　　　　　　　　　(h)预制梁

(i)预制阳台　　　　　　　　　　　　(j)预制沉箱

图 3-9　典型预制部品部件（二）

2）在预制构件施工、运输的过程中存在着吊装、翻转等情况，这些情况对预制构件的尺寸、质量都有一定的限制，因此尺寸、质量较大的构件需要拆分为几个预制构件。

3）结构设计模型中没有考虑预制构件与现浇部分的连接关系等，因此在构件拆分的过程中需要在预制构件上形成粗糙面等细部构造；预制构件在脱模的过程中，为了保证与模板的顺利分离，需要做一些倒角，倒角也需要在拆分中形成。

经过对装配式混凝土建筑的拆分设计，可以把建筑结构设计的整体方案拆分，形成对于预制构件的设计方案[65]，这决定着预制构件生产、拼装成统一结构整体的可行性。

3.3.2　拆分设计流程

对于装配式建筑的部品部件，设计了如图 3-10 所示的拆分设计流程。不同种类的部品部件拆分流程需要在图示流程的基础上进行细化。下文以叠合板和预制墙为例，对结构拆分设计流程进行详细的描述。

3.3.3　叠合板拆分设计

钢筋桁架混凝土叠合板就是一种叠合构件，叠合板中钢筋桁架可以保证预制部分和现浇部分的有效连接。混凝土叠合板预制部分的作用相当于模板，其他的荷载是由现浇部分与预制部分连接成的整体来承担的。

叠合板可以拆分为单向叠合板或者双向叠合板。按照单向板设计时，板搭在墙或梁上的两边伸出钢筋，另外两侧则采用附加钢筋形式进行拼缝连接；按照双向板设计时，板四周均伸出钢筋，相邻两块叠合板之间为整体式拼缝，将叠合板与后浇混凝土形成一个整体。在设计时，单向板的一对边简支、另一对边自由，荷载只能通过简支的边传到其搭接的梁或墙上；双向板则是四边简支，荷载可以通过四个边传递到其搭接的梁或墙上。

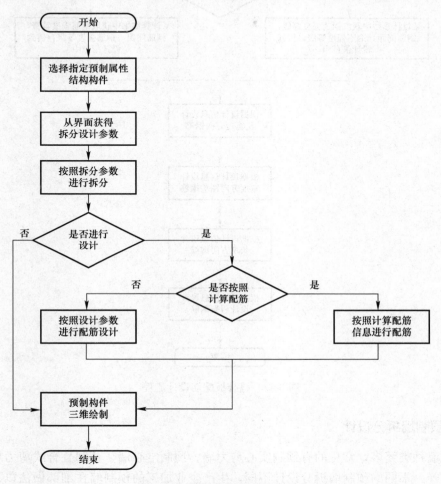

图 3-10　预制构件拆分设计流程

叠合板的拆分设计流程可参考 3.3.2 节的图 3-10。叠合板的配筋设计流程如图 3-11 所示，首先从设计信息中获取配筋设计所需参数，然后分别对沿宽度方向钢筋、沿宽度方向端头钢筋、沿长度方向钢筋和桁架钢筋组进行配筋设计。

当按照计算结果配筋时，通过 PDB 接口可以从 PKPM 结构软件中得到预制板的 X 方向底排钢筋和 Y 方向底排钢筋的直径、强度等级和间距，X 方向钢筋对应沿宽度方向钢筋和沿宽度方向端头钢筋，Y 方向钢筋对应沿长度方向钢筋。当设计信息从设计参数中取值时，直接从计算配筋结果中取值，即可以按照计算结果对叠合板进行配筋。由于在计算结果中没有桁架信息，因为钢筋桁架方向同沿长度方向钢筋相同，因此其排列参数需要结合沿长度方向钢筋的排列参数，与用户在界面上设置的钢筋桁架间距相结合，取得合适的钢筋间距，对钢筋桁架进行排列。

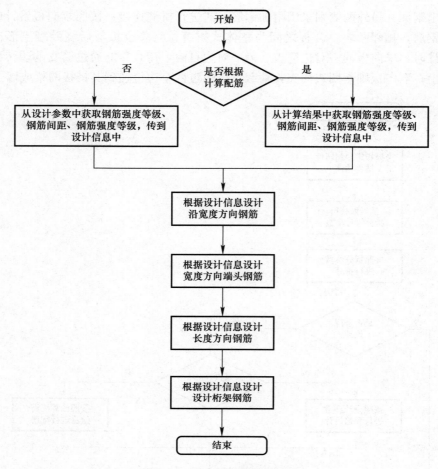

图 3-11　叠合板配筋设计流程

3.3.4　预制墙拆分设计

预制墙种类繁多，常见的有预制实心剪力墙、预制空心墙、预制叠合式剪力墙和预制非承重墙等。不同的预制墙拆分设计不同，生产企业加工的预制墙在细部做法以及配筋方式上也不相同。三明治外墙是目前国内外墙板的主流方式，由内叶墙、保温层和外叶墙组合而成，上下层预制内墙板的竖向钢筋采用套筒灌浆连接，相邻预制内墙板之间的水平钢筋采用整体式拼缝连接。

预制墙板的拆分设计流程可参考 3.3.3 节的图 3-10。预制墙的配筋设计流程如图 3-12所示，首先需要从设计信息中获取配筋设计所需要的信息，然后分别对每片预制墙的墙柱、墙元和墙梁三部分进行配筋，每一部分的配筋又包括纵向钢筋设计、箍筋设计和拉筋设计。

墙柱、墙元以及墙梁的拉筋配筋方法大致相似，基本步骤为两步，首先按照部位类型对需要设置拉筋的纵筋和箍筋交叉点处设置拉筋，然后考虑箍筋弯折碰撞对发生碰撞位置的拉筋去掉。墙柱在进行拉筋配筋的时候，纵筋和箍筋相交的节点处初始均设置拉筋。当节点附近有箍筋弯折回来时，将此处的拉筋去掉，最后形成墙柱的拉筋。墙元在配筋时，可以根据选择按照交叉配筋或者按照拉筋间最大间距进行配筋。墙元的端头纵筋出必须设置拉筋。当选择交叉配筋的时候，纵筋编号和箍筋编号不同为奇数或不同为偶数时进行配筋设计；当选择按照拉筋最大间距进行配筋时，分别计算箍筋间距和纵筋间距；当间距大于最大拉筋间距时，上一个节点处必须设置拉筋。最后，当设置拉筋的节点处有弯折回来的箍筋时，将对应处的拉筋去掉。对于窗上墙梁，由于上端箍筋会伸出混凝土外，只在最上层纵筋出设置拉筋；对于窗下墙梁，则按纵筋和箍筋交点横向纵向均隔一布一的方式进行布置。

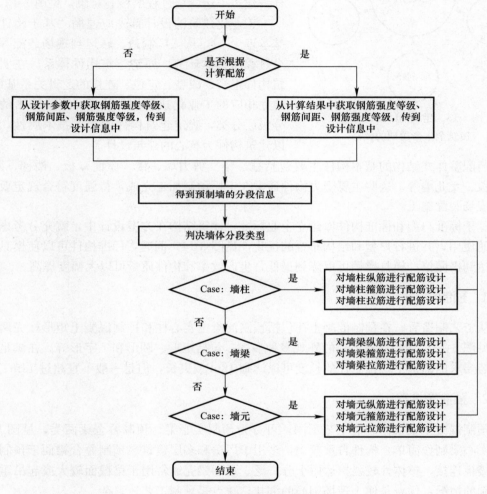

图 3-12　预制墙配筋设计流程

3.4　装配式结构构件设计

在工业化建筑建设中，传统意义上的"设计"与"建造"已发生诸多根本性的转变。如前文所述，传统的"设计"在设计公司进行；传统的"建造"由专业施工队伍围绕"工地"展开。工业化建筑的"设计"除了建筑整体的设计，还包括对建筑构件进行工业化生产制造和装配设计；工业化建筑的设计与建造模式中，除了"工地"上的工作，还具有

"制造"的内涵：在"工地"之外，设计的"工厂阶段"需要针对建筑构件进行生产制造，然后在"转运阶段"对建筑构件展开物流转运，最终在"现场阶段"完成建筑构件的装配。在试用阶段，还需对建筑构件进行运营维护[24]。由此可见，建筑构件为工业化建筑的微观层面组成部分与承载技术与质量的系统最小单元，也是工业化住宅设计—建造—运营全过程的核心对象，见图3-13。

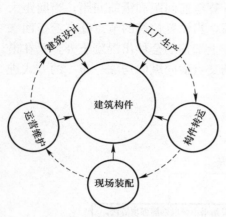

图3-13　建筑构件是工业化
建筑全生命周期的核心

工业化建筑的设计首先应遵循"基于构件"的基本理念[66]，从工厂制造、转运到现场装配等建造全过程的具体环节，厘清建筑构件体系。在明确建筑构件组合、成型、定位、连接的逻辑关系基础上，建立相应的工业化建筑构件体系，形成清晰的构件分级、分类，确定建筑构件的相关技术属性，展开以建筑构件为核心的建筑设计。

装配整体式结构的基本构件主要包括柱、梁、剪力墙、楼（屋面）板、楼梯、阳台、空调板、女儿墙等，这些主要受力构件通常在工厂预制加工完成，待强度符合规定要求后进行现场装配施工[67]。

基于标准户型和标准构件库建立企业标准，建筑结构在方案设计中，就充分考虑标准构件的使用，并进行户型和结构布置的优化，见图3-14。同时，标准构件可以使模具使用次数达到极限值，模具摊销可以降到最低，生产效率和构件质量可以大幅度提高。

3.4.1　预制柱

从工艺制造看，在预制混凝土柱包括预制混凝土实心柱和预制混凝土矩形柱壳两种形式，见图3-15。预制混凝土柱的外观多种多样，包括矩形、圆形和工字形等。在满足运输和安装要求的前提下，预制柱的长度可以达到12m或更长，但是一般不宜超过14m。

3.4.2　预制叠合梁

预制混凝土梁根据制造工艺不同，可分为预制实心梁、预制叠合梁两类，见图3-16。预制实心梁制作简单，构件自重较大，多用于厂房和多层建筑。预制叠合梁便于预制柱和叠合楼板连接，整体性较强，运用十分广泛。预制梁壳通常用于梁截面较大或起吊重量受到限制的情况，优点是便于现场钢筋的绑扎，缺点是预制工艺较复杂。

按是否采用预应力来划分，预制混凝土梁可以分为预制预应力混凝土梁和预制非预应力混凝土梁。预制预应力混凝土梁集合了预应力技术节省钢筋、易于安装的优点，生产效率高，施工速度快，在大跨度全预制多层框架结构厂房中具有良好的经济性。

3.4.3　预制剪力墙

预制混凝土剪力墙从受力性能角度，可分为预制实心剪力墙和预制叠合剪力墙。

1. 预制实心剪力墙

预制实心剪力墙是指将混凝土剪力墙在工厂预制成实心构件，并在现场通过预留钢筋与主体结构相连接，见图 3-17。随着灌浆套筒在预制剪力墙中的使用，预制实心剪力墙的使用越来越广泛。

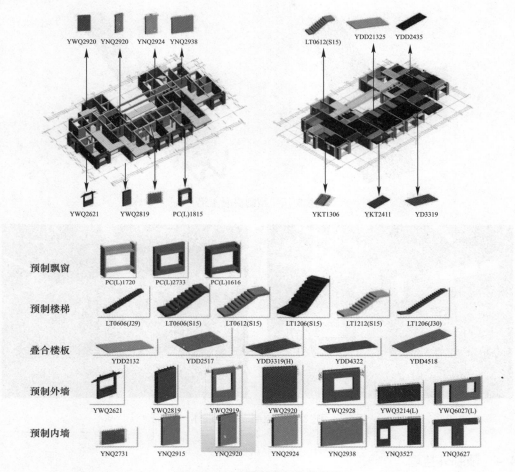

图 3-14　基本构件及标准构件库

预制混凝土夹心保温剪力墙是一种结构保温一体化的预制实心剪力墙，由外叶、内叶和中间层三部分组成，内叶是预制混凝土实心剪力墙，中间层为保温隔热层，外叶为保温隔热层的保护层。保温隔热层与内外叶之间采用拉结杆连接，拉结杆可以采用玻璃纤维连接件。预制混凝土夹心保温剪力墙通常作为建筑物的承重外墙。

2. 预制叠合剪力墙

预制叠合剪力墙是指一侧或两侧均为预制混凝土墙板，在另一侧或中间部位现浇混凝土从而形成共同受力的剪力墙结构。预制叠合剪

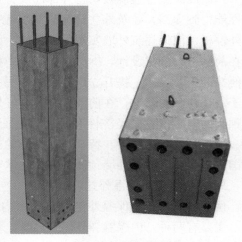

图 3-15　预制混凝土柱

力墙结构在德国有着广泛的运用,在我国上海和合肥等地有所应用。它具有制作简单、施工方便等优势。

图 3-16 预制混凝土梁

图 3-17 预制混凝土墙体

3.4.4 预制外挂墙

预制混凝土外挂墙板,将外饰面反打技术、保温与预制构件一体化,防水、防火、保温性能得到提高,建筑外立面无砌筑、无抹灰,见图 3-18。采用 PCF 外墙板作为剪力墙的外模板,使得建筑外墙实现无外模板、无外脚手架、无砌筑、无粉刷的绿色施工。外墙板在前期进行深化设计、拆分,在工厂中精准预制运到现场进行组装。一方面,利用工厂中便捷的小块操作,提升立面精细化;另一方面,避免传统建造方式带来的误差和污染。对于设计的影响就是,在前期就要确定好外墙细节,深化到构件小尺寸深度,从而保证工厂预制的准确性。在经济性和时间性方面,预制外挂墙板有一定劣势,与现浇相比成本高、现场施工较为复杂。特别是连接处的交接处理与防水处理是一大难题,这也是限制当下国内成品住宅使用外墙预制的一大技术难点。

1. 三明治夹心保温外挂墙板

预制三明治夹芯保温外挂墙板是由内叶、外叶混凝土墙板、夹芯保温层和连接件组成。主要有两种:内保温和外保温。前者采用外墙挂板作为模板,保温材质置于内侧,利用现浇的方式形成装配整体式保温板,目前在抗震地区高层住宅中应用较多;后者墙板内侧的混凝土板起承重作用，厚度一般为 160～200mm。保温层一般采用非金属连接方式即贴的形式，外层为装饰面层附着在外叶板上。通过这样的处理方式，实现结构、围护、保温、装饰一体化。

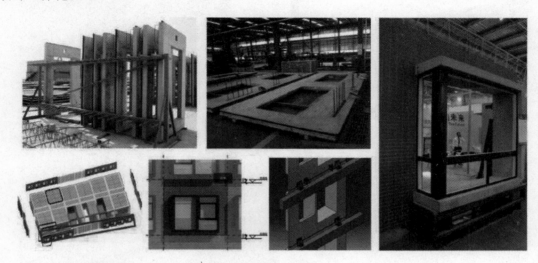

图 3-18　预制外挂墙体

2. 玻璃纤维保温外挂墙板

玻璃纤维保温外挂墙板是玻璃纤维增强水泥板与菱镁板的统称。用于外围护墙体的夹芯墙板，其室外侧面板也称外叶板，为 GRC 板；其室内侧面板也称内叶板。用于室内隔墙的夹芯墙板，其两侧面板可均为菱镁板。

3. 装配式轻钢结构复合外墙板

装配式轻钢结构复合外墙板是由断桥轻钢结构连接材料外饰层和内饰层并填充保温材料组合而成，一般用于非承重围护结构的装配式新型墙板。

3.4.5　预制隔墙板

轻质隔墙板也是预制构件的一部分，采用隔墙板可计入装配率计算。作为一种新型节能墙材料，具有质轻、高强、干法作业、免抹灰等优点。内层装有合理布局的隔热、吸声的无机发泡型材或其他保温材料，生产自动化程度高，规格、品种多，见图 3-19。

1. 分类

水泥岩棉夹芯板、水泥聚苯颗粒砂浆夹芯板、发泡水泥夹芯板、水泥膨胀珍珠岩夹芯板、ALC 条板、石膏条板等。

2. 特点

保温、隔热、调湿、防火、整体性好、防潮、防水、隔声、施工快捷简单、隔温、吊挂力强、质轻、经济。

3. 适用范围

轻质隔墙板主要在装配式建筑的走廊、厨房、卧室套间隔墙等建筑空间使用，相对来说利于拆卸，实现空间的组合，在后期基于全生命周期居住需求和生活习惯变化的户型灵活性中得到一定运用。

图 3-19　预制隔墙板

3.4.6　预制叠合板

　　预制混凝土楼面板按照制造工艺不同，可分为预制混凝土叠合板、预制混凝土实心板、预制混凝土空心板、预制混凝土双 T 板。

　　预制混凝土叠合板最常见的主要有两种：一种是桁架钢筋混凝土叠合板；另一种是预制带肋底板混凝土叠合板。桁架钢筋混凝土叠合板属于半预制构件，下部为预制混凝土板，外露部位为桁架钢筋，见图 3-20。预制混凝土叠合板的预制部分厚度通常为 60mm，叠合楼板在工地安装到位后进行二级浇筑，从而成为整体实心板。桁架钢筋的主要作用是将后浇筑的混凝土层与预制底板形成整体，并在制作和安装过程中提供刚度。伸出预制混凝土层的桁架钢筋和粗糙的混凝土表面保证了叠合楼板预制部分与现浇部分能有效地结合成整体。

图 3-20　预制混凝土桁架叠合板

周边叠合变阶预制混凝土楼板成型后的混凝土板为一个二阶板，中间部分预制，仅周边部分现场后浇叠合，见图 3-21。构件整体性好、刚度大，可满足不同跨度建筑的要求。楼板较厚时可制成单向板或双向板，可单向或双向施加预应力。配合装饰一体化制作，可克服现有叠合楼板装配率低、变形大等缺点，是一种技术创新产品。

图 3-21　预制混凝土周边叠合变阶楼板

3.4.7　预制楼梯

预制混凝土楼梯外观更加美观，避免在现场支模，节约工期。预制简支楼梯受力明确，安装后可做施工通道，解决垂直运输问题，保证了逃生通道的安全，见图 3-22。

图 3-22　预制混凝土楼梯

3.4.8　预制阳台

预制混凝土阳台包括预制实心阳台和预制叠合阳台。预制阳台板能够克服现浇阳台的缺点，解决了阳台板支模复杂、现场高空作业费时费力的问题。

3.4.9　预制空调板

预制混凝土空调板通常采用预制混凝土实心板，板侧预留钢筋与主体结构相连。预制空调板通常与外墙板相连，见图 3-23。

图 3-23　预制混凝土空调板

3.4.10 预制女儿墙

预制混凝土女儿墙处于屋顶外墙的延伸部位，通常有立面造型，采用预制混凝土女儿墙有明显的优势。

3.5 装配式构件连接设计

3.5.1 构件连接要求

预制装配式混凝土结构中预制构件的连接是通过后浇混凝土、灌浆料和坐浆材料、钢筋及连接件等实现预制构件间的接缝以及预制构件与现浇混凝土接合面的连接，满足设计需要的内力传递和变形协调能力及其他结构性能要求。

连接节点的选型和设计应注重概念设计，并通过合理的连接节点与构造，保证构件的连续性和结构的整体稳定性，使整个结构具有必要的承载能力、刚性和延性，以及良好的抗风、抗震和抗偶然荷载的能力，避免结构体系因偶然因素出现连续倒塌。

节点连接应同时满足使用阶段和施工阶段的承载力、稳定性及变形的要求。在保证结构整体受力性能的前提下，应力求连接构造简单、传力直接、受力明确；所有构件承受的荷载和作用，应有可靠的传向基础的连续传递路径[68]。承重结构中节点和连接的承载力及延性不宜低于同类现浇结构，亦不宜低于预制构件本身，应满足"强剪弱弯、强节点弱构件"的设计理念；预制构件的连接部位应满足耐久性和防火、防水及可操作性等要求。

3.5.2 连接材料性能

装配式混凝土结构中使用的主要材料包括钢筋（包括焊接网）、混凝土、钢材、钢筋连接锚固材料、生产和施工中使用的配件等。其中，钢筋、钢材及混凝土材料应满足《装配式混凝土结构技术规程》JGJ 1—2014 的要求。

1. 混凝土

对于预制预应力混凝土装配式整体式框架结构，材料还应符合《预制预应力混凝土装配整体式框架结构技术规程》JGJ 224—2010 中第 3.2 节规定。其中，关于混凝土及钢筋的规定与《装配式混凝土结构技术规程》JGJ 1—2014 基本一致。预制预应力混凝土装配整体式框架所使用的混凝土应符合表 3-8 的规定。

预制预应力混凝土装配整体式框架的混凝土强度等级　　　　表 3-8

名称	叠合板		叠合梁		预制柱	节点键槽以外部分	现浇剪力墙、柱
	预制板	叠合层	预制梁	叠合层			
混凝土强度等级	≥C40	≥30	≥C40	≥C30	≥C30	≥C30	≥C30

装配式混凝土结构的材料宜采用高强混凝土，构件的混凝土强度建议在 C40 及以上。

2. 钢筋和锚固材料

钢筋的选用应符合现行国家标准《混凝土结构设计规范》GB 50010 的规定。当采用套筒灌浆连接和浆锚搭接连接时，钢筋应采用热轧带肋钢筋，钢筋上的肋可以使钢筋与灌浆料之间产生足够的摩擦力，有效地传递应力，从而形成可靠的连接接头。

　　在预制混凝土构件中，尤其是墙板、楼板等板类构件中，推荐使用钢筋焊接网，以提高生产效率。在进行结构布置时，应合理确定预制构件的尺寸和规定，便于钢筋焊网的使用。钢筋焊网应符合现行行业标准《钢筋焊接网混凝土结构技术规程》JGJ 114 的规定。为了节约材料、方便施工、吊装可靠的目的，并避免外露金属件的锈蚀，预制构件的吊装方式宜优先采用内埋式螺母、内埋式吊杆或预留吊装孔。吊装用内埋式螺母、吊杆、吊钉等应根据相应的产品标准和应用技术规程选用，其材料应符合国家现行标准的规定。如果采用钢筋吊环，应采用未经冷加工的 HPB300 级钢筋制作。

　　钢筋浆锚搭接连接接头应采用水泥基灌浆料，灌浆料的性能应满足表 3-9 的要求。

钢筋浆锚搭接连接接头用灌浆料性能要求　　　　　　　　表 3-9

项目		性能指标	试验方法标准
泌水率（%）		0	《普通混凝土拌合物性能试验方法标准》GB/T 50080
流动度（mm）	初始值	≥200	《水泥基灌浆材料应用技术规程》GB/T 50048
	30min 保留值	≥150	
竖向膨胀率（%）	3h	≥0.02	《水泥基灌浆材料应用技术规程》GB/T 50048
	24h 与 3h 的膨胀率之差	0.02～0.50	
抗压强度（MPa）	1d	≥35	《水泥基灌浆材料应用技术规程》GB/T 50048
	3d	≥60	
	28d	≥85	
最大氯离子含量（%）		0.06	《混凝土外加剂匀质性试验方法》GB/T 8077

　　灌浆套筒应符合现行行业标准《钢筋连接用灌浆套筒》JG/T 398 的有关规定。灌浆套筒灌浆段最小直径与连接钢筋公称直径的差值不宜小于表 3-10 规定的数值，用于钢筋锚固的深度不宜小于插入钢筋公称直径的 8 倍。

灌浆套筒灌浆段最小内径尺寸要求（mm）　　　　　　　　表 3-10

钢筋直径	套筒灌浆段最小直径与连接钢筋公称直径差最小值
12～25	10
28～40	15

　　（1）灌浆料性能及试验方法应符合现行行业标准《钢筋连接用套筒灌浆料》JG/T 408 的有关规定，灌浆料抗压强度应符合表 3-11 的要求，且不应低于接头设计要求的灌浆料抗压强度；灌浆料抗压强度试件尺寸应按 40mm×40mm×160mm 尺寸制作，其加水量应按灌浆料产品说明书确定，试件应按标准方法制作、养护。

灌浆料抗压强度要求　　　　　　　　表 3-11

时间（龄期）	抗压强度（N/mm²）
1d	≥35
3d	≥60
28d	≥85

　　（2）灌浆料竖向膨胀率应符合表 3-12 的要求。

　　（3）灌浆料拌合物的工作性能应符合表 3-13 的要求，泌水率试验方法应符合现行国家标准《普通混凝土拌合物性能试验方法标准》GB/T 50080 的规定。

灌浆料竖向膨胀率要求　　　　　　　　　　　　表 3-12

项目	竖向膨胀率（%）
3h	≥0.02
24h 与 3h 差值	0.02～0.50

灌浆料拌合物的工作性能要求　　　　　　　　　　表 3-13

项目		工作性能要求
流动度（mm）	初始	≥300
	30min	≥260
泌水率（%）		0

（4）套筒灌浆连接接头的变形性能应符合表 3-14 的规定。当频遇荷载组合下，构件中钢筋应力高于钢筋屈服强度标准值 f_{yk} 的 0.6 倍时，设计单位可对单向拉伸残余变形的加载峰值 u_0 提出调整要求。

套筒灌浆连接接头的变形性能　　　　　　　　　　表 3-14

项目		工作性能要求
对中单向拉伸	残余变形（mm）	$u_0 \leq 0.10 \ (d \leq 32)$ $u_0 \leq 0.14 \ (d > 32)$
	最大力下总伸长率（%）	$A_{sgt} \geq 6.0$
高应力反复拉压	残余变形（mm）	$u_{20} \leq 0.3$
大变形反复拉压	残余变形（mm）	$u_4 \leq 0.3$ 且 $u_8 \leq 0.6$

注：u_0——接头试件加载至 $0.6f_{yk}$ 并卸载后在规定标距内的残余变形；A_{sgt}——接头试件的最大力下总伸长率；u_{20}——接头试件按规定加载制度经高应力反复拉压 20 次后的残余变形；u_4——接头试件按规定加载制度经大变形反复拉压 4 次后的残余变形；u_8——接头试件按规定加载制度经大变形反复拉压 8 次后的残余变形。

装配式结构中，钢筋连接的方式包括传统的焊接、机械连接、搭接，也包括装配式结构中应用较多的钢筋套筒灌浆连接及浆锚搭接连接。

套筒灌浆接头所使用的套筒一般由碳素结构钢、合金结构钢或球墨铸铁等铸造而成，国内外已有很多种形式的套筒灌浆接头，其形状大多为圆柱形或纺锤形。套筒的材料应符合建筑工业产品标准《钢筋连接用灌浆套筒》JG/T 398 的要求。钢筋套筒灌浆连接接头中采用的灌浆料，应具有高强、早强、无收缩和微膨胀等基本特性，以使其能与套筒、被连接钢筋更有效地结合在一起共同工作，同时满足装配式结构快速施工的要求。灌浆料应满足建筑工业产品标准《钢筋连接用套筒灌浆料》JG/T 408 的要求。

钢筋浆锚搭接连接，是钢筋在预留孔洞中完成搭接连接的方式。连接接头的性能，取决于空洞的成型技术、灌浆料的质量以及对被搭接钢筋形成约束的方法等各个方面。哈尔滨工业大学、黑龙江宇辉新型建筑材料有限公司、东南大学、南通建筑工程总承包有限公司等单位开发了螺旋箍筋约束浆锚搭接连接、金属波纹管浆锚搭接连接以及其他采用预留孔洞插筋后灌浆的间接搭接连接方式。各种浆锚搭接连接方式有不同的预留孔洞规格及构造，但是灌浆料的各项主要性能指标是一致的。

装配式混凝土结构中，钢筋的锚固方式推荐采用锚固板锚固。钢筋锚固板的材料应符合现行行业标准《钢筋锚固板应用技术规程》JGJ 256 的规定。连接用焊接材料，螺栓、锚栓和铆钉等紧固件的材料应符合国家现行标准《钢结构设计标准》GB 50017、《钢结构焊接规范》GB 50661 和《钢筋焊接及验收规程》JGJ 18 等的规定。

3. 建筑连接材料

（1）岩棉板

岩棉板是以玄武岩及其他天然矿石为材料，经高温熔融成纤，加入适量胶粘剂粘结而成的无机纤维板，具有质轻、导热系数小、吸热、不燃的特点，可用作保温、防火材料，目前已广泛应用于装配式建筑领域。

（2）挤塑聚苯板（XPS）

挤塑聚苯板（XPS）是以聚苯乙烯树脂辅以聚合物，在加热混合的同时注入催化剂，而后挤塑压出连续性闭孔发泡的硬质泡沫塑料板。其内部为独立的密闭式气泡结构，是一种具有高抗压、吸水率低、防潮、不透气、质轻、耐腐蚀、超抗老化（长期使用几乎无老化）、导热系数低等优异性能的环保型保温材料。

（3）模塑聚苯板（EPS）

模塑聚苯板（EPS）是以含有挥发性液体发泡剂的可发性聚苯乙烯珠粒为原料，经加热发泡后在模具中加热成型的保温板材，具有质轻、隔热、隔声、耐低温等特点，可用于做减重材料。

（4）灌浆套筒

灌浆套筒是通过水泥基灌浆料的传力作用将钢筋对接连接所用的金属套筒，通常采用铸造工艺或机械加工工艺制造。根据灌浆连接方式不同，可分为全灌浆套筒和半灌浆套筒。

（5）钢筋直螺纹连接套筒

钢筋直螺纹连接套筒又名钢筋接头，是用以连接钢筋并有以丝头相对应的螺纹的连接件。简单的施工流程为：将钢筋端部用滚轧工艺加工成直螺纹，并用相应的连接套筒将两根钢筋相互连接。

（6）哈芬槽

哈芬槽是一种建筑用的预埋件、预埋装置，先将 C 形槽预埋于混凝土中，再将 T 形螺栓的大头扣进 C 形槽中，要安装的构件再用 T 形螺栓固定。

（7）预埋锚栓套筒

预埋锚栓套筒是预制混凝土构件的专用预埋件。主要用于现浇部分墙体处，外叶板预留套筒与模板的对拉螺杆的连接。

（8）保温连接件

保温连接件作为预制保温墙体的重要组成部分，是连接预制保温墙体内外侧混凝土板的关键构件，其主要作用是抵抗两片混凝土板之间的剪力作用。其中：纤维塑料连接件（FRP）具有导热系数低、耐久性好、造价低、强度高等特点，可有效避免墙体在连接件部位的热桥效应，提高墙体的保温效果与安全性，是当前在工业化建筑中应用最为广泛的连接技术。保证夹心外墙板内外叶墙板拉结件的性能是十分重要的。目前，内外叶墙板的拉结件在美国多采用高强度玻璃纤维制作，欧洲则采用不锈钢丝制作金属拉结件。

（9）塑料胀管

塑料胀管用于紧固斜支撑，以便于预制墙体、预制柱等各种竖向预制构件的连接与安装。

（10）吊钉

吊钉预埋在预制构件中，与吊具连接用于吊装预制构件的金属预埋件。其可分为球头吊钉、带孔吊钉等。

（11）波纹管

波纹管是指用可折叠皱纹片沿折叠伸缩方向连接成的管状弹性敏感元件。波纹管主要包括金属波纹管、塑料波纹管、波纹膨胀节、波纹换热管、膜片膜盒和金属软管等。

（12）排漏宝

排漏宝（预留型）是一种新型的积水处理器，相比传统型产品最大的特点是：解决了PVC与混凝土结合因热胀冷缩系数大而产生裂缝导致漏水的问题。

（13）JDG 管（套接紧定式镀锌钢导管、电气安装用钢性金属平导管）

JDG 管是一种电气线路最新型保护用导管，连接套管及其金属附件采用螺钉紧定连接技术组成的电线管路，无需做跨接地、焊接和套丝，是明敷暗敷绝缘电线专用保护管路的最佳选择。

（14）86 底盒

86 底盒是用于敷设接线盒、开关插座等的底盒，底盒尺寸为 8.6cm 的方盒，专业术语称"八六盒"。

（15）配电箱

配电箱是按电气接线要求，将开关设备、测量仪表、保护电器和辅助设备组装在封闭或半封闭金属柜中或屏幅上，构成的低压配电装置。正常运行时，可借助手动或自动开关接通或分断电路。故障或不正常运行时借助保护电器切断电路或报警。借测量仪表可显示运行中的各种参数，还可对某些电气参数进行调整，对偏离正常工作状态进行提示或发出信号。

（16）多媒体箱

顾名思义，多媒体箱是较弱电压线路的集中箱，一般用于现代家居装修中，如网线、电话线、电脑的显示器、USB 线、电视的 VGA、色差、天线等都可以放置其中。

（17）等电位端子箱

等电位端子箱是将建筑物内的保护干线、水煤气金属管道、采暖和冷冻冷却系统、建筑物金属构件等部位进行连接，以满足规范要求的接触电压小于 50V 的防电击保护电器。是现代建筑电器的一个重要组成部分，被广泛应用于高层建筑中。

（18）预留预埋件材料

受力预埋件的锚板及锚筋材料应符合现行国家标准《混凝土结构设计规范》GB 50010 的有关规定。专用预埋件及连接件材料应符合国家现行有关标准的规定。当采用一些进口的新型连接、吊装用具时，若有相关材料的国内性能标准，应符合国内标准的要求；若没有相关标准，应遵循产品技术手册及国外相关规范对其材料性能的要求；如采用国内替换产品，更应注意对其材料性能的要求。

3.5.3　连接传力机理

节点、接缝压力可通过后浇混凝土或灌浆或坐浆直接传递，拉力应由各式连接钢筋、预埋焊接件传递，不同的接缝具有不同的剪力传递途径。

（1）对于剪力墙竖缝剪力，弹性阶段（裂缝前），主要靠界面粘结强度及混凝土键槽或者粗糙面的抗剪强度传递；弹塑性阶段（开裂后），主要为连接筋、销键等传递。当混凝土界面的粘结强度高于构件本身混凝土的抗拉、抗剪强度时，可视为等同于现浇混凝土，新旧混凝土可直接参与剪力传递。

（2）剪力墙水平接缝及框架柱接头，轴压应力和弯矩产生的压应力的静摩擦力，是主要的剪力传递方式，连接筋、销键是保证节点、接缝具有较高剩余抗剪强度和延性的关键要素。

（3）框架梁、连系梁接头，主要靠界面粘结强度及混凝土键槽或者粗糙面的抗剪强度、销键、连接筋及弯矩压应力的静摩擦力共同传递剪力。

装配式混凝土结构节点、接缝受压、受拉及受弯承载力，可按现行国家标准《混凝土结构设计规范》GB 50010 的相应规定计算。其中，节点、接缝混凝土等效抗压强度，可取实际参与工作的构件和后浇混凝土中的较低值。当节点、接缝所配钢筋及后浇混凝土强度高于构件且符合构造规定时，可不必进行节点、接缝的受压、受拉及受弯承载力计算。

装配式混凝土结构节点、接缝，应进行受剪承载力计算。当节点、接缝灌缝材料（如结构胶）的抗压强度、粘结抗拉强度、粘结抗剪强度均高于预制构件本身混凝土的抗压、抗拉及抗剪强度时，节点、接缝配筋又高于构件配筋时，可不进行节点、接缝连接的受剪承载力计算[69]，只需按常规要求验算构件本身的斜截面受剪承载力即可。

3.5.4 钢筋连接设计

1. 一般要求

装配整体式结构中，节点及接缝处的纵向钢筋连接宜根据接头受力、施工工艺等要求，选择机械连接、套筒灌浆连接、浆锚搭接连接、焊接连接、绑扎搭接连接等连接方式。

预制构件纵向钢筋宜在后浇混凝土内直线锚固；当直线锚固长度不足时，可采用弯折、机械锚固方式，并应符合现行国家标准《混凝土结构设计规范》GB 50010 和《钢筋锚固板应用技术规程》JGJ 256 的规定。

（1）钢筋搭接连接

钢筋搭接连接的形式包括绑扎搭接连接、间接搭接连接、锚浆搭接连接和约束锚浆搭接连接、环套搭接连接等。

1）绑扎搭接连接适用于叠合梁纵向钢筋、墙体分布钢筋、叠合板整体式接缝处纵向钢筋；

① 叠合梁纵筋和墙体竖向分布钢筋的连接要求应符合现行国家标准《混凝土结构设计规范》GB 50010 的规定，小偏心受拉的剪力墙肢竖向分布钢筋不宜采用绑扎搭接连接；

② 墙体接缝在满足《装配式混凝土结构技术规程》JGJ 1—2014 第 8 章的规定时，水平分布钢筋可在同一截面采用 100% 搭接连接，钢筋搭接长度允许采用 $1.2l_a$ 或 $1.2l_{aE}$；

③ 叠合板整体式接缝在满足《装配式混凝土结构技术规程》JGJ 1—2014 的 6.6 中第 6 条规定时，受力钢筋可在同一截面采用 100% 搭接连接，钢筋的搭接长度允许采用 $1.2l_a$，且取消纵向钢筋绑扎搭接连接最小长度 300mm 的规定。

2）钢筋间接搭接连接适用于预制梁、空心板剪力墙、双面叠合板剪力墙、叠合柱等纵向钢筋、分布钢筋的连接，钢筋连接均处于现浇混凝土区段。

3）浆锚搭接连接是在我国装配式整体剪力墙结构工程实践中形成的一种适用与剪力墙竖向钢筋连接的形式，钢筋连接形式属于钢筋间接搭接连接的一种形式，在一些地方标准中给出一些应用的指导性规定。

采用间接搭接时，连接筋的有效锚固长度，非抗震设计时不应小于 $25d$，抗震设计时不应小于 $30d$；锚浆孔的边距不应小于 $5d$，净距不应小于（$30+d$）mm，孔深应比锚固长度长 50mm；此处，d 为连接筋植筋。连接筋位置与锚孔中心对齐，误差不大于 2mm。在锚固区，锚孔及纵筋周围宜设置螺旋箍筋。

第 1）款第②、③项的做法是在国家建筑标准设计图集的编制过程中，编制组就预制剪力墙板、叠合楼板钢筋连接问题组织了专题讨论会，并达成了一致意见。实际已超出国家规范的要求。建议在标准修订时予以考虑。

第 2）款钢筋间接搭接的连接方式是在《全国民用建筑工程设计技术措施——结构（混凝土结构）》2012 版第 2.4.3 条中介绍了美国规范的做法示意，只涉及了基本概念和形式，内容不够全面、完整。建议在标准修订时予以考虑。

第 3）款约束浆锚搭接连接方式，是在间接搭接连接的基础上，通过在连接区段设置螺旋箍筋，使得横向附加钢筋对钢筋连接区段的混凝土约束得到加强的一种做法。

（2）在预制构件的连接中使用的钢筋机械连接

连接形式包括套筒挤压的钢筋接头、直螺纹钢筋接头和钢筋套筒灌浆接头三种。

1）直螺纹钢筋接头一般可用于预制构件与现浇构件结构之间的纵向钢筋连接，应符合行业标准《钢筋机械连接技术规程》JGJ 107 的规定。

2）钢筋套筒灌浆接头有全灌浆和半灌浆两种形式，钢筋接头的性能应符合行业标准《钢筋套筒灌浆连接应用技术规程》JGJ 355—2015 的规定[70]，钢筋接头的设计要求应符合行业标准《装配式混凝土结构技术规程》JGJ 1—2014 的规定。

① 灌浆套筒全灌浆接头一般设在预制构件之间的后浇段内，待两侧预制构件安装就位后，纵向钢筋伸入套筒后实施灌浆，如预制梁的纵向钢筋连接。

② 半灌浆套灌浆接头一般设在预制构件边缘，与之相邻的预制构件钢筋伸入套筒后实施灌浆，如预制柱、预制墙的纵向钢筋连接。

灌浆套筒钢筋连接接头是一种质量可靠、操作简单的技术。技术应用的关键在于对产品选用和工具操作等方面的管理。

（3）钢筋焊接连接

接头一般可用于预制构件与现浇混凝土结构之间的钢筋连接，应符合行业标准《钢筋焊接及验收规范》JGJ 18 的规定。

2. 叠合板钢筋连接设计

（1）板端支座处，预制板内的纵向受力钢筋宜从板端伸出并锚入支承梁或墙的后浇混凝土中，锚固长度不应小于 $5d$（d 为纵向受力钢筋直径），且宜伸过支座中心线，见图 3-24（a）；

（2）单向叠合板的板侧支座处，当预制板内的板底分布钢筋伸入支承梁或墙的后浇混凝土中时，应符合上一条的要求；当板底分布钢筋不伸入支座时，宜在紧邻预制板顶面的后浇混凝土叠合层中设置附加钢筋，附加钢筋截面面积不宜小于预制板内的同向分布钢筋面积，间距不宜大于 600mm，在板的后浇混凝土叠合层内锚固长度不应小于 $15d$，在支座内锚固长度不应小于 $15d$（d 为附加钢筋直径）且宜伸过支座中心线，见图 3-24（b）；

（3）单向叠合板板侧的分离式接缝宜配置附加钢筋，见图 3-25；

（4）双向叠合板板侧的整体式接缝宜设置在叠合板的次要受力方向上，且宜避开最大弯矩截面。接缝可采用后浇带形式，见图 3-26。

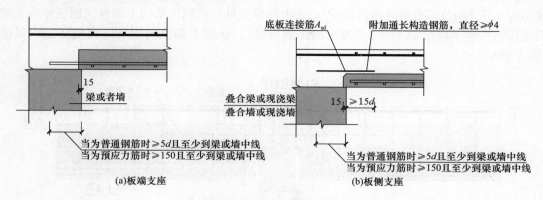

图 3-24　叠合板端及板侧支座构造示意

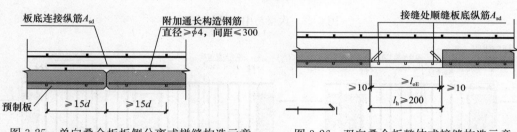

图 3-25　单向叠合板板侧分离式拼缝构造示意　　　图 3-26　双向叠合板整体式接缝构造示意

3. 梁、柱钢筋连接设计

（1）叠合梁可采用对接连接，见图 3-27、图 3-28。

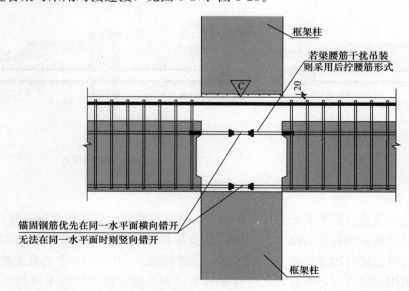

图 3-27　预制柱、梁中间层节点连接构造

　　（2）主梁与次梁采用后浇段连接时，应符合下列规定：在端部节点处，次梁下部纵向钢筋伸入主梁后浇段内的长度不应小于 $12d$。次梁上部纵向钢筋应在主梁后浇段内锚固；当采用弯折锚固（图 3-29a）或锚固板时，锚固直段长度不应小于 $0.6l_{ab}$；当钢筋应力不大

于钢筋强度设计值的50%时，锚固直段长度不应小于$0.35l_{ab}$；弯折锚固的弯折后直段长度不应小于$12d$（d为纵向钢筋直径）；在中间节点处，两侧次梁的下部纵向钢筋伸入主梁后浇段内长度不应小于$12d$（d为纵向钢筋直径）；次梁上部纵向钢筋应在现浇层内贯通（图3-29b）。

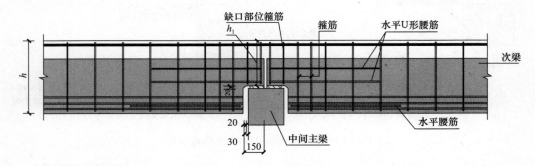

图3-28 次梁与中间梁的连接

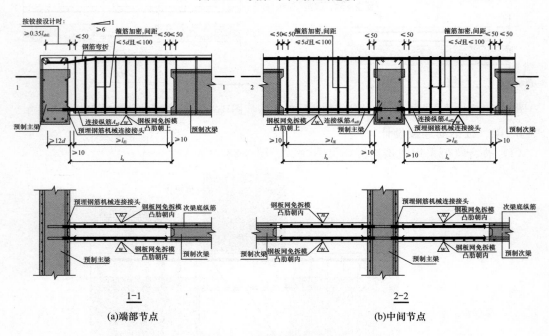

(a)端部节点 (b)中间节点

图3-29 主次梁预留后浇带连接

采用预制柱及叠合梁的装配整体式框架中，柱底接缝宜设置在楼面标高处。

（3）梁、柱纵向钢筋在后浇节点区内采用直线锚固、弯折锚固或机械锚固的方式时，其锚固长度应符合现行国家标准《混凝土结构设计规范》GB 50010中的有关规定；当梁、柱纵向钢筋采用锚固板时，应符合现行行业标准《钢筋锚固板应用技术规程》JGJ 256中的有关规定。

（4）采用预制柱及叠合梁的装配整体式框架节点，梁纵向受力钢筋应伸入后浇节点区内锚固或连接，见图3-30、图3-31，并应符合下列规定：对框架中间层中节点，节点两侧的梁下部纵向受力钢筋宜锚固在后浇节点区内，也可采用机械连接或焊接的方式直接连接；梁的上部纵向受力钢筋应贯穿后浇节点区；对框架中间层端节点，当柱截面尺寸不满足梁纵向受力钢筋的直线锚固要求时，宜采用锚固板锚固，也可采用 90°弯折锚固；对框架顶层中节点，梁纵向受力钢筋的构造应符合本条第 1 款的规定。柱纵向受力钢筋宜采用直线锚固；当梁截面尺寸不满足直线锚固要求时，宜采用锚固板锚固。

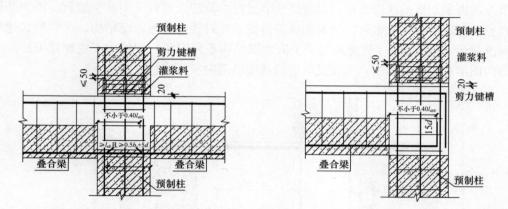

图 3-30　预制柱及叠合梁框架中间层节点构造示意　图 3-31　预制柱及叠合梁框架中间层端节点构造示意

（5）对框架顶层端节点，梁下部纵向受力钢筋应锚固在后浇节点区内，且宜采用锚固板的锚固方式；梁、柱其他纵向受力钢筋的锚固见图 3-32、图 3-33，并应符合下列规定：

1）柱宜伸出屋面并将柱纵向受力钢筋锚固在伸出段内，伸出段长度不宜小于 500mm，伸出段内箍筋间距不应大于 5d（d 为柱纵向受力钢筋直径），且不应大于 100mm；柱纵向受力钢筋宜采用锚固板锚固，锚固长度不应小于 40d；梁上部纵向受力钢筋宜采用锚固板锚固；

2）柱外侧纵向受力钢筋也可与梁上部纵向受力钢筋在后浇节点区搭接，其构造要求应符合现行国家标准《混凝土结构设计规范》GB 50010 中的规定；柱内侧纵向受力钢筋宜采用锚固板锚固。

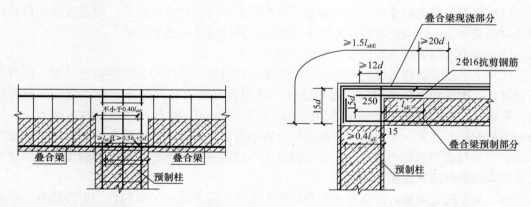

图 3-32　预制柱及叠合梁框架顶层中间节点构造示意　图 3-33　预制柱及叠合梁框架顶层端节点构造示意

（6）采用预制柱及叠合梁的装配整体式框架节点，梁下部纵向受力钢筋也可伸至节点区外的后浇段内连接，连接接头与节点区的距离不应小于 1.5h_0（h_0 为梁截面有效高度），见图 3-34。

钢筋连接是预制构件设计的重要内容，应根据预制构件的类型、构件受力和变形特点、构件生产的便利程度、现场施工安装、质量可靠性和检验等加以选择。《装配式混凝土结构技术规程》JGJ 1—2014 给出了各类构件钢筋连接的一般规定，其中对装配式框架结构给出了一些比较成熟的做法总结。装配式整体式框架结构的钢筋连接设计应注意以下几点：框架梁预制部分的纵向钢筋连接可以选择的方式有：①柱外搭接或机械连接；②在柱梁节点区内采用机械锚固连系；③现浇柱节点内的箍筋设置宜采用减少肢数、增加外侧箍筋直径的做法，必要时也可以采取加腋等措施。针对装配式剪力墙结构，在装配式建筑国家标准设计（第一批）《装配式混凝土剪力墙结构系列图集》中给出了更加详细的规定和明确的图示；工程设计中，可在其规定的适用范围内参照执行。

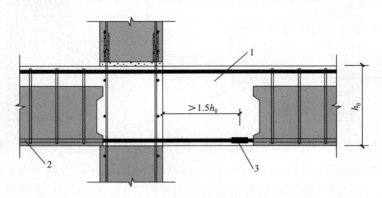

图 3-34　梁纵向钢筋在节点区外的后浇段内连接示意
1—后浇段；2—预制梁；3—纵向受力钢筋连接

4. 墙体钢筋连接设计

剪力墙结构是利用建筑物墙体作为建筑物的竖向承重构件，并且利用它抵抗水平力的结构体系。可以根据建筑物的空间布局，将剪力墙按照 L 形、T 形、I 形、十字形等截面方式布置。

（1）剪力墙构造边缘构件节点做法。根据图集中给出的节点做法：构造边缘构件可部分预制部分现浇；约束边缘构件需要全部现浇，具体做法见图 3-35。

（2）剪力墙约束边缘构件节点做法，见图 3-36。

（3）上下层预制剪力墙的竖向钢筋，当采用套筒灌浆连接和浆锚搭接连接时，应符合下列规定：边缘构件竖向钢筋应逐根连接；预制剪力墙的竖向分布钢筋，当仅部分连接时，见图 3-37，被连接的同侧钢筋间距不应大于 600mm，且在剪力墙构件承载力设计和分布钢筋配筋率计算中不得计入不连接的分布钢筋；不连接的竖向分布钢筋直径不应小于6mm；一级抗震等级剪力墙以及二、三级抗震等级底部加强部位，剪力墙的边缘构件竖向钢筋宜采用套筒灌浆连接。

（4）为了简化模板，提高模板的周转使用次数，需要统一边缘构件、剪力墙身、梁的布筋规则，做到模板通用，见图 3-38～图 3-45。

1）模板长度统一为 100mm 的整数倍，每隔 100mm 开槽，左右两端第一道槽距边缘50mm。

2）边缘构件的长度必须为 100mm 的整数倍，可通过调节现浇节点部分或墙身、梁的长度来达到目的。边缘构件两端钢筋距边缘的距离为 50mm，钢筋之间的间距为 100mm

或 200mm。为了节约灌浆套筒的用量，在设计中应尽量减少边缘构件的设计长度。

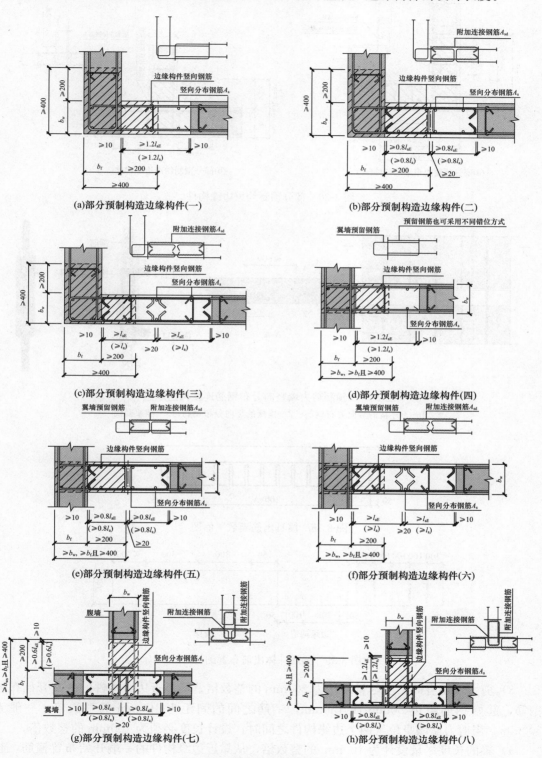

图 3-35　部分预制构造边缘构件

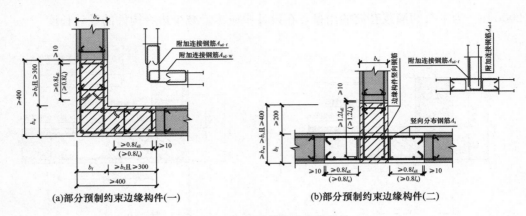

(a)部分预制约束边缘构件(一)　　　　(b)部分预制约束边缘构件(二)

图 3-36　部分预制约束边缘构件

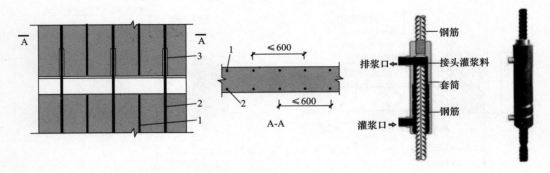

图 3-37　预制剪力墙竖向分布钢筋连接构造示意

1—不连接的竖向分布钢筋；2—连接的竖向分布钢筋；3—灌浆套筒

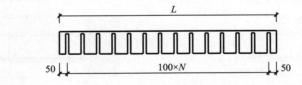

图 3-38　模具出筋模数平面图

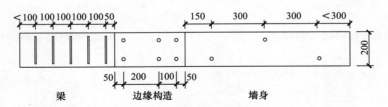

图 3-39　梁墙一体出筋布置图（一）

3）剪力墙墙身的长度尽量设计为 300mm 的整数倍，从靠近边缘构件的一端开始布置钢筋，起始钢筋距边 50mm 或 150mm，钢筋之间的间距为 100mm 的整数倍，一般为 300mm。当剪力墙墙身位于两个边缘构件之间时，设计长度必须为 100mm 的整数倍。

4）梁的长度尽量设计为 100mm 的整数倍，从靠近边缘构件的一端开始布置箍筋，起始箍筋距边缘的距离为 50mm，箍筋之间的间距为 100mm 的整数倍，一直布置到末端箍筋距边缘的距离小于 100mm 为止。当梁身位于两个边缘构件之间时，设计长度必须为 100mm 的整数倍。

　　5）主次梁交接处不采用箍筋加密措施，优先采用吊筋的方式。

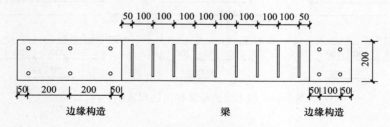

图 3-40　梁墙一体出筋布置图（二）

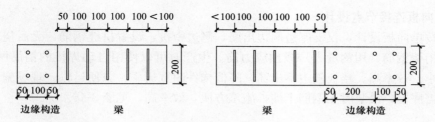

图 3-41　梁墙一体出筋布置图（三）

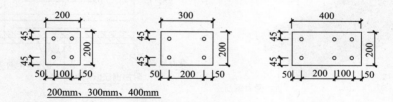

图 3-42　剪力墙边缘暗柱出筋布置图（一）

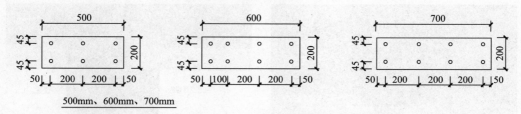

图 3-43　剪力墙边缘暗柱出筋布置图（二）

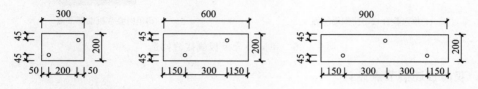

图 3-44　剪力墙边缘暗柱出筋布置图（三）

　　在结构深化设计选取连接节点时，需要充分考虑构件生产、吊装施工过程中的钢筋干涉问题，并考虑现场施工时的难易程度，确定在保证墙体外叶板悬臂端安全性的前提下，选择易于现场操作的连接方式。

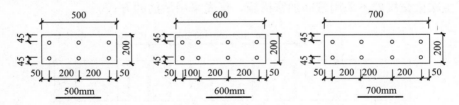

图 3-45　剪力墙边缘暗柱出筋布置图（四）

3.5.5　连接节点设计

1. 单向板连接节点设计

楼板按单向板设计，仅支座边两边出筋，侧边密拼，设置拼缝钢筋，无后浇带。构造筋可采用桁架钢筋（用钢量大）或预应力筋。生产时可以使用自动焊接的钢筋网片成品，生产难度小、效率高。楼板侧边不出筋，降低构件超宽概率，方便运输。现场施工时，无后浇带无需底模，吊装时无钢筋干涉，施工方便，效率高，见图 3-46。

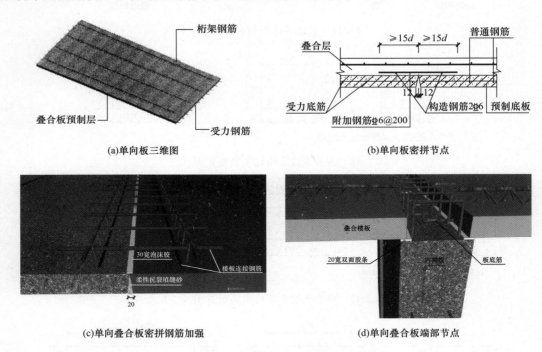

(a)单向板三维图　　　　　　　　(b)单向板密拼节点

(c)单向叠合板密拼钢筋加强　　　　(d)单向叠合板端部节点

图 3-46　单向叠合板板侧接缝构造

2. 双向板连接节点设计

楼板按双向板设计，楼板和楼板间设后浇带，后浇带宽度不宜小于 200mm，一般设计值为 300~400mm。后浇带宽大于 300mm，不计入装配率计算，而且不能保证后期不会开裂。双向板四边出筋，且侧边钢筋需进行多次弯折，生产时无法使用自动焊接的钢筋网片成品，生产难度大、效率低。楼板侧边伸出钢筋较长，导致构件超宽，影响运输。现场施工时，后浇带处需要底模，增加施工工序和工作量。预制楼板不连续，因施工误差、支撑高度不同，导致后浇带处需后期打磨，增加施工工序和工作量，见图 3-47。侧边钢筋长度＞后浇带宽，现场施工吊装前需对钢筋进行弯折处理，吊装完毕后复位，对钢筋造成损伤且增加施工难度。

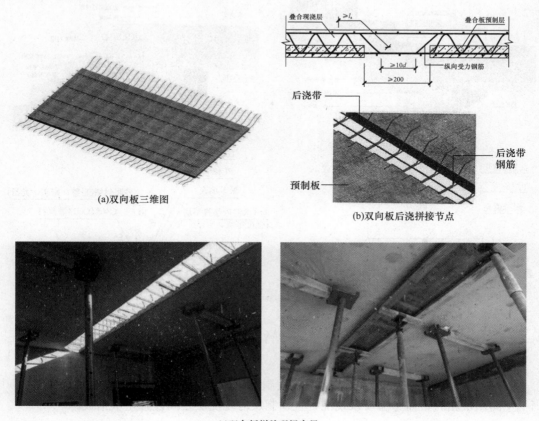

(a)双向板三维图

(b)双向板后浇拼接节点

(c)双向板拼缝现场实景

图 3-47　双向叠合板板侧接缝构造

3. 梁板连接节点设计

叠合板与叠合梁或现浇梁搭接 0~15mm，通过后浇混凝土连接为一体，有效地防止漏浆。叠合板内的纵向受力钢筋锚入支撑梁的后浇混凝土中，锚固长度不应小于 5d，且宜伸过支撑梁中心线，见图 3-48。

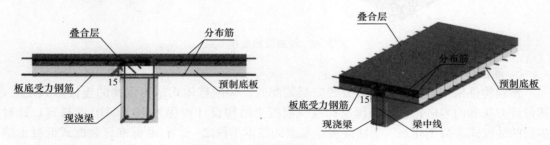

图 3-48　叠合楼板与梁连接节点

4. 楼梯连接节点设计

装配式建筑中的楼梯宜高端支撑设置固定铰，低端设置滑动铰，见图 3-49。保证地震时，楼梯与主体结构之间有足够的变形空间，以减少地震作用对楼梯的破坏。

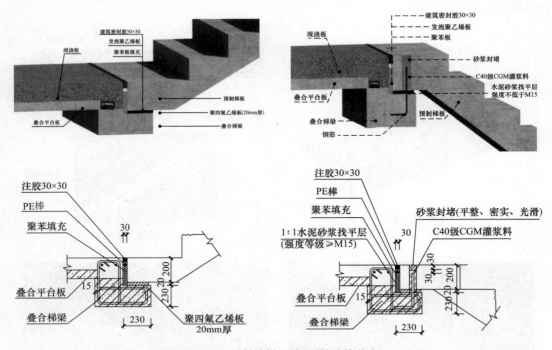

图 3-49　预制楼梯上端/下端连接节点

5. 预制沉箱连接节点设计

当装配率比较高时，建议卫生间采用预制沉箱，以实现较好的防水效果，见图 3-50。当卫生间做沉箱时，需考虑反坎现浇，且预制层与现浇层之间设置止水钢板。

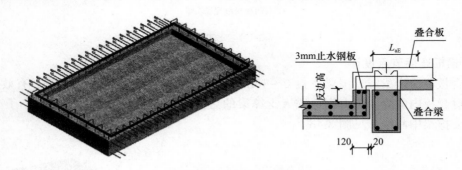

图 3-50　预制沉箱连接节点

6. 连接件设计

预制构件采用连接件的连接方式应是装配式、装配整体式结构重要的连接方式之一，其设计方法和内容应符合现行国家标准《混凝土结构设计规程》GB 50010 的规定。针对多层的装配式混凝土建筑，干法连接是重要的技术手段之一。行业标准《装配式混凝土结构技术规程》JGJ 1—2014 第 9 章和附录 A 给出的做法，主要是采用预埋钢板或型钢、焊接连接的方式。

3.5.6　后浇接合面设计

预制构件与后浇混凝土、灌浆料和坐浆材料的结合面设计应符合以下要求。预制梁端面应设置键槽且宜设置粗糙面，见图 3-51。键槽的尺寸和数量应按《装配式混凝土技术规程》JGJ 1—2014 第 7.2.2 条的规定计算确定；键槽的深度 t 不宜小于 30mm，宽度 w 不宜小于深度的 3 倍且不宜大于深度的 10 倍；键槽可贯通截面，当不贯通时槽口距离截面边缘不宜小于 50mm；键槽间距宜等于键槽宽度；键槽端部斜面倾角不宜大于 30°。

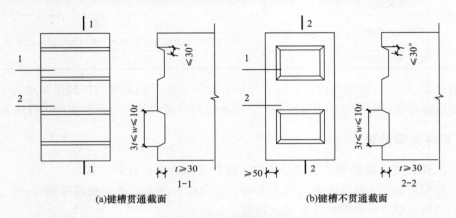

图 3-51　梁端键槽构造示意

试验表明，预制构件与现浇混凝土结合面采用粗糙面和键槽均是有效的措施，可以根据预制构件的类型、构件受力特点和变形特点、构件生产的便利程度等加以选择[71]。《装配式混凝土结构技术规程》JGJ 1—2014 中给出了各类构件粗糙面和键槽尺寸的一般规定，国家建筑标准设计《装配式混凝土结构连接节点构造》15G310 给出了更加详细的规定和明确的图示，工程设计中应严格遵照这些规定。

预制框架柱的连接面设计，"水平接缝处不宜出现拉应力"是指全截面的名义拉应力≤f_t。在框架结构的设计中，可以通过对荷载的传力途径、轴压比控制标准、截面尺寸和混凝土强度等设计指标的调整实现。

3.6　装配式构件短暂工况验算

《建筑结构可靠性设计统一标准》GB 50068—2018 第 4.2.1 条认为，建筑结构设计应区分持久设计状况、短暂设计状况、偶然设计状况和地震设计状况四种设计状况。其中，短暂设计状况是指与设计使用年限相比持续期很短的状况，如施工和维修等。短暂状况不做挠度计算，但是应根据具体需要计算裂缝宽度。装配式构件短暂设计状况需要验算的阶段主要为脱模、施工吊装、施工荷载等阶段。

装配式混凝土建筑深化设计模型后，模型中包含完整的预制构件的混凝土信息、钢筋信息以及吊装运输埋件信息。同现浇建筑相比，在装配式混凝土建筑建造过程中存在预制构件的脱模、吊装过程。为确保这些过程的安全实现，需要提前对预制构件进行脱模、吊装的短暂工况验算。

3.6.1 验算荷载

根据《装配式混凝土结构技术规程》JGJ 1—2014 中 6.2.2 条和 6.2.3 条，预制构件在脱模、翻转、运输、吊运、安装等过程等短暂设计工况下的施工验算，应将构件自重标准值乘以动力系数后作为等效静力荷载标准值[64]，动力系数具体取值见表 3-15。

短暂工况验算动力系数   表 3-15

参数名称	取值
吊装动力系数	运输、吊运时宜取 1.5
	构件翻转及安装过程中就位、临时固定时可取 1.2
脱模动力系数	不宜小于 1.2

从表 3-15 可知，预制构件在运输、吊运、翻转及临时固定时均按照吊装动力系数进行选取，而运输和吊运时吊装动力系数较大，因此按照吊运的状态对预制构件进行吊装验算。

3.6.2 构件脱模验算

预制构件在进行脱模短暂工况验算时，脱模荷载有两种计算方式：
(1) 脱模荷载 1＝自重×重力放大系数×脱模动力放大系数＋脱模吸附力；
(2) 脱模荷载 2＝自重×重力放大系数×1.5。

脱模和验算中，预制构件的重力值应适当放大，重力放大系数应根据实际经验确定，叠合板或者预制墙上的脱模吸附面积应按照扣除洞口的实际面积进行计算，脱模吸附力应根据构件和模具的实际情况取用，且不宜小于 1.5kN/m^2。综上所述，脱模荷载最终取值应取脱模荷载 1 和脱模荷载 2 的大值。

3.6.3 构件吊装验算

预制构件在进行吊装验算时，其吊装荷载为：吊装荷载＝自重×吊装动力系数。装配式构件的吊装贯穿了装配式结构的整个施工过程。装配式构件吊点应通过专门设计和计算确定，并且针对每种构件设计吊装方案[72]。

梁、板等构件有脱模起吊和非脱模起吊两种起吊方式。脱模起吊是一种高效率的生产方式，但是脱模起吊时，构件和模板间会产生吸附力。施工规范通过脱模吸附系数来考虑这一问题，即通过一个合理的放大系数来计算脱模起吊时的荷载。脱模吸附系数的影响因素很多，但是基于实际经验国内施工规范统一取为 1.5，同时可根据实际情况和经验进行调整。

装配式构件大多采用平吊方式吊装，而平吊的关键是确定吊点的位置。吊点位置的设置通常通过混凝土应力限值或正负弯矩接近来确定。装配式构件中的叠合梁和叠合板等构件在吊装时应尤其小心，这一类构件在起吊时通常只在底部配有纵筋，因此要严格控制上部混凝土的拉应力，确保构件上表面不开裂[73]，这一类构件通常采用应力控制法进行吊点计算。对于预制柱、预制桩等对称配筋的竖向构件，一般根据正、负弯矩相等的原则确定吊点位置。

在吊点计算时，除了考虑脱模系数，有的规范认为还应考虑吊装中的动荷载。施工规范规定的动力系数为 1.5。脱模系数只在起吊时产生，而动力系数则是在起吊过程考虑，因此动力系数和脱模系数不需要一同考虑。

3.6.4　施工荷载验算

装配式构件在装配过程中需要面临多种工况。其中，叠合类构件在装配时构件全截面并没有全部发挥应有的效能，此时又面临施工人员作业的多种荷载，存在一定的安全风险，因此这一类装配式构件需要在深化设计时对构件的施工荷载工况进行验算[74]。

3.7　本章小结

装配式建筑区别于传统建筑最主要的一点，是主体结构设计采用了"先拆分后连接"的设计方式，现场施工采用类似"搭积木"的建造方式。装配式建筑国家规范、图集比较完善，结构专业作为装配式设计主专业，对主体结构的抗震安全性、耐久性设计承担一定的责任。本章从装配式结构体系的认知讲起，对国家规范规定的最大适用高度、抗震性能、平面和竖向布置等进行说明；介绍了装配式结构结构分析方法、预制构件拆分设计的必要性，选取有代表性的叠合板、预制墙进行拆分设计，根据配筋设计结果及拆分结果实现了以上构件深化设计模型的建立。拆分设计要满足预制构件生产、现场拼装成统一结构整体的可行性，要利用模具使用次数的极限值，降低模具摊销，构件还需做短暂工况验算，验算包括脱模、施工吊装、施工荷载等阶段构件的安全性；构件连接设计要满足设计需要的内力传递和变形协调能力及其他结构性能要求。本章中提出的结构拆分设计方式，更加强调拆分设计的过程，针对不同尺寸的结构构件可以通过设置参数的方式进行拆分设计，可以满足图集中所有构件的拆分设计，并且能无缝对接 PKPM 结构计算软件，根据施工图软件中设计结果进行配筋，更加符合结构设计师的设计习惯，保证装配式混凝土结构的安全。

第 ❹ 章
装配式机电专业深化设计

4.1 前言

装配式混凝土结构建筑机电设计除应符合国家和地方现行规范、标准和规程以外，还应满足现行装配式混凝土结构建筑的设计、施工及验收规范、标准和规程要求。近年来，各地及相关行业相继出台了一系列有关装配式混凝土结构建筑的规程及行业标准，但此类型建筑机电设计相关的国家规范、标准仍有待补充。

4.1.1 机电管线设计

随着装配式建筑技术的不断提高，装配式混凝土结构建筑宜开展建筑和室内装修一体化设计，做到设计及施工安装标准化、系列化，提高并满足预制构件工厂化生产及机械化安装的需求[45]，最大限度地体现装配式混凝土结构建筑的优越性。

在进行装配式混凝土建筑内部设备管线设计时，应重视管线综合。设备管线应进行综合设计，减少平面交叉，竖向管线应集中布置在独立的管道井内，且布置在现浇楼板处[75]。当由于条件受限管线必须暗埋时，应结合叠合楼板现浇层及建筑垫层进行设计，集中敷设在现浇区域。

预制构件上为管线、设备预留的孔洞、沟槽应选择对构件受力影响最小的部位，并应确保受力钢筋不被破坏。当条件受限无法满足上述要求时，工艺专业应采取相应的处理措施。给水排水、燃气、采暖、通风和空气调节系统的管线及设备不得直埋于预制构件及预制叠合楼板的现浇层（竖向穿越部位除外，接口应便于后期检修维护）。当由于条件受限管线必须暗埋或穿越时，横向布置的管道及设备应结合建筑垫层进行设计，也可在预制梁及墙板内预留孔、洞或套管；竖向布置的管道及设备需在预制构件中预留沟、槽、孔洞或套管[76]。

电气竖向干线的管线宜做集中敷设，满足维修更换的需要。当竖向管道穿越预制构件或设备暗敷于预制构件时，需在预制构件中预留沟、槽、孔洞或套管；电气水平管线宜在楼地面架空层或吊顶内敷设，当受条件限制必须暗埋时，宜敷设在现浇层或建筑垫层内，如无现浇层且建筑垫层又不满足管线暗埋要求时，需在预制构件中预留相应的套管和接线盒。

4.1.2 管线分离体系

装配式建筑 SI 体系，即支撑体系统（Skeleton System）与填充体系统（Infill System）。其中，S 部分包括了承重结构中的柱、梁、楼板及承重墙，共用的生活管线，共用设备等；I 部分是可以根据需要灵活变化的部分，包括户内装修、设施管线、厨卫设备、户门、窗、非承重外墙和分户墙等，其核心理念是将支撑体部分和填充体部分有效分离，提高 S 部分的耐久性和 I 部分的可变性及可更替性[77]。在装配式建筑电气设计中采用管线分离体系，可以从三个方面进行分析：①地板区域；②顶棚区域；③隔墙区域。适用于全寿命周期住宅（百年宅）全装修住宅、公寓等中小空间建筑。

地板区域的重点是预留架空空间，方便电气及给水排水管线安装。在采用 SI 体系时，需有足够的空间供电气管线敷设，其中电气管线净空不应小于 30mm，管线交叉区域采用接线盒进线过线处理。采用架空地板是 SI 体系最方便的做法，可实现户内全部的干法施工，传统的埋在混凝土垫层中的地板辐射采暖管道，也被组合式的干式地暖板所代替。将以前由工人在现场自由安装的管道敷设在规整的衬板中，规整、有序，同时减少施工过程中的损坏。地板采用树脂或金属地脚螺栓支撑，架空层内铺设给水排水管、电气管线及地暖管，实现管线与主体分离，同时在接线盒、水管三通等重要节点处设置地面检修口，以便于检修，见图 4-1。地板与墙体的交界处留出 5mm 左右的缝隙，保证地板架空层内的空气流动，满足温度伸缩变形的同时起到楼层间保温和隔声的作用。

顶棚区域采用卡式轻钢龙骨跌级吊顶，或者顶角边走线局部留槽构造方式，集成部品技术埋设电气管线和安装灯具等设备。这种构造简单的快装模式能够保证管线分离于住宅结构主体部分，实现完全干法作业，既提高施工效益和加工精度，也方便后期维护改造等工作，见图 4-2。设备管线大部分要在顶棚吊顶中放置，占用空间高度小，可实现丰富造型，其余与隔墙体系相同。采用易于架空地板、轻钢龙骨隔墙等组成板材的模数化、与墙体窗帘盒的接口处理、顶棚收口条的处理、拼线处理、内藏灯射灯的节点处理。顶角边走线局部留槽构造方式适用于叠合楼板、部分设备预埋的方式。可采用组合配置的方式实现电气管线暗敷、给水管线留槽检修的做法，对于竖向管线连接需与条板等轻质隔墙体系连接时需选用定制部品部件来实现后期安装及检修。

图 4-1　地板架空龙骨构造　　　　　　　　图 4-2　顶棚龙骨构造

隔墙区域是主要采用墙体部分与管线分离技术的关键，主要树脂螺栓与轻钢龙骨架空实现管线水平敷设的连接方式，应用特殊管线及其部品保证防火及隔声要求。外墙及分户墙部分可采用墙内侧树脂螺栓外贴石膏板，实现双层墙做法。轻钢龙骨隔墙体系是目前实现 SI 建造体系的最佳选择，该体系技术优势有节约空间，自重轻（抗震性能好），布置灵活，便于装修布局的设计，质量易于控制，精准度高，安装干法施工，施工速度快，便于维修、可变性强，可循环利用；最为关键的是，轻钢龙骨之间的空隙正好适合于管线和配套开关、插座的放置[78]，也适用于插座、配电箱相关配套部品模块化的实施。

4.2 装配式建筑给水排水设计

4.2.1 通用设计要求

（1）给水排水预埋图纸，结合工艺图特点，预埋图纸包括预制构件上需预埋的套管、管件、预留的孔洞、预留的管槽等规格、尺寸、位置、正反面，以及安装工艺要求等。

（2）装配式混凝土结构建筑给水排水设计中最重要的是应结合预制构件的特点，将构件的生产与设备安装综合考虑，在满足日后维护和管理需求的前提下，达到减少预制构件中管道穿楼板预留孔洞和预埋套管的数量、减少构件规格种类及降低造价的目标。因此，尽量采用在共用空间内设置公共管井的方法，将给水总立管、雨水立管、消防管道及公共功能的控制阀门、户表（阀）、检查口等设置在其中，各户表后入户横管可敷设在公共区域顶板下或地面垫层内入户。为住宅各户敞开式阳台服务的各层共用雨水立管可以设在敞开式阳台内。对于分区供水的横干管，属于公共管道，应设置在公共部位，不应设置在与其无关的套内。当采用远传水表或 IC 水表而将供水立管设在套内时，为便于维修和管理，供检修用的阀门应设在公共部位的供水横管上，不应设在套内的供水立管顶部。共用给水、排水立管集中设置在公共部位的管井内，并宜布置在现浇楼板区域。

（3）预埋件的种类、规格型号，应按规范和物料标准图集选用。

（4）预埋时应考虑给水排水系统的特点，综合考虑安装于不同 PC 构件中管线的贯通。如墙与楼板管线的连接、外墙与内墙管线的连接、上下层之间管线的连接。

（5）预埋时应注意与预制构件内结构构件是否干涉，以及系统安装时上下层贯通的管线与其他预制构件、现浇构件是否干涉。

4.2.2 给水管道设计

1. 给水管道设置部位应满足的规定

（1）暗设的给水管道不得直接敷设在建筑结构层内。当条件受限必须暗埋时，宜结合叠合楼板现浇层及建筑垫层进行设计。

（2）干管和立管应敷设在吊顶、管井、管窿内，支管宜敷设在楼（地）面的垫层内或沿墙敷设在管槽内。

（3）敷设在垫层或墙体管槽内的给水支管的外径不宜大于 25mm。

（4）敷设在垫层或墙体管槽内的给水管管材宜采用塑料、金属与塑料复合管材或耐腐蚀的金属管材。

（5）敷设在垫层或墙体管槽内的管材，不得有卡套式或卡环式接口，柔性管材宜采用分水器向各卫生器具配水，中途不得有连接配件，两端接口应明露。

（6）预制构件内预留的管道套管或孔洞，位置不应影响结构安全。

（7）沿墙接至用水器具的给水支管一般均为 $DN15$ 或 $DN20$ 的小管径管。当遇预制构件墙体时，需在墙体近用水器具侧预留竖向管槽，管槽定位及槽宽应考虑结构设计模数并避让钢筋。一般管槽宽 30～50mm、深 20～40mm，管道外侧表面的砂浆保护层不得小于

10mm；当给水支管无法完全嵌入管槽，管槽尺寸又不能扩大时，需增加墙体装饰面厚度。部分项目在墙内做横向管槽，这种方式易减弱结构强度，应尽量避免采用这种方式。

2. 给水立管与部品水平管道连接方式应满足的规定

（1）为便于日后管道维修拆卸，给水系统的给水立管与部品水平管道的接口，宜设置内螺纹活接连接。

（2）建筑部件与设备之间的连接宜采用标准化接口。

4.2.3　排水管道设计

（1）居住建筑套内排水管道提倡同层敷设是国家相关标准规范所提倡的，在国内不少省市已强制要求住宅采用同层排水，即器具排水管及排水支管不穿越本层结构楼板到下层空间，与卫生器具同层敷设并接入排水立管的排水系统。器具排水管和排水支管沿墙体敷设，或敷设在本层结构楼板与最终装饰地面之间。当敷设于下一层的套内空间时，其清扫口应设置在本层，并应进行夏季管道外壁结露验算和采取相应的防止结露的措施；污废水排水立管的检查口宜每层设置。

（2）装配式混凝土结构建筑应遵循尽量不降板、少降板的设计原则，优先采用不降板同层排水技术，即卫生间、厨房和阳台等排水场所的结构标高低于房间结构标高 0～50mm，具体降板数值应根据卫生间布置、管线走向、坡度和卫生间内外面层厚度综合确定。

（3）卫生间排水系统设计时，应强调排水系统水封的安全性设计，不降板同层排水系统应采用横支管污废水分流、废水共用集成水封的方式。有条件的可以增设水封自动监测补水系统，香港地区和新加坡均要求采用废水共用水封的方式，以提高排水系统的卫生安全性，见图 4-3。

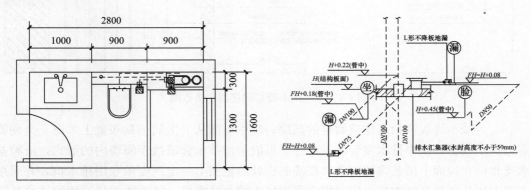

图 4-3　卫生间不降板同层排水平面图和系统图示例

（4）卫生间便器排水横支管应沿墙敷设，单独接入排水立管，坐便器优先采用隐藏水箱落地后排水式，蹲便器优先采用隐藏水箱侧排水式。

（5）卫生间洗脸盆、浴盆的排水横支管应靠墙布置，确有困难时可采用以下方式布置：

1）设干湿分离挡水条，排水横支管在干湿分离挡水条下方布置；

2）沿墙设置地台敷设排水横支管；

3）采用不降板装配式集成卫生间时，排水横支管集成在防水底盘内；

4）排水横支管敷设在满足管道布置厚度要求的面层或地暖层内。

（6）如果采用降板同层排水，降板高度应根据选用的管道管件尺寸、管线走向、坡度等确定，降板层不应产生积水。设置积水排除装置时，积水排除装置应带有水封且水封不宜干涸。

（7）卫生间不降板同层排水采用传统装修方式时，卫生间地漏采用 L 形侧排水地漏，应同时具有下排水和侧排水功能，地漏排水接口应为 DN75 规格，地面淹没深度在 15mm 时地漏排水流量应不小于 1L/s，地漏应有适应 0～30mm 以内地面高度的连续调节措施，并且地漏调节装置不得采用预留孔洞，推荐采用预埋套管的方式；采用装配式集成卫生间时，防水底盘应自带排水接口，防水底盘不应有竖向孔洞。

（8）不降板同层排水系统的排水立管和排水横支管部位采用排水汇集器，排水立管内污废水不得返流入排水汇集器集成水封[79]，见图 4-4。

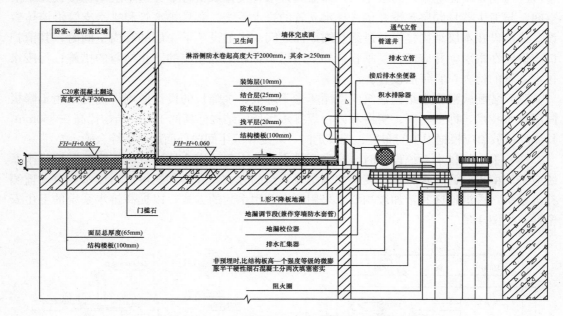

图 4-4　卫生间不降板同层排水节点图

（9）为减小降板或抬高建筑面层的高度，应尽可能从卫生间洁具布置上考虑。坐便器宜靠近排水立管，减小排水横管坡差，并尽可能采用排水管暗敷于隔墙内的形式；洗脸盆排水支管可在地面上沿装饰墙暗敷；在洗衣机处的地面上一定高度做专用排水口，并采用洗衣机专用托盘架高洗衣机，同时推广采用压力排水洗衣机，解决洗衣机设地漏排水的问题；淋浴也可采用同样的方法解决必须设地漏排水的问题。

4.2.4　集成卫浴同层排水

1. 整体装配式卫浴或公共卫浴间的卫浴给水排水部件

其标高、位置及允许偏差项目应执行国家标准《建筑给水排水及采暖工程施工质量验收规范》GB 50242 的规定。

2. 对土建的要求

（1）有地暖或无地暖但建筑面层厚度≥70mm 时，无须结构降板；无地暖且建筑面层厚度＜70mm 时，结构降板 20～50mm；

（2）地面平整度≤5mm/2m 范围内；

（3）墙面垂直度：混凝土墙面偏差≤8mm，砌体结构墙面偏差≤5mm。

3. 技术要求

（1）采用轻质、高强防水底盘，底盘无竖向孔洞，杜绝漏水隐患；

（2）不降板、不抬高，防水底盘贴合地面，无空鼓感；

（3）排水横支管污废水分流，废水集成水封，水封不易干涸，杜绝返臭、返味现象；

（4）给水排水管道、电气类管线和结构分离，集中布置设置集成检修口，便于后期检修维护；

（5）墙板和防水底盘连接、墙板之间连接、墙板和吊顶连接采用专用配套龙骨系统；

（6）无湿法作业，无多余建筑垃圾；

（7）有条件时卫生间干湿分离，湿区四周设环形导水槽；

（8）排水汇集器应设有积水排放孔，积水排放孔应接入排水汇集器集成水封，积水排放孔应设置在最低处，器具排水不得从积水排放孔返溢；

（9）湿区地面标高到地漏出水口最低点落差不得小于 30mm，地漏应集成于防水底盘内；

（10）平面空间：墙面占据空间和传统装修方式基本一致，墙板饰面到原建筑墙体不大于 35mm。

4. 不降板装配式集成卫生间

墙板和地面装饰可采用岩板、大规格瓷砖、薄陶瓷复合板等，吊顶可采用钣金铝顶、铝蜂窝顶。

5. 整体卫浴、整体厨房的同层排水管道和给水管道

均应在设计预留的安装空间内敷设。同时，预留和明示与外部管道接口的位置，并预留足够的操作空间，便于后期外部设备安装到位。

（1）整体卫浴应进行管道井设计，可将风道、排污立管、通气管等设置在管道井，管井尺寸由设计确定，一般设计为 300mm×900mm。

（2）整体卫浴排水总管接口管径宜为 $DN100$，整体厨房排水管接口管径宜为 $DN75$。

（3）整体卫浴给水总管预留接口宜在整体卫浴顶部贴土建顶板下敷设。当卫生间内需要单独设总阀时，宜将所有阀门、给水排水管线、马桶水箱等全部设置在管井、夹墙空腔甚至挡水条空腔内，并留有活动检修口（门）便于后期检修维护。给水管道连接完毕应进行打压试验后方可隐藏，见图 4-5。

（4）整体卫浴排水分为同层排水和异层排水，强烈建议采用同层排水，因为采用异层排水会带来穿楼板预留孔洞或套管无法或难于精

图 4-5　整体卫浴冷热水管走向示例（L 形卫生间）

确定位防水底盘孔洞进行连接（或者采取现场开孔方式，势必会破坏楼板结构和影响下层住户）。也存在放置防水底盘后，孔洞间隙无法二次吊洞的问题，一旦发生上层住户卫生间漏水，必定殃及下层住户。采用降板同层排水在一定程度上解决了上下层漏水的风险，但竖向支管和底盘地漏、马桶等排水接口衔接仍然没有得到很好的解决。

（5）采用整体卫浴进行内装修时，防水底盘是其核心部件之一。防水底盘应采用轻质、高强材料，便于搬运和安装，见图4-6。防水底盘上不宜有竖向孔洞，防水底盘四周翻边高度应不小于50mm，给水排水管道不宜布置在防水底盘下方，否则一旦发生渗漏，难以检查和维修。

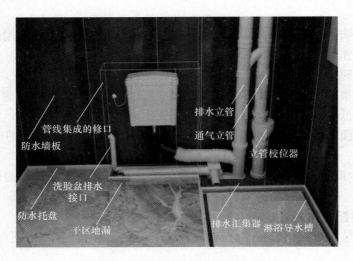

图4-6　整体卫浴排水管道系统布置图

6. 同层排水相关工艺设计节点图

见图4-7。

4.2.5　管线预留和预埋设计

（1）穿越预制墙体的管道应预埋套管，穿越预制楼板的管道应预留孔洞或套管或适合预埋的管件，穿越预制梁的管道应预留钢套管。

（2）安装在套内排水场所外的套管，其顶部应高出装饰地面20mm；安装在卫生间、厨房和阳台的套管，采用异层排水或不设置地漏的同层排水时，其顶部应高出装饰地面50mm，底部应与楼板底面相平；安装在墙壁内的套管其两端与饰面相平。穿过楼板的套管与管道之间的缝隙应用阻燃密实材料和防水油膏填实，端面光滑。穿墙套管与管道之间缝隙宜用阻燃密实材料填实，且端面应光滑；管道的接口不得设在套管内。

（3）预制构件上预留的孔洞、套管、坑槽应选择在对构件受力影响最小的部位。

（4）设备及其管线和预留孔洞（管井内）设计应结合构配件规格化和模数化要求，给结构专业准确提供预埋套管、预留孔洞及开槽的尺寸、定位等。符合装配整体式混凝土公共建筑的整体要求。

（5）各部位预留、预埋要求如下：

1）采用非同层排水方式的厨卫排水器具及附件预留孔洞尺寸参见表4-1。

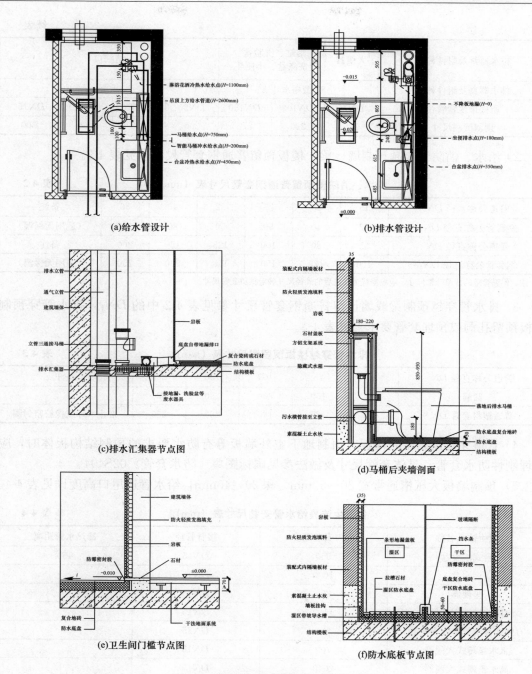

图 4-7　集成卫浴同层排水工艺节点图

排水器具及附件预留空洞尺寸表（mm）　　　　　　表 4-1

排水器具及附件种类	大便器	浴缸、洗脸盆、洗涤盆、小便斗	清扫口			
所接排水管管径	DN100	DN50	DN50	DN75	DN100	DN150
预留圆洞尺寸	200	100	130	170	200	235

排水器具及附件种类	大便器	浴缸、洗脸盆、洗涤盆、小便斗		清扫口			
排水器具及附件种类		87 型雨水斗		地漏			
所接排水管管径	DN75	DN100	DN150	DN50	DN75	DN100	DN150
预留圆洞尺寸	195	220	270	200	230	250	300

2）给水、消防管穿越预制墙、梁、楼板预留普通钢套管尺寸参见表 4-2。

给水、消防管预留普通钢套管尺寸表（mm） 表 4-2

管道公称直径 DN	15	20	25	32	40	50	备注
钢套管公称直径 DN1	32	40	50	50	80	100	（适用无保温）
管道公称直径 DN	65	80	100	125	150	200	备注
钢套管公称直径 DN1	100	125	150	150	200	250	（适用无保温）

注：保温管道的预留套管尺寸，应根据管道保温后的外径尺寸确定预留套管尺寸。

3）排水管穿越预制梁或墙预留普通钢套管尺寸参见表 4-2 中的 DN_1，排水管穿预制楼板预留孔洞或预埋套管要求参见表 4-3。

排水管穿越楼板预留洞尺寸表（mm） 表 4-3

管道公称直径 DN	50	75	100	150	200	备注
圆洞	120	150	200	250	300	
普通塑料套管 DN	110	125	160	200	250	带止水环或橡胶密封圈

4）管道穿越预制屋面楼板、预制地下室外墙板等有防水要求的预制结构板体时，应预埋刚性防水套管，具体套管尺寸及做法参见国标图集《防水套管》02S404。

5）预制墙板大压槽通常宽 30~50mm、深 20~40mm，给水管道甩口高度详见表 4-4。

各卫生洁具给水管安装尺寸表（mm） 表 4-4

卫生洁具名称	栓口安装高度	接管管径	冷热水管距离
台式洗脸盆	550	DN15	150
污水盆	1000	DN15	
坐便器	200	DN15	
自闭式冲洗阀小便器	1100	DN15	
自闭式冲洗阀蹲式大便器	800	DN25	
低水箱蹲式大便器	700	DN15	
高水箱蹲式大便器	2040	DN15	
厨房洗菜盆	550	DN15	150
淋浴房	1150	DN15	150
浴缸	700	DN15	150
洗衣机	1100	DN15	
燃气热水器	1300	DN15	100
电热水器	1500	DN15	100
给水栓安装高度以完成地坪为基准			

4.2.6　预埋管线的构造措施

1. 水、暖、电、气管线穿过楼板和墙体时，孔洞周边应采取密封隔声措施

所有预留套管与管道之间、孔洞与管道之间的缝隙需采用阻燃密实材料填塞；除防火、隔声措施要求外，还应注意管道穿过楼板时需采取防水措施[80]。

2. 当建筑塑料排水管穿越楼层、防火墙、管道井井壁时，应根据建筑物性质、管径和设置条件及穿越部位防火等级要求设置阻火装置

（1）具体要求如下：高层建筑中的塑料排水管道，当管径大于等于 110mm 时，应在其贯穿部位设置阻火装置；其余管道宜在贯穿部位设置阻火措施。

（2）阻火装置应采用热膨胀型阻火圈，安装时应紧贴楼板底面或墙体，并应采用膨胀螺栓固定。阻火圈设置部位如下：

1）立管穿越楼板处的下方；

2）管道井内隔层防火封隔时，横管接入立管穿越管道井井壁或管窿围护墙体的贯穿部位外侧；

3）横管穿越防火分区的隔墙和防火墙的两侧。

4.2.7　预制构件上的预埋件

1. 设备管线宜与预制构件上的预埋件可靠连接

2. 成排管道或设备应在预制构件上预埋用于支吊架安装的埋件

3. 太阳能热水系统集热器、储水罐等的安装应考虑与建筑一体化，做好预留、预埋

实际工程中，太阳能集热系统或贮水罐都是在建筑结构主体完成后再由太阳能设备厂家安装到位，剔槽预制构件难以避免，尤其是对于安装在预制阳台墙体上的集热器和储水罐，因此规定需要做好预埋件。这就要求在太阳能系统统一施工中，一定要考虑与建筑一体化建设。为保证在建筑使用寿命期内安装牢固、可靠，集热器和储水罐等设备在后期安装时不允许使用膨胀螺栓。

4.2.8　工艺预留预埋示例

1. 外墙

（1）UHPC 外墙

做法：预埋 UPVC 套管；板上开槽；预留消火栓孔洞，见图 4-8。

注意事项：

1）顶部预埋套管注意避开梁的位置；

2）预留消火栓孔洞比实际消火栓箱横向纵向均大 50mm；

3）开槽、留洞要标注板的正反面；

4）预埋套管的长度为板的厚度；

5）防火墙采用钢套管，其他的采用 UP-VC 套管；

6）沿墙接至用水器具的给水支管需在预

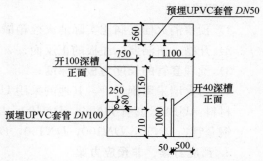

图 4-8　UHPC 外墙给水排水预留预埋详图

制墙体近用水器具侧预留竖向管槽，管槽定位及槽宽应考虑结构设计模数并避让钢筋。通常，管槽宽 30～50mm、深 20～40mm，管道外侧表面的砂浆保护层不得小于 10mm；当给水支管无法完全嵌入管槽而管槽尺寸又不能扩大时，需增加墙体装饰面厚度。有的工程在墙内做横向管槽，这种方式易减弱结构强度，应尽可能避免采用这种方式。

材料：UPVC 套管 DN50，DN100，DN150，DN200；

钢套管：DN50，DN100，DN150，DN200。

（2）三明治外墙（50＋100＋50＋50＋50，mm）

做法：预埋 UPVC 套管；板上开槽；预留消火栓孔洞，见图 4-9。

装配式要求：

1）预留消火栓孔洞比实际消火栓箱横向纵向均大 50mm；

2）开槽、留洞要标注板的正反面；

3）预埋套管的长度为板的厚度。

4）防火墙采用钢套管，其他的采用 UPVC 套管

材料：UPVC 套管 DN50，DN100，DN150，DN200；

钢套管：DN50，DN100，DN150，DN200。

（3）轻质混凝土外墙

轻质混凝土外墙由于较薄，预埋会影响防水性能，由现场进行安装。

2. 内墙

做法：预埋 UPVC 套管，板上开槽，预留消火栓孔洞，见图 4-10。

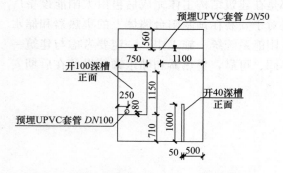

图 4-9　三明治外墙给水排水预留预埋详图　　　图 4-10　混凝土内墙给水排水预留预埋详图

装配式要求：

1）预留消火栓孔洞比实际消火栓箱横向纵向均大 50mm；

2）开槽、留洞要标注板的正反面；

3）预埋套管的长度为板的厚度；

4）防火墙采用钢套管，其他的采用 UPVC 套管。

材料：UPVC 套管 DN50，DN100，DN150，DN200；

钢套管：DN50，DN100，DN150，DN200。

3. 预应力梁、非预应力梁

做法：预埋钢套管，见图 4-11。

装配式要求：

1）预埋套管的长度为梁的厚度；

2）注意避开预应力钢筋；

3）套管尺寸一般大于所穿管道1～2档，如为保温管道，则预埋套管尺寸应考虑管道保温层厚度。钢套管材料：$DN50$，$DN100$，$DN150$，$DN200$。

4. 楼板

（1）预应力叠合板

分类：有预制层60mm＋现浇层70mm与预制层70mm＋现浇层70mm两种。

做法：楼板上预埋UPVC套管，在用水房间高度为200mm，在非用水房间高度为170mm，见图4-12。

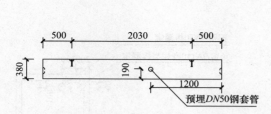

图4-11　梁给水排水预留预埋详图

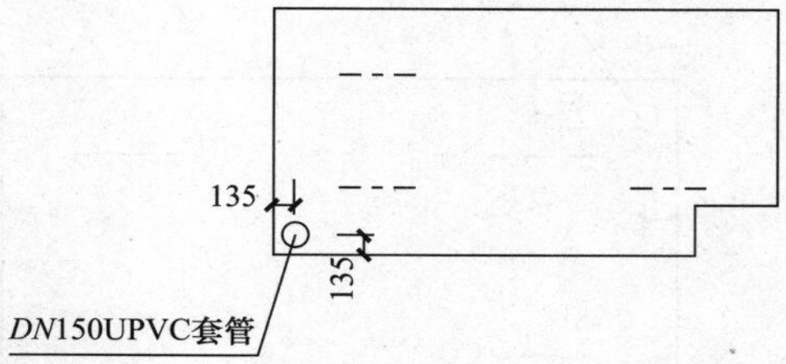

图4-12　预应力叠合板给水排水预留预埋详图

装配式要求：尽量预埋套管避开钢筋的位置。

UPVC套管材料：$DN50$，$DN100$，$DN150$，$DN200$。

（2）空心板

分类：有预制层200mm＋现浇层60mm与预制层150mm＋现浇层50mm两种。

做法：预制层200mm＋现浇层60mm的空心板靠边角开通孔。

预制层150mm＋现浇层50mm的空心板靠边角开通孔，见图4-13。

装配式要求：

1）空心板尽量避免在板的短边开通孔。

2）注意空心板钢筋的平面位置，避免在钢筋密集区开通孔。

（3）密肋空心楼盖

分类：预制层50mm＋泡沫空心层270mm＋现浇层80mm。

做法：预制层50mm预留通孔，见图4-14。

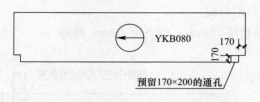 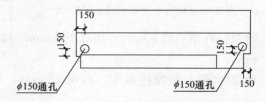

图4-13　空心板给水排水预留预埋详图

图4-14　密肋空心楼盖给水排水预留预埋详图

装配式要求：

1）开通孔避开梁的位置。

2）注意空心板钢筋的平面位置，避免在钢筋密集区开通孔。

（4）多层墙板体系的楼板

分类：全预制，厚度160mm。

做法：楼板上预埋UPVC套管，在用水房间高度为220mm，在非用水房间高度为190mm，见图4-15。

装配式要求：预埋套管避开钢筋的位置。

UPVC套管材料：$DN50$，$DN100$，$DN150$，$DN200$。

（5）空调板

分类：全预制，厚度100mm。

做法：在空调板上预埋空调板专用排漏宝，高度100mm，见图4-16。

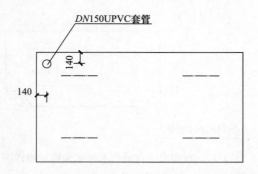

图4-15 多层墙板体系楼板给水排水预留预埋详图

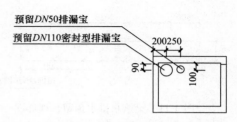

图4-16 空调板给水排水预留预埋详图

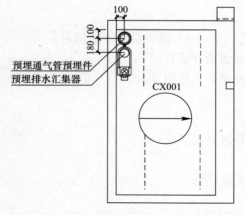

图4-17 卫生间沉箱给水排水预留预埋详图

装配式要求：

1）预埋排漏宝避开钢筋的位置；

2）不要影响空调的安装空间。

排漏宝材料：（密闭型和非密闭型两种）$DN50cm×10cm$、$DN75cm×10cm$、$DN110cm×10cm$。

（6）卫生间

分类：全预制，厚度100mm。

做法：在预制板上预埋排水汇集器，高度100mm，见图4-17。

排水汇集器材料：UPVC材质、铸铁材质。

（7）阳台板

分类：有预制层60mm＋现浇层70mm与预制层70mm＋现浇层70mm两种。

做法：

1）阳台板上预埋排漏宝，高度120mm，见图4-18。

2）生活阳台板上预埋带洗衣机插口排水汇集器地漏，见图4-19。

装配式要求：预埋排水汇集器避开钢筋的位置。

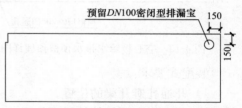

图4-18 景观阳台板给水排水预留预埋详图

排水汇集器材料：UPVC 材质、铸铁材质。

4.2.9　给水排水成本控制

1. 在施工图及工艺图设计中，应有综合成本意识

2. 施工图设计中，除了需要满足规范要求、系统合理外，还需考虑降低成本

（1）机电管线布置应综合考虑，所占用的空间高度不宜超过 600mm；尽量减少穿越预制构件，布置在现浇区域。

（2）消火栓系统的阀门设置满足规范要求即可：室内消火栓竖管应保证检修管道时关闭停用的竖管不超过 1 根。当竖管超过 4 根时，可关闭不相邻的 2 根；每根竖管与供水横干管相接处应设置阀门；单层成水平环，一旦发生检修，停用不超过 5 个消火栓。

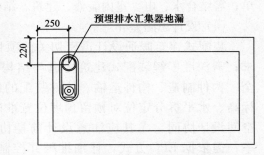

图 4-19　生活阳台板给水排水预留预埋详图

（3）室内消火栓布置应满足同一平面有 2 支消防水枪的 2 股充实水柱同时达到任何部位的要求，消火栓的布置间距不应大于 30m，不必超过此标准布置。

（4）排水系统设计时，应减件附件的设置：

1）非住宅类建筑的检查口设置原则：铸铁排水立管上检查口之间的距离不宜大于 10m，塑料排水立管宜每六层设置一个检查口，不必每层设置。

2）通气立管和排水立管是否每层连接，根据建筑高度、立管排水能力和排水设计秒流量经计算综合确定。

（5）自动喷淋系统：报警阀控制的喷头数按规范要求的少于 800 个设置，合理分配各报警阀控制的防火分区，减少报警阀数量。

3. 工艺图设计中，应尽量减少预埋件种类，方便工厂生产

4.3　装配式建筑暖通设计

4.3.1　通用设计要求

1. 图纸深度及完整性要求

（1）暖通专业设计应严格遵循国家、地方以及行业等相关规范、规程、标准及规定，图纸应能达到住房和城乡建设部《建筑工程设计文件编制深度规定》要求的深度。

（2）暖通施工图分为供热、通风、空调、锅炉房系统及消防防排烟系统等几大部分，分别按系统出设计总说明并要求文字叙述清晰完整。按系统出系统原理图、风系统平面布置图、水系统平面布置图、机房平面布置图以及安装大样图等，所有图纸均应表达清晰、内容齐全、尺寸准确，便于施工与构件工业化生产。

2. 装配式建筑暖通设计与传统建筑设计的异同

（1）设计依据

现行国家与地方的技术规范、规定、法规政策、技术措施尤其是对装配式建筑设计的针对性规范要求；项目所在地对于装配式建筑的技术指标要求以及项目业主的明确要求；装配式建筑结构体系在项目中的具体应用方式及其对暖通设计的要求。

（2）系统设计计算、设计基本方法与设计内容

同传统建筑设计。

（3）设计成果差异

装配式建筑暖通设计需提供 PC 构件工艺设计预留预埋图及相应预埋件设计 BOM 清单；需结合水、电、室内装修、建筑、结构设计协同，提供综合管线断面图。

（4）设计思路差异

装配式建筑暖通设计需密切关注项目设计的整体性和全局性，以适应 EMPC 的要求；需深度了解装配式建筑构造与结构布置方式，高度重视管线预留预埋对结构安全、构件制造、构件运输、构件装配的影响；需细致考虑装配式建筑 PC 构件的竖向标高、水平拆分定位对预留预埋位置准确性的影响；需与水、电、内装、其他专业的空间设计协同，尤其应注意设计前期协同，以免出现方向性问题，严重影响设计效率；需依据 EPC 方式，仔细推敲并控制专业工程成本；需逐步对本专业设计的施工工艺与顺序有较深了解；需逐步对其他专业的设计、制造、装配或施工有一定程度的理解。

4.3.2 暖通系统设计

1. 机房工程设计

（1）集中空调机房位于一层或地下室部分，同传统建筑设计；

（2）屋顶机房设备系统的设计：基本设计与布置方法同传统建筑设计，但应注意设备基础、支架、操作平台、防雨设施与装配式建筑结构布置方式的协同、与屋面建筑保温、防水构造的协同；同时，设计应采取措施控制振动、噪声、排水等对建筑物的影响。

2. 空调水系统、风系统设计

（1）设计计算与方法同传统设计；

（2）水平管道集中布置位置尤其是走道应与其他专业事先商讨就消防管道、排水管道、强弱电桥架、线管、新风管、排风管、照明灯具、装修顶棚等空间位置取得一致方案后进行布置，并收集结构、工艺专业的内隔墙等的工艺拆分方式与构造方式，使施工图能适应后续工艺设计，并综合各专业设计绘制综合管线断面图，设置综合支架，作为通用图供各专业共同遵守，指导施工；

（3）设计应特别注意设备、阀门等的检修操作空间；

（4）特殊情况下，为节省空间可考虑部分合适管径的管线穿梁布置，但应与结构专业协商一致。

3. 通风与防排烟系统设计

（1）设计与计算方法同传统设计；

（2）新风引入管或建筑竖井应注意管道壁或井壁的保温，防止结露现象的发生，尤其是冬季低温地区。

4.3.3　暖通专业协同

1. 与工艺、结构专业的协同

（1）外墙板、内墙板预留

风管穿越洞口：风管设计应避免穿越防火墙或特殊要求墙体，尤其是防火分区隔墙；穿越非防火墙时，因洞口尺寸较大，事先应与结构、工艺专业沟通，协商构件拆分方式，在能保证墙体安全生产、安装的前提下，应依据风管截面尺寸（含保温层厚度）预留孔洞，依具体情况孔洞每边至少应大于风管外沿 60mm，保证风管顺利穿越，并由结构、工艺专业进行加强处理。

外墙新风口、排风口、排烟口孔洞预留：外墙板工艺拆分时应协商好其位置，并与建筑、结构、幕墙、装饰等专业取得一致，并预埋好预埋件，以便风口安装；同时，兼顾到自身防水措施，留洞尺寸一般比风口喉口尺寸每边大 40mm。

空调水管、冷媒管穿越：依据水管设计标高及管径（含保温层厚度）预埋 UPVC 套管，并标注定位尺寸，套管口径应能保证管道的顺利穿越。

冷凝水管穿越：依据水管设计标高及管径（含保温层厚度）预埋 UPVC 套管，并标注定位尺寸，套管口径应能保证管道顺利穿越；同时，应核对预留套管中心标高，保证冷凝水管的排水坡度与设计一致。

装配式要求：应在与建筑、结构、内装、给水排水、电气等专业充分协同后，且管线布置核对无误后才能进行预留、预埋；应充分了解构件的结构形式；应充分了解构件的安装方式；应充分了解构件的准确标高；应特别注意套筒、拉结筋、受力筋、吊钉、水电预埋件、其他专业管线、吊顶标高与构造、自身支吊架的综合影响，及时沟通、协调。

（2）预制梁预留、预埋

风管应尽量回避穿越结构梁，极其特殊情况下应事先与结构专业协商并取得一致；同一根梁应避免多根管道（含给水排水专业管道）同时穿越，并且应与结构专业协商一致；视预制梁截面高度与配筋情况控制预留孔大小，一般情况下不超过 100mm 且宜预留钢制套管，结构专业视情况加强处理；预留洞应避开受力钢筋，尽量避开箍筋、拉结筋，且不应穿越两端现浇节点区域。

（3）预制楼板预留、预埋

风管穿越：设计应尽量减少风管垂直穿越情况；风管尺寸一般较大，预制楼板洞口预留难度较大，应与结构、工艺专业协商楼板拆分方式解决，宜采取现浇部分预留解决，同时应解决竖向防火封堵事宜。

空调水管立管穿越楼板时应尽量回避预应力楼板，同时应与结构、工艺专业协商位置，尽量选择合适的现浇部分穿越；多根管道同时穿越或预留孔洞大于 300mm 时，应与结构、工艺专业协商构件拆分方式，考虑采取留缺或现浇方式；穿越楼板宜采用防腐防水钢制套管，上端宜突出建筑完成面 50mm，套管内间隙应采取封堵措施，套管外空间应现浇封堵。

（4）预留预埋应注意的其他问题

外墙预留预埋及其完成面对建筑立面的影响，风管、水管安装对顶棚高度、构造的影响；与电气、给水排水专业管线、设施的空间关系影响；施工安装的操作空间影响；检修空间的处理；综合造价（含关联各专业工程）的控制；较大重量空调设备吊装时，除进行荷载核算外应与结构、工艺专业协商预埋吊点。

2. 与建筑专业的协同

确定主机房、风机房、设备间、冷却塔、管井、风井、空调室外机等位置，外墙预留预埋及其完成件与建筑立面的收口处理；内隔墙孔洞预留等；通风对建筑构件的要求（如通风格栅、百叶风口等）；烟囱、风帽、风井、排烟口、新风口、通气口、排水沟、集水井等细部处理，消防分区、防烟分区、人防分区的协调。

3. 与内装专业的协同

设计依据：装饰功能平面、顶棚平面、立面、节点详图；人流量、营运时段、物管方式等；对内装要求：顶棚高度调整、局部吊顶调整、风口形式及位置调整、检修口设置、排风口调整、控制开关方位调整、装饰材料调整、灯具位置调整、机房位置要求、集中回风口装饰处理、管道装饰包覆处理、隔墙高度处理等；

4. 与给水排水专业的协同

接受条件：供热技术参数（流量、温度、热负荷、压力、储水量等）、通风要求、空调要求等；

提出条件：暖通补水点（流量、管径、压力、计量等）、暖通排水点（位置、流量、性质、标高、管径等）；

前置协同：空间位置、交叉处理、管井共用、系统连接、供热方式、构件预留预埋协调等。

5. 与电气专业的配合

接受条件：通风、空调点位及要求、配电箱（柜）方位与空间要求等；

提出条件：各用电点位置、负荷、运行方式、控制方式、计量要求；消防联动点位置、性质、负荷、切换要求、控制方式；数据点、语音点的位置、数量及特殊要求；楼宇自动化受控点位置、特性；

前置协同：空间位置、构件预留预埋协调、特殊控制方式等。

6. 与其他专业的协同

绿建对暖通要求：确定的绿建方案对于冷热源、热回收、新风处理等方面的要求，暖通专业应设计落实，并依此完成相应部分的工艺衔接与预留、预埋。

暖通对燃气要求：依据暖通设备选型及设计运行方式提出燃气参数需求，包括用量、压力、热值、用气点位置等；

暖通外管对景观绿化要求：外管网布置位置与景观设计的协调，景观荷载的控制，覆土深度的要求、运营检修、阀门井的处理等；

暖通对幕墙要求：布置于幕墙上的新风口、排风口、排烟口、泄爆口等各种口部与幕墙设计的具体衔接落实、调整等；

暖通对总图规划要求：落实制冷机房、锅炉房等设备房的总图需求位置，落实其出入管线与道路、运输、其他专业管线等的空间关系；

其他互相要求：与智能化控制系统的配合，如比例积分阀门、仪表在管线、设备上的安装位置，控制运行方式的明确等。

7. 管线综合

室内管线综合：对于管线、设备集中部位（如公共走道）应结合建筑、结构、内装、给水排水、电气、暖通、弱电、其他（特殊专业：如医疗）等各专业情况绘制典型综合断面图，统筹安排各专业管线安装位置、顶棚高度与构造、检修空间，便于工程整体建设，见图 4-20。

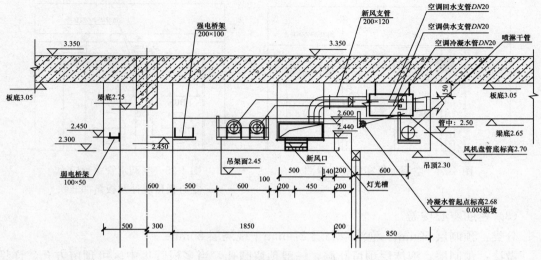

图 4-20　走廊综合管道布置断面图

4.3.4　工艺预留、预埋示例

1. 楼板预埋

（1）预应力实心叠合板

构件分类：有预制层 60mm＋现浇层 70mm 与预制层 70mm＋现浇层 70mm 两种。

做法：空调水管穿楼板处预埋钢套管，钢套管底平预制板底，管长：200～250mm，见图 4-21、图 4-22。

穿屋面板预埋刚性防水钢套管，钢套管底平预制板底，管长比建筑完成面高 50mm（具体长度需根据建筑保温防水层厚度确定），见图 4-23。

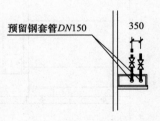

图 4-21　空调水管穿楼板位置图

图 4-22　空调水管穿楼板预埋图

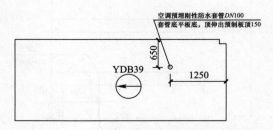

图 4-23　空调水管穿屋面预埋图

（2）预应力空心叠合板

分类：有预制层 150mm＋现浇层 50mm 与预制层 200mm＋现浇层 60mm 两种。

做法：由于空心楼板不适合预留孔或套管，空调水管穿楼板处尽量穿楼板拼缝处，或在穿管处楼板上留缺现浇。空调立管尽量布置在空心板的四个角落附近，方便结构开缺，详见图 4-24～图 4-26。

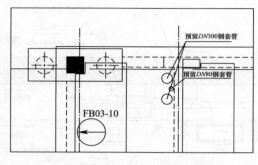

图 4-24 空调水管穿楼板位置图

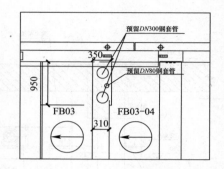

图 4-25 空调水管穿预应力
空心板留缝处及板角部开缺

（3）密肋空心楼盖

分类：预制层 50mm＋泡沫空心层 270mm＋现浇层 80mm。

做法：预制层、泡沫层预留孔洞，一般预留圆孔，当多根管集中区可预留方孔，详见图 4-27～图 4-30。

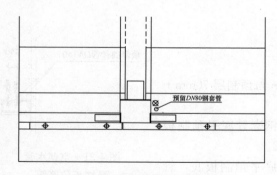

图 4-26 空调水管穿楼板选择拼缝处

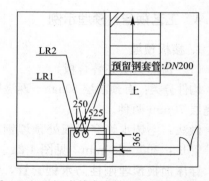

图 4-27 空调水管穿密肋空心楼盖位置图

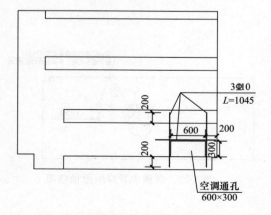

图 4-28 空调水管穿越构件预留孔洞

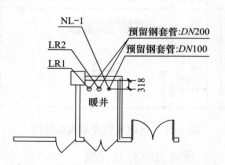

图 4-29 密肋空心楼盖管井预埋布置图

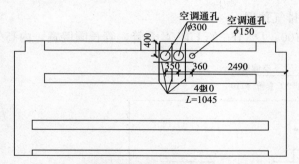

图 4-30　密肋楼盖预制层预留空调水管洞口图

2. 外墙预埋

（1）外墙分体空调套管

做法：预埋 DN75 的 UPVC 套管，管长同墙厚，内高外低，见图 4-31。

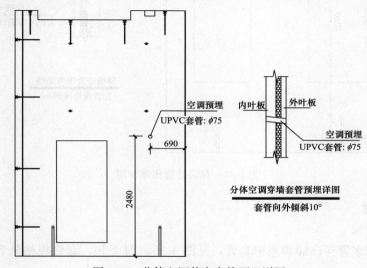

图 4-31　分体空调传奇套管预埋详图

（2）外墙风口孔洞

做法：预留比风口长、宽各大 40mm 的孔洞。详见图 4-32、图 4-33。

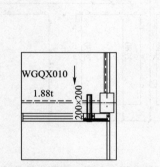

图 4-32　风管穿外墙位置平面图

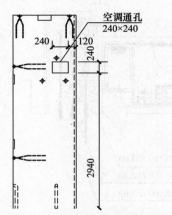

图 4-33　外墙构件风口空洞预留图

（3）卫生间外墙排气预埋

做法：预埋 $DN100$、$DN160$ 的 UPVC 套管，管长同墙宽，内高外低，见图 4-34。

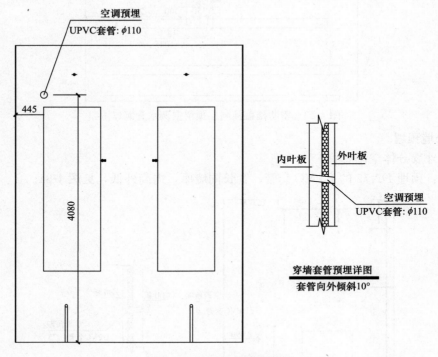

图 4-34　穿墙套管预埋详图

3. 内墙预埋

（1）预埋套管

做法：空调水管穿内墙预埋钢套管，见图 4-35、图 4-36，套管规格见表 4-5（已考虑保温层）。

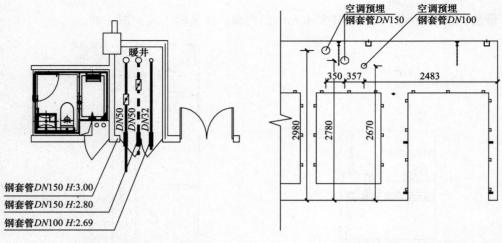

图 4-35　空调水管穿内墙位置平面图　　　图 4-36　空调水管穿内墙预埋图

预埋套管规格   表 4-5

序号	名称	规格型号	使用场所	备注
1	钢套管	DN100	空调水管穿墙体、楼板	适应空调管径：≤DN40
2		DN150		适应空调管径：DN50、DN65
3		DN200		适应空调管径：DN80、DN100
4		DN250		适应空调管径：DN125、DN150
5		DN400		适应空调管径：DN200、DN250

（2）预留孔洞

做法：空调末端接管穿内墙预留孔洞，预留孔洞尺寸根据接管大小情况确定。

风管穿内墙预留孔洞：留洞尺寸比风管尺寸各边大 100mm。

内墙上加压送风口、排烟口预留孔洞，见图 4-37～图 4-40。

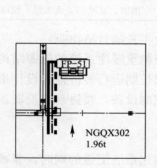

图 4-37 空调水管穿内墙位置平面图

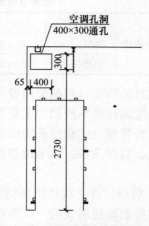

图 4-38 空调水管穿内墙预留洞口图

图 4-39 风管穿内墙位置平面图

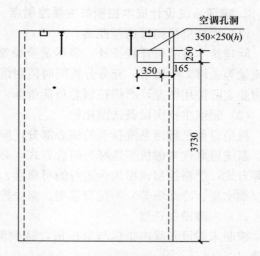

图 4-40 风管穿内墙预留孔洞图

4. 梁预埋

做法：穿梁预埋镀锌钢套管，套管长度同梁宽。主要针对别墅 VRV 系统，见图 4-41。

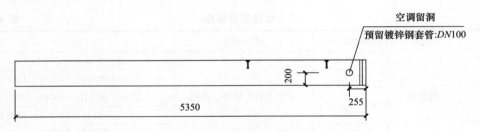

图 4-41　空调管道穿梁预埋图

4.3.5　暖通成本控制

1. 暖通成本控制的主要控制方向（表 4-6）

暖通系统投资参考控制指标（元/m²）　　　　　　　　　　表 4-6

		超高	—	480（总建面指标）	其中，户式中央空调450，无人防，消防、通风30
暖通工程	工程造价	高档	—	25（总建面指标）	消防、通风25，无人防，预留空调机位
		中档	—	22（总建面指标）	消防、通风22，无人防，预留空调机位

（1）长期自持物业（包括公司投资物业、项目业主长期自持物业）

以暖通系统运行成本控制为主要方向，设计时应侧重暖通系统的能源结构形式，结合能源价格、运行管理方式确定系统的运行经济性。以长期运行经济性为设计指导原则，配置暖通子系统、机房设备、末端设备及合理的自动控制设备，暖通系统投资适当向高档方向倾斜。

（2）EPC 项目（含一次性销售物业）

设计侧重控制暖通系统的一次性投资，在合理简化系统配置的同时，兼顾系统运行的经济性。设计追求简洁，专业间配套可靠、易行；投资控制向中低档方向倾斜。

2. 暖通系统设计成本控制的主要控制点

（1）计算负荷指标选择控制

除建筑本身的设计特征外，应尽量全面掌握物业的运营特点、运营时段、物管方式、人流量等关键影响因素，充分分析同时使用情况与错峰使用可能性，使得计算负荷尽量贴近物业实际使用情况，严格控制总负荷指标。

（2）暖通主机房设备选型比较

机房设备是暖通系统投资的核心部分，应根据成本控制方向、负荷特点、能源供应特点、系统可靠性考虑机型选择与组合方式，必要时可考虑大小型号搭配、不同能源机型组合等方式，严格控制机型组合运行的可靠性、合理性、适应性，并以主机组合控制配套设备（如水泵、冷却塔等）的配套选型。坚决控制主机选型的富余量。

（3）末端设备选型

控制末端设备噪声指标与余压值，减少消声器、消声静压箱等高投资辅助设施的投入量。

（4）阀门选型控制

选择合适型号的阀门，严控大口径闸阀的使用，DN50 以上阀门优先考虑对夹式蝶阀的使用。

（5）支吊架

合理设置支吊架位置，控制型材的规格，尽量与水电专业设置公用支吊架，减少辅助耗材用量的同时减少人工消耗。

（6）严控暖通自动控制系统投资

如条件允许，简化系统控制技术要求，尽量回避自动控制技术手段，以简单控制技术（如自力式控制、变风量控制）取代复杂自控技术措施（如群控、楼宇自控系统），减少自动控制系统的投资。

（7）严格控制专业设计条件要求

严控机房面积，减少多余投资；严控设备基础浪费，减少土建费用；严控设备电气负荷，控制配套电气投资。

（8）以小博大，加强大局观

比较综合投资，舍小取大。如地下室适当增加排风、排烟支管系统的设计，控制风管尺寸，减少喷淋头设置，有利于建筑层高控制。虽然增加局部风管投资，但可换取水电及土建等大投资的减少。

需提供 PC 构件工艺设计预留预埋图及相应预埋件设计 BOM 清单；需结合水、电、室内装修、建筑、结构设计协同，提供综合管线断面图。

3. 设计思路差异

需深切关注项目设计的整体性、全局性，以适应设计施工总承包要求；需深度了解装配式建筑构造与结构布置方式，高度重视管线预留预埋对结构安全、构件制造、构件运输、构件装配的影响；需细致考虑装配式建筑 PC 构件的竖向标高、水平拆分定位对预留预埋位置准确性的影响；需与水、电、内装、其他专业的空间设计协同，尤其应注意设计前期协同，以免出现方向性问题，严重影响设计效率；需依据 EPC 方式，仔细推敲并控制专业工程成本；需逐步对本专业设计的施工工艺与顺序有较深了解；需逐步对其他专业的设计、制造、装配或施工有一定程度的理解。

4.4　装配式建筑电气设计

4.4.1　通用设计要求

（1）电气预埋图纸以电气施工蓝图为依据，结合工艺图特点，预埋图纸包括配电箱、配线箱、开关、插座底盒等电气设备的数量、尺寸、位置、正反面，预埋管线的走向、管径、连接方式及安装工艺要求等。

（2）根据工艺拆分墙板图纸，确定墙板在平面中的位置，结合电气平面图（包括强电、弱电、消防等施工蓝图中设计的所有平面图）确定该墙板上所有电气设备位置，高度与视图方向的正反面，例如开关、插座、配电箱等。在墙板对应位置预留 86 底盒，在墙板上部或下部预留接线孔，注意避让不可移动的工艺和其他专业预埋件。

（3）电气管线和弱电管线在楼板中敷设时，应做好管线的综合排布。同一地点严禁两根以上电气管路的交叉敷设[81]。电气管线宜敷设在叠合楼板的现浇层内，叠合楼板现浇层通常只有 70mm 左右的厚度，综合电气管线的管径、埋深要求、板内钢筋等因素，最多只能满足两根管线的交叉。所以，要求暗敷设的电气管线应避免在同一位置存在三根及以上电气管线交叉敷设现象的发生。

（4）根据工艺图纸拆分特点和电气施工图，既可以按照回路进行预埋，例如照明回路，以配电箱出线为起始点，依照每块工艺图位置和电气设备点位，依照此回路敷设路径逐一在工艺图进行预埋；也可以根据工艺图连续编号，逐一绘制工艺图上的电气预埋。

（5）图纸校对审核，核对工艺图预留与施工图是否一致，核对点位数量、安装高度、安装方向、安装间距。针对建筑每个位置功能，结合给水排水专业、暖通专业、工艺专业，避免各专业间干涉，例如热水器位置、冷热水管安装与插座位置是否合适。

（6）工艺拆板分为墙板、楼板和梁三大类。如梁墙分开预制，梁上预留墙引上线过线孔；如墙引上为 PC 管，梁上预留过线孔比墙上 PC 管径大一个级别 PC 管；如墙引上为 JDG 管，梁上预留过线孔比墙上 JDG 管径大两个级别的 PC 管。

4.4.2 电气设备设计

1. 电表箱

电表箱宜安装在电井内，安装高度 1.0～1.2m（底距地）。安装在电井时，电表箱与管线明敷。当电井面积不能满足安装要求时，电表箱安装在走廊等公共区域，要求暗敷或半暗敷，管线采用桥架明敷，在设计内墙工艺时需预留电表箱开洞尺寸。

2. 家居配电箱和配线箱

家居配电箱和家居配线箱电气进出线较多，设计时可将它们设置于不同位置，从而避免大量管线在叠合楼板内集中交叉户。家居配电箱宜安装在入户门后，不能满足要求时根据装修确定安装的高度及位置，应避免安装在卫生间的墙上，安装高度 1.8m。家居配电箱宜在预制板中直接预埋，根据配电系统及线路走向直接定制。家居配电箱要求厚度不大于 95mm，正反面错位安装。

家居配线箱尺寸宜控制在 300mm×400mm（内装模块确定箱体尺寸），弱电箱安装高度宜为 0.5m，安装位置在门后（避开家居配电箱）、沙发后、客厅电视机柜，具体位置由装修专业确定。

公共区域有找平层且厚度大于 5mm 时，家居配电箱和配线箱进线采用地面敷设的方式；当公共区域无找平层时，家居配电箱和配线箱进线宜考虑顶部进线。当公共区域有吊顶且吊顶高度低于户内梁时，进线采用隔墙直接出线至吊顶内（预留孔洞后期封堵）；当隔墙不能直接出线至公共区域时，可采用隔墙顶部开槽的方式。当公共区域无吊顶且户数较少时，可采用楼板的现浇层敷设线路。

3. 插座安装

住宅插座分为壁挂空调插座、柜式空调插座、厨房插座、卫生间插座和普通插座五类。其中，壁挂空调插座、厨房插座、卫生间插座应走顶层楼板现浇层，利用隔墙顶部接线孔（100mm×60mm×60mm）与上部现浇层管线相连。普通插座、柜式空调插座应走低板现浇层，在隔墙下部预留接线孔（100mm×100mm×60mm），线路走向应与隔墙内边缘平齐，保证后期施工精度。强弱电安装间距 200mm，插座应在工厂中提前预埋，设计中应尽量减少同一回路不同构件的出线，尽量避免直角弯超过两个。

4. 灯具安装

住宅灯具一般分为厨房灯具、卫生间灯具及其他灯具。其中，厨房灯具及卫生间灯具应预留接线盒，供后期吊顶接线使用，毛坯房可根据图纸按传统方式预埋；卫生间灯具线路宜隔墙预留，避开卫生间沉箱影响，减少线路在多块构件中；其他灯具应采用加高型 86 盒，要求盒体高度为 100mm，高于预制板高度，穿线孔高于预制板，后期线路能在现浇层直接接入线盒。灯具控制应尽量避免双联双控等开关，减少控制线路根数，预埋管径应控制在 $\phi20$。

4.4.3　电气管线设计

装配式建筑电气管线可采用在架空地板下、吊顶及内隔墙内敷设。如条件受限必须暗敷时，宜优先选择在叠合板的现浇层或建筑找平层内暗敷；如无现浇层且建筑垫层又不满足管线暗埋要求时，才在预制层内预埋。暗敷的电气线路应选用有利于交叉敷设的不燃或难燃可挠管材。暗敷的金属导管管壁厚度不应小于 1.5mm，塑料导管管壁厚度不应小于 2mm。暗敷时应穿管敷设并且保护层厚度不应小于 30mm，消防线路还应敷设在不燃烧结构内。预埋管线和现浇线路连接处，墙面应预留接线空间，以便施工接管操作。管线接口应采用标准化的接口，种类、规格应尽可能少。

4.4.4　防雷接地设计

装配式混凝土结构建筑的实体柱等预制构件是在工厂加工制作的。由于预制柱等预制构件的长度限制，一根柱子需要若干段柱体连接起来。两段柱体对接时，一段柱体端部为套筒，另一段为钢筋，钢筋插入套筒后注浆，钢筋与套筒中间隔着混凝土砂浆，钢筋是不连续的[82]。如若利用钢筋做防雷引下线，就要把两段柱体（或剪力墙边缘构件）钢筋用等截面钢筋焊接起来，达到贯通的目的。选择框架柱（或剪力墙边缘构件）内的两根钢筋做引下线时，应尽量选择靠近框架柱（或剪力墙）内侧，以不影响安装。

具体设计要求如下：

1. 引下线、接闪带

设计中，引下线、接闪带不应小于表 4-7 的要求。

接闪线（带）、接闪杆和引下线的材料、结构与最小截面　　　　表 4-7

材料	结构	最小截面（mm²）	备注
铜，镀锡铜	单根扁铜	50	厚度 2mm
	单根圆铜	50	直径 8mm
	铜绞线	50	每股线直径 1.7mm
	单根圆铜	176	直径 15mm
铝	单根扁铝	70	厚度 3mm
	单根圆铝	50	直径 8mm
	铝绞线	50	每股线直径 1.7mm
铝合金	单根扁形导体	50	厚度 2.5mm
	单根圆形导体	50	直径 8mm
	绞线	50	每股线直径 1.7mm

材料	结构	最小截面（mm²）	备注
铝合金	单根圆形导体	176	直径 15mm
	外表面镀铜的单根圆形导体	50	直径 8mm，径向镀铜厚度至少 70μm，铜纯度 99.9%
热浸镀锌钢	单根扁钢	50	厚度 2.5mm
	单根圆钢	50	直径 8mm
	绞线	50	每股线直径 1.7mm
	单根圆钢	176	直径 15mm
不锈钢	单根扁钢	50	厚度 2mm
	单根圆钢	50	直径 8mm
	绞线	70	每股线直径 1.7mm
	单根圆钢	176	直径 15mm
外表面镀铜	单根圆钢（直径 8mm）	50	镀铜厚度至少 70μm，铜纯度 99.9%

2. 防雷

设计说明中应给出建筑年雷击次数值，交代清楚防直击雷、防侧击雷、防雷电磁脉冲及高电位侵入措施，设计流程按图 4-42 进行相关内容计算及设计。

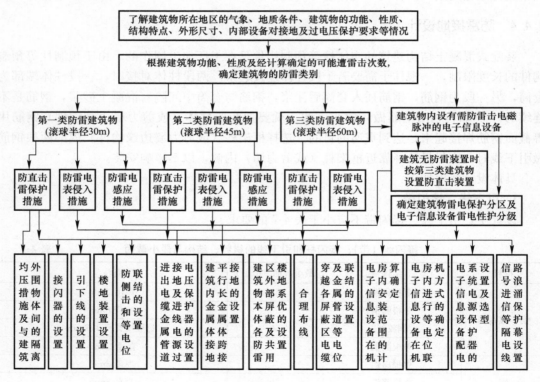

图 4-42　电气设计流程

3. 屋面接闪器安装

根据不同建筑形式，分为屋面明敷、屋面暗敷、女儿墙明敷、女儿墙暗敷、檐口明敷等敷设方式。采用叠合楼板时注意现浇层受力筋的方向，宜独立设置接闪器。除利用混凝土构件钢筋或在混凝土内专设钢材作接闪器外，钢质接闪器应热镀锌。在腐蚀性较强的场所，尚应加大截面或采取其他防腐措施，见图 4-43。

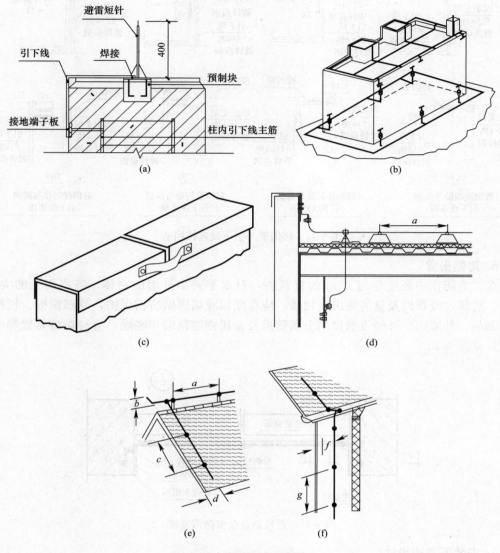

图 4-43　屋面接闪器安装节点

4. 接闪器与引下线安装

必须满足《建筑物防雷设计规范》中要求。防雷等电位连接各连接部件的最小截面，应符合表 4-7 的规定。连接单台或多台 I 级分类试验或 D1 类电涌保护器的单根导体的最小截面，尚应按下式计算：$S_{min} \geqslant I_{imp}/8$，式中 S_{min} 为单根导体的最小截面（mm^2）；I_{imp} 为流入该导体的雷电流（kA）。

5. 防雷设计中接闪器、引下线、接地装置等焊接要求

扁钢与扁钢搭接为扁钢宽度的 2 倍，不少于三面施焊；圆钢与圆钢搭接为圆钢直径的 6 倍，双面施焊；圆钢与扁钢搭接为圆钢直径的 6 倍，双面施焊，见图 4-44。

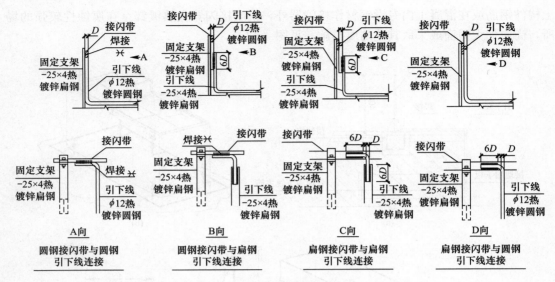

图 4-44　接闪带与引下线连接构造

6. 防侧击雷

在二类防雷中高度超过 45m 的建筑物，对水平突出外墙的物体，各表面上的尖物、墙角、边缘、设备以及显著突出的物体，应在屋顶或裙房做防雷保护，外部窗框、栏杆等金属部品，外墙内、外竖直敷设的金属管道及金属物的顶端和底端，应与防雷装置等电位联结，见图 4-45。

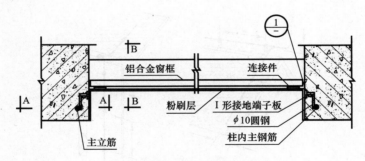

图 4-45　通长铝合金窗防雷连接

7. 安装断接卡做法

采用多根专设引下线时，应在各引下线上距地面 0.3～1.8m 处装设断接卡，见图 4-46。

8. 卫生间局部等电位做法

墙板上在施工图位置预留 LEB 孔洞（200mm×100mm×80mm），LEB 下预留 50mm×50mm 墙槽，见图 4-47。

4.4.5　工艺预留预埋示例

1. 外墙

（1）超高性能混凝土（UHPC）外墙

在外墙上对应位置预埋 86 底盒，自 86 底盒开 50mm×50mm 墙槽至板底。要求装修外墙布置机电点位高度不超过 300mm，见图 4-48。

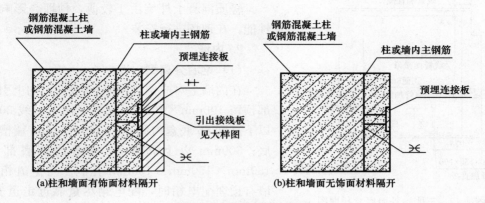

图 4-46　安装断接卡做法

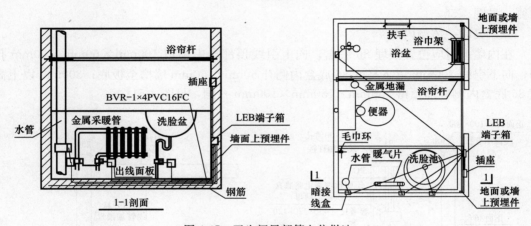

图 4-47　卫生间局部等电位做法

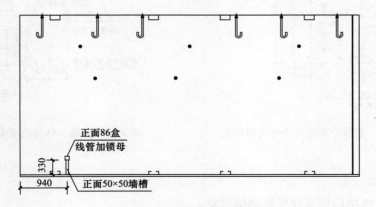

图 4-48　UHPC 外墙底盒预埋图

（2）三明治外墙

在外墙上对应位置预埋 86 底盒，向上引线在内侧顶部预留 100mm×100mm×100mm 孔洞，300mm 以下高度 86 底盒内侧开 50mm×50mm 墙槽至板底，300mm 以上高度 86 底盒内侧底部预留 150mm×150mm×100mm 孔洞，见图 4-49。

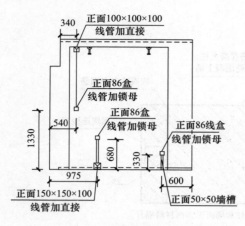

图 4-49　三明治外墙底盒预埋图

（3）轻质混凝土外墙

轻质混凝土外墙由于较薄，预埋会影响防水性能，在现场进行安装。

2. 内墙

（1）梁墙分离型内墙

在内墙上对应位置预埋 86 底盒，向上引线顶部预留 100mm×100mm 通孔。向下引线 300mm 以下高度 86 底盒内侧开 50mm×50mm 墙槽至板底；300mm 以上高度 86 底盒内侧底部预留 150mm×150mm×100mm 孔洞。与走道相邻内墙有预埋配电箱时，配电箱尽量靠近走道安装，在内墙靠近走道侧顶部开 200mm 高孔至配电箱内侧，见图 4-50。

（2）梁墙一体型内墙

在内墙上对应位置预埋 86 底盒，向上引线顶部居中预留 100mm×60mm×60mm 孔洞，向下引线 300mm 以下高度 86 底盒内侧开 50mm×50mm 墙槽至板底；300mm 以上高度 86 底盒内侧底部预留 150mm×150mm×100mm 孔洞，见图 4-51。

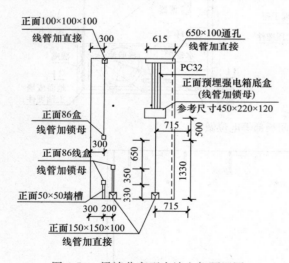

图 4-50　梁墙分离型内墙电气预埋图

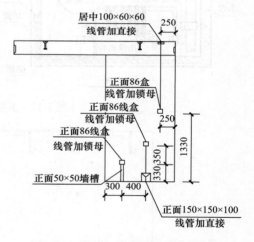

图 4-51　梁墙一体型内墙电气预埋图

3. 预制梁

（1）非预应力梁

1）梁墙一体结构形式详见预制墙篇章。

2）梁墙分离结构形式，采用在预制梁垂直方向预留直径 50mm 的 PVC 套管，位置与墙体管线预留洞口对应，见图 4-52。

（2）预应力梁

梁墙分离结构形式，采用在预制梁垂直方向预留直径 75mm 的通孔，位置与墙体管线预留洞口对应，见图 4-53。

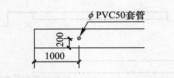

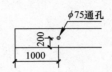

图 4-52　非预应力梁电气套管预埋图　　图 4-53　预应力梁电气套管预埋图

4. 预制柱

（1）防雷引下线做法

在引下线位置，采用 40×4 热镀锌扁钢（或 $\phi 16$ 圆钢）沿柱子外侧明敷，上端与接闪带可靠连接，下端与基础内接地钢筋可靠连接，在距室外地面 500mm 位置设置接地电阻测试端子。在外墙处需预留测试端子箱安装洞口，见图 4-54。

（2）别墅非全预制体系防侧击雷及均压环做法

梁内钢筋需与现浇层楼面钢筋、柱内钢筋可靠连接。

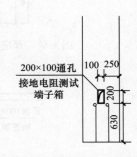

图 4-54　预制柱防雷测试端子预埋图

5. 窗户

窗户位置需要预埋金属窗框预埋件，采用 -40×4 扁钢与窗框预埋件可靠连接，上端预留 200mm 与梁面筋焊，见图 4-55。

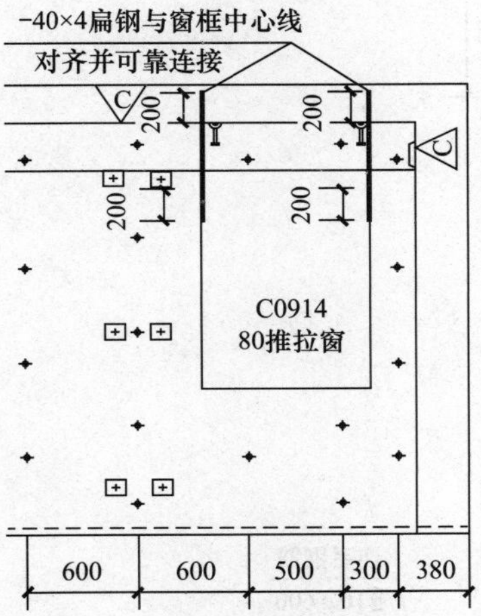

图 4-55　窗防侧击雷做法详图

6. 异形件

异形件电气专业不做预埋。

7. 楼板

（1）预应力叠合板

分类：有预制层 60mm ＋现浇层 70mm 与预制层 70mm ＋现浇层 70mm 两种。

做法：楼板上预埋加高型 86 盒，高度 100mm，接线孔高出预制面，管线走现浇层，见图 4-56。

（2）空心板

分类：有预制层 200mm ＋现浇层 60mm 与预制层 150mm ＋现浇层 50mm 两种。

做法：预制层 200mm ＋现浇层 60mm 的空心板竖向现场打洞，横向管线走现浇层。

预制层 150mm ＋现浇层 50mm 的空心板现浇层太薄，无法预埋管线，不得采用。

（3）密肋空心楼盖

分类：预制层 50mm ＋泡沫空心层 270mm ＋现浇层 80mm。

做法：楼板上预埋加高型 86 盒，高度 100mm，并在泡沫空心层上以 86 盒为中线开 300mm × 300mm 的孔洞，见图 4-57。

（4）多层墙板的楼板

分类：全预制，厚度 160mm。

做法：楼板上预埋 86 盒，灯线管预埋，楼板正面用 100mm × 100mm × 50mm 缺对接，详见图 4-58。如果灯的位置在楼板拼接处附近，则用正面宽 100mm、深 90mm 槽对接，详见图 4-59 和图 4-60。

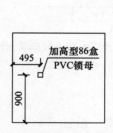

图 4-56　预应力叠合板底盒预埋图

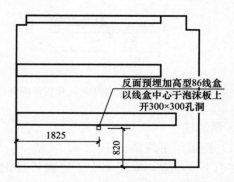

图 4-57　密肋空心楼盖底盒预埋图

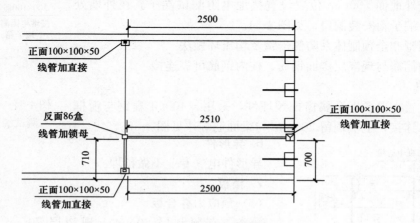

图 4-58　全预制板电气预埋图

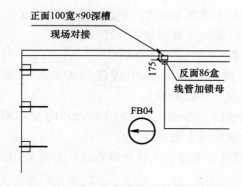

图 4-59　全预制板电拼接处气预埋图

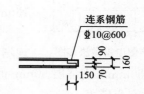

图 4-60　全预制板拼接处节点图

（5）楼梯板

分类：有传统的楼梯和门架楼梯两种。

做法：门架楼梯暂无预埋方式，线管明装。传统的楼梯在半歇台预埋 86 底盒，线管沿着楼梯边沿预埋，在平台搭接处预留正面 86 盒，见图 4-61。

（6）接线

卫生间电源进线从顶部接线口到位于吊顶高度内的接线盒，接吊顶内灯具，控制线从吊顶高度内接线盒到开关（开关安装在卫生间外），见图 4-62。

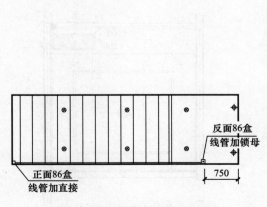

图 4-61　预制楼梯底盒预埋图

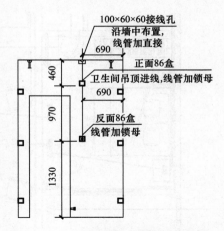

图 4-62　卫生间预制内墙电气预埋图

4.4.6　墙板结构管线预埋

现以低多层装配式混凝土墙板结构为例，介绍电气专业管线预埋。该体系构成有预制基础、预制墙板、预制楼板、预制阳台板、空调板、预制楼梯、整体卫浴、保温装饰成品等部品部件。体系完全采用干法连接，墙板之间通过水平连接件和竖向连接件连接。此体系一层地面采用预制空心板，地面采用 4mm 找平层，局部卫生间采用现浇，预制墙板与预制楼板 150mm 厚，构件之间采用螺栓连接，对制作及安装精度要求高，现主要用于别墅[83]。

别墅电气预埋：电表箱采用室外明装，配电箱集中安装在一层杂物间内，进户电线采用一层局部现浇段来处理。竖向布线采用安装金属线槽，预制在墙板中，实现上下层贯通；水平走线分为照明与插座两种，照明采用找平层后期施工处理，插座采用墙板内预留线管，利用横向水平线槽构成整体。灯具预留 86 底盒，在各房间预留 86 接线盒，整体浴室在浴室上方 2.4m 以上位置预留 86 线盒与接地端子排。

别墅防雷接地：低多层装配式混凝土墙板结构体系采用轻钢屋顶，屋顶钢板厚度不小于 0.5mm，钢板下方无易燃物，可利用钢板作为接闪器，利用房屋四周预埋钢支撑与屋顶可靠连接，预制屋面板内预埋的钢支撑与板内钢筋采用 φ10 圆钢可靠焊接，竖向构件利用螺栓连接部位作为竖向连接通道。在基础用 40×4 扁钢在外墙明敷，在各引下线上距地面 0.3m 处装设断接卡，断接卡与板内钢筋可靠焊接。

精装修别墅电气预埋：充分利用精装修中的吊顶、踢脚线、石膏线条等位置作为电气线路连接的中间处理位置，利用预制板内线管，在吊顶处集中分配，形成整体的布线方案。电气施工图有别于传统施工图，需要更加细致的分层次展示线路、吊顶、插座、灯具之间的关系，形成电气连线图、吊顶接线图和构件预埋图三张图纸，结合原电气施工图，形成可以指导生产与施工的完整电气图纸。

电气管线预埋设计流程：

（1）根据装修图纸，绘制出卧室连线图，见图 4-63。

（2）根据装修吊顶高度及配电箱位置，确定分线盒位置，绘制出吊顶接线图，见图 4-64。

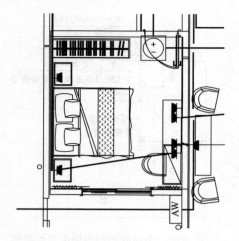

图 4-63　卧室连线图

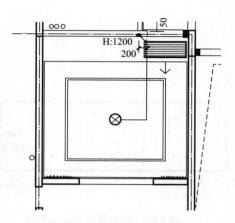

图 4-64　卧室吊顶连线图

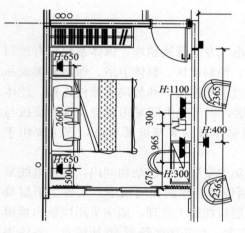

图 4-65　卧室构件预埋图

（3）根据装修图纸及工艺拆分方案，绘制出卧室构件预埋图，见图 4-65。

（4）电气预埋方案：

1）内墙电气预埋：在内墙上对应位置预埋 86 底盒，向上引线顶部预留 100mm×200mm×50mm 槽；向下引线在墙板底部预留 100mm×200mm×50mm 槽，见图 4-66。

2）配电箱及竖向线槽电气预埋：配电箱尽量设置在杂物间，上下墙体贯通且位置隐蔽处，向上 100mm×100mm 金属桥架，弱电箱向下引 100mm×100mm 金属桥架，线路集中处预留接线洞口 200mm×200mm×50mm，见图 4-67。

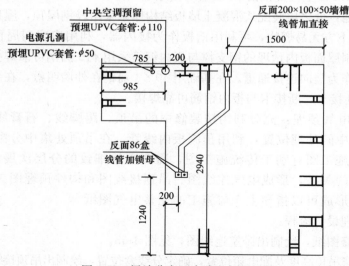

图 4-66　梁墙分离型内墙电气预埋图

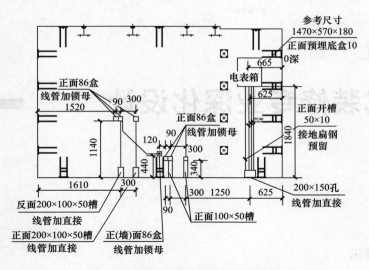

图 4-67　梁墙分离型内墙电气预埋图

4.5　本章小结

　　装配式建筑机电专业深化设计，包含了排水专业、暖通空调专业、强弱电专业，机电专业要开展和室内装修一体化设计。装配式建筑的特点是把在施工现场预埋的管线提前到工厂生产时预埋，所以在机电专业施工图设计时要做好管线综合设计，预制构件上管线、线盒、设备预留的孔洞、沟槽要精确定位。本章介绍了装配式建筑给水排水专业、暖通专业、电气专业的深化设计要求；装配式水暖电专业设计，强调实现机电设备管线和主体结构分离，解决设备管线寿命与主体结构寿命不同步、维修难的问题；要提前做好必须预埋在预制构件中的管线设计规划，预制层中设备孔洞、套管、预埋件等采用一定的构造措施，提前在工厂中预留、预埋，减少了现场工作量，且精度易保证，预留套管与管道之间、孔洞与管道之间的缝隙需采用防火、隔声、防水措施，可保证交付后的质量。装配式建筑通过给水排水专业、暖通专业、电气专业等的深化设计、协同设计，降低了产品的成本，提高了建筑品质。

第 **5** 章

装配式装修专业深化设计

5.1　前言

5.1.1　设计要求

装配式建筑的全装修设计应遵循建筑、装修、部品一体化的设计原则，部品体系应满足现行国家标准要求，满足安全、经济、节能、环保要求，部品体系宜实现以集成化为特征的成套供应，部品安装采用干法施工。

装配式建筑内装修的主要标准构配件宜以工厂化加工为主，部分非标准或特殊的构配件可在现场安装时统一处理。构配件应满足构件和部品制造工厂化、施工安装装配化的要求，执行优化参数、公差配合和接口技术等有关规定，以提高其互换性和通用性[84]。

（1）在建筑设计方案阶段开始装修设计，强化与建筑设计（包括建筑、结构、设备、电气等专业，的相互衔接，建筑室内水、暖、电、气等设备及设施的设计宜定型定位，避免后期装修造成的结构破坏和浪费。

（2）装修设计采用标准化设计，应通过模数协调使各构件、部品与主体结构之间的尺寸匹配，提前预留、预埋接口，易于装修工程的装配化施工。墙、地面实现块材铺装，现场无二次加工。

（3）在设计过程中应确定所有点位的定位和规格，并在预制构件中进行预埋或预留。

（4）全装修设计应综合考虑不同材料、设备、设施具有不同的使用年限。装修设计应具有可变性及适应性，便于施工安装、使用维护和更新改造。

（5）建筑装修材料、设备在需要与预制构件连接时，宜采用预留预埋的安装方式。当采用膨胀螺栓、自攻螺钉、粘结等后期安装方法时，不得剔凿预制构件及其现浇节点，影响主体结构的安全性。

5.1.2　设计架构体系

建筑构造应两个阶段供给方式作为主要构成方法，即支撑体系（Support System）与填充体系（Infill System），其中支撑体系包括了承重结构中的柱、梁、楼板及承重墙，共用的生活管线，共用设备等，填充体系是可以根据需要灵活变化的部分，包括户内装修、设施管线、厨卫设备、户门、窗、非承重外墙和分户墙等，其核心理念是将支撑体部分和填充体部分有效分离，提高支撑体系的耐久性与填充体系的可变性和可更替性[77]。

5.1.3　装配式装修特性

1. 内装部品的性能

内装部品性能应满足国家相关标准要求，并注重提高以下性能：

（1）安全性：包括部件的物理性能、强度、刚度、使用安全、防火耐火等。

（2）耐火性：部品应能够循环利用，具有抗老化、可更换性等。

（3）节能、环保：尽量减少内装部品在制造、流通、安装、使用、拆改、回收全寿命过程中对环境的持续影响。

（4）经济性：通过标准化、工厂化、规模化的生产方式，降低成本。

（5）高品质：用科技密集型的规模化工业化生产取代劳动密集型的粗放手工业生产，确保内装部品的高品质。

2. 室内部品的接口

室内部品的接口应符合相应规定：

（1）接口应做到位置固定，连接合理，拆装方便，使用可靠。

（2）接口尺寸应符合模数协调要求，与系统配套。

（3）各类接口应按照统一、协调的标准设计。

（4）套内水电管材和管件、隔墙系统、收纳系统之间的连接应标准化接口。

3. 内装部品互换和通用性

内装部品应具有一定的互换性和通用性，易于维护管理和检修更换，与建筑主体结构应具有良好的兼容性；室内装修用管线宜与建筑主体结构分离；内装部品的选用应与相关建筑材料、设备设施和管线的使用寿命统筹兼顾，合理搭配。

4. 内装部品的干法安装

内装部品的施工安装宜采用干法施工。室内装修宜减少施工现场的湿作业，部品体系宜实现以集成化为特征的成套供应，部品安装应满足干法施工要求。

5. 样板引路

装配式精装必须实施样板段审批管理模式，确保质量缺陷暴露在样板审核阶段，以此及时消除质量缺陷。

5.1.4　建造方式的优势

室内装饰装修是推动装配式建筑产品工业现代化的重要方向，建造方式具有五个方面的优势：

（1）部品工厂化：现场安装作业采用干式工法，确保产品质量和性能。

（2）综合效益高：消除中间环节，优化质量管理链，合理压缩传统周期，减耗成本效益改善。

（3）节能、环保：减排降耗有效控制粉尘扩散和噪声污染。

（4）维护简便：降低了后期运营维护难度，为内装部品更新提供方便条件。

（5）有效集成：采用集成内装部品可实现工业化生产，有效解决施工生产的尺寸误差和模数接口问题。

工程设计包含建筑、结构、机电、装饰装修等专业，各设计专业及环节之间应协调统一[85]。在建筑方案设计时应综合考虑装饰装修设计与各专业设计的相互关系，坚持装配式建筑装饰装修可持续发展的理念，统筹考虑装饰装修的施工建造、维护使用和改扩需要。

5.2 装配式装修各阶段设计

5.2.1 方案设计阶段

1. 总平面流线

根据原建筑设计人流动线和应急避难疏散，细分分析人流数据，防止装饰设计过程中区域人流过载和动线调整而影响消防疏散安全。

2. 功能及性能细分

（1）根据建筑功能定位和楼层分布，进行装饰装修设计功能细分调整，严禁擅自改变区域使用功能；同时不能随意分割房屋开间，导致与外墙收口关系错位形成断截面。

（2）节能设计过程中，采用透光软膜改变玻璃透光率应满足建筑日照相关要求。

（3）区域空间调整中，防止改变疏散宽度、封堵安全出口以及外墙逃生窗、逃生梯，同时替换材料时不能降低防火等级和改变防火构造。

（4）歌舞娱乐放映游艺等场所原则上不设置在地下室和四楼（含四层）以上区域，严格执行强制性规定和相关消防规范要求。

（5）无障碍设计中，应满足原建筑设计基本要求优化升级，严禁改变使用功能或缩小面积、减少数量、加大坡度。

3. 技术经济比选

（1）方案创意应满足可行性要求，不得违反强制性条文规定和相关规范要求。

（2）方案创意应合理分配资源，重要突出和一般区域满足合同要求及相关标准。

（3）方案创意应在满足经济指标前置条件下技术方案方可实施。

4. 完整性审查

（1）设计概念内容：设计思想、文脉风格、视觉元素、照明关系、绿筑技术。

（2）效果图内容：主要区域透视日景（或含夜景图）。

（3）平顶面图内容：平顶面布置图（含标高控制数据）、平顶面材质说明图、平面动线图。

（4）立面图内容：主要区域立面图（含墙体总尺寸、分部尺寸、细部尺寸、主要材质说明）。

（5）物料表内容：主要材料明细（含材料图片、型号标准、质量等级、主要规格、防火等级、环保等级）。

（6）概算表内容：各区域顶、墙、地、主要构件综合单价、工程量（投影面积）和编制说明。

5. 各专业方案会审：

（1）建筑专业：针对装饰设计与建筑风格、文脉思络提出整体性意见，防火分区、防火构造、疏散要求、环保节能、二次防水、围合结构、栏杆防撞、安全高度、轴线复测、建筑声学等提出具体要求。

（2）结构专业：针对装饰设计与结构专业之间装修荷载、活荷载、后置型预埋件、后置构件结构提出安全荷载和力学性能具体要求。

（3）机电专业：针对装饰装修与机电专业末端位、进排方式、卫浴构造、管道走向、线槽走向、设备高度、检修通道、挡烟垂壁、消防设备外观三化标识与装修视觉关系、装修与机电搭接收口做法、装修后置孔洞封堵、设备功能用房材料防火等级等提出具体要求。

6. 合图审查

（1）标准化审查内容：专业分层、文字、尺寸、线型、分色、填充图例、索引图例、出图比例、设计说明格式等。

（2）模数审查审查：开间距离、装饰标高模数、特别针对整体厨房、整体卫浴、收纳系统审查等。

5.2.2　初步设计阶段

1. 立面图技术内容

各房间立面图和各公共区域（含具体尺寸、材料标注、装饰完成面标高）。

2. 详图技术内容

吊顶构造剖面、墙体构造剖面、主要节点、主要构件剖面等技术详图（含构造尺寸、材料标注、填充图示、绘制比例、线型设置、图层设置、分色设置）。

3. 模数协调内容

装饰设计开间距离、吊顶层高按 $0.5n$M 模数，构件分模数采用 M/10、M/5、M/2 修正。

4. 材料性能优选

根据建筑等级类别选用材料，确保防火和环保等级以及满足有害物质限量要求达标、物理力学性能达到基本要求下，应按照经济指标要求选用满足视觉效果的材料。

5. 规范安全控制

（1）严格按照强制性条文规定进行装饰设计，确保满足质量安全和防火规范。

（2）根据 GB 18580～18588 规范要求和室内氡、甲醛、苯、氨、总体挥发物控制标准，严格装饰设计材料选用。

（3）后置埋件或吊挂件构造方式应经计算，满足荷载安全要求。

（4）栏杆高度、栏杆和门的构造形式、抗冲击性能，应满足规范要求。

（5）严格控制材料分格超大超高超薄等情况，从而保障工程安全和质量。

（6）建筑变形缝应按照建筑安全、防火的要求，选用材料和构造形式审核。

（7）构造缝应满足建筑耐久性，工作缝设置应满足质量安全性等要求。

6. 各专业技术评审

（1）业主对实施方案是否已签批同意。

（2）建筑专业审核装饰装修，是否满足防火分区和防火疏散要求，装饰开洞口的封堵是否满足防火要求，保温体系、二次防水做法是否满足建筑室内体系。

（3）机电专业审核装饰装修，装饰层高是否满足机电设备管道安装空间，装饰构造面是否满足消防安全距离，预埋件是否对机电设备存在安全隐患。设备末端位置是否满足机电控制要求。喷淋、温感等报警位置间距及是否满足规范要求。装饰设计是否对消防设备三防标准产生影响。新风系统和排烟口、挡烟垂壁位置及面积大小是否满足设计规定。

5.2.3 施工图设计阶段

1. 标准化审查内容

根据设计院制图标准结合室内所细化要求，制图标准必须满足相关规定。

2. 规范性审查内容，规范适用性审查

符合强制性条文规定审查和涉及国家相关规范要求，尤其针对材料环保标准和质量安全等方面。

3. 程序性审查内容

方案会审、技术会审程序是否完成，专业互提资料是否已回馈意见是否落实，强制性规范和相应规范评审是否完成，业主针对实施方案是否已签批同意。

4. 完整性审查内容

封面、目录、设计说明、物料表、总平顶面图、区域功能平顶面图、各区域立面图、节点、剖面、大样详图、受力构造、设计概算。

5. 准确性审查内容

总平面图动线，文字标注，图例填充，平面图总尺寸、分部尺寸、细部尺寸、门洞尺寸，立面图标高、总尺寸、门洞尺寸、设备末端定位，主要节点尺寸标注、材料标注、索引标注、构造形式等。

6. 设计说明专项审查

设计说明和物料表所要求的材料、工艺构造形式、文字描述、标准图例是否与图纸标注或图例相符，设计说明引用规范及标准是否有相应的新规范出台，装饰设计说明是否与各专业设计说明规定冲突之处。

7. 施工图预算编制与审查

（1）清单编制内容及格式：封面内容及格式、编制说明、汇总表、措施费用清单、零星项目清单表、其他项目费用、综合单价分析表等。

（2）清单完整性和准确性编制与审查内容：根据施工图和合同要求，针对清单编制范围、项目编码、子项名称、项目特征描述、单位名称、工程量、计费项目、数据链接、不竞争费用等内容进行编制和审查。

（3）预算标准：施工图预算是否设计控制在设计概算内，如突破则应提前报送业主批准方可调整。

8. 各专业会审

（1）建筑专业审核装饰装修相关内容

1）复审防火分区和防火疏散是否改变，疏散楼梯宽度和人流布局是否设置分流栏杆与靠墙扶手，栏杆高度和构造是否满足安全规范。

2）楼层水平和垂直封堵、窗间墙、窗槛墙封堵、装饰开洞口的采用的材料及构造是否满足防火要求，室内保温和二次防水做法是否满足建筑设计材料体系。

3）砌体墙材料、砌筑方式、构造设置、砂浆强度是否满足建筑抗震级别要求。

4）隔声构造和材料是否满足建筑体系空气声隔声标准，大空间区域中是否满足建筑声学，防止产生声聚焦及振颤回声。

5）卫生间男女使用面积、小便器和蹲位数量、无障碍卫生间是否满足规范要求。

6）涉及无障碍功能区域装饰设计是否改变原使用功能、坡道大小、材料要求等相关安全设备设施。

7）对外销售的楼房尤其针对房屋标高和使用面积、过道宽度审核。

（2）机电专业审核装饰装修相关内容

1）装饰层高是否满足机电设备管道安装空间，装饰构造面是否满足消防安全距离，预埋件是否对机电设备存在安全隐患[86]，检修马道与检修口是否满足使用要求。

2）设备末端位置是否满足机电控制要求，喷淋、温感等报警位置间距及是否满足规范要求。

3）装饰设计是否对消防设备三化标准产生影响，新风系统和排烟口、挡烟垂壁位置及面积大小是否满足设计规定。

4）灯光照明是否满足照度和区域光通量要求，大空间照明是否满足匀场分析要求，灯光的设置是否产生眩光，色温选择是否满足视觉适宜。

（3）结构专业审核装饰装修相关内容

装修荷载的审查，超 3kg 灯具独立安装构造、活荷载设备设施、超重构件承重构造方式、检修通道安全荷载、后置埋件抗拉性能等内容。

5.2.4　设计交底阶段

1. 资料准备

（1）设计文件，效果图（附有 LOGO）、CAD 电子版、总平面图及动线图 PPT、物料表 PPT、蓝图（须盖出图审查章）、规范引用文件（复印件），技术交底表格。

（2）参加设计交底单位及部门，公司装饰装修专业、建筑结构专业、机电专业、预算成本控制部门、业主和相应的施工单位等。

2. 设计说明交底

设计说明作为总纲文件，强调纲领作用、规范引用、通用标准、具体要求、质量通病防范和作业指导意见。

3. 平面布局注意事项

强调二次现场复测重要性、控制开间距离、楼层标高数据及调整办法，疏散门要求、安全出口和避难通道距离控制。

4. 重点子项技术管控要点

构造做法、材料特性、荷载大小、引用标准、工作缝留置、施工技术措施、质量通病防范办法、防火封堵做法、室内二次防水做法。

5. 装饰材料防火等级和环保要求

相应区域材料防火等级要求，阻燃剂氨限量和排施标准、防火涂料施涂厚度要求、装饰材料 GB 18580～18588 主要环保指标限量标准、油漆工程和粉末工程及吊装工程安全事项。

5.3 装配式装修设计模数

5.3.1 模数基本要求

1. 基本模数和导出模数

基本模数的数值应为 100mm（1M 等于 100mm）。建筑部件的模数化尺寸，应是基本模数的倍数。导出模数应分为扩大模数和分模数，扩大模数基数应为 2M、3M、6M、9M、12M⋯⋯；分模数基数应为 M/10、M/5、M/2[27]。

2. 模数网格

结构网格宜采用扩大模数网格，且优先尺寸应为 2nM、3nM 模数系列。装修网格宜采用基本模数网格或分模数网格。隔墙、固定橱柜、设备、管井等部件宜采用基本网格，构造做法、接口、填充件等分部件宜采用分模数网格。分模数的优先尺寸应为 M/2、M/5。

5.3.2 平面设计的模数

（1）建筑物的开间或柱距，进深或跨度，梁、板、隔墙和门窗宽度等分部件的截面尺寸宜采用水平基本模数和水平扩大模数数列，且水平扩大模数数列宜采用 2nM、3nM（n 为自然数）。

（2）装配整体式住宅宜采用 2M＋3M（或 1M、2M、3M）灵活组合的模数网格设计，以适应墙体改革，满足住宅建筑平面功能布局的灵活性，达到模数网格的协调。

（3）墙厚度的优选，尺寸系列宜根据 1M 的倍数及其与 M/2 的组合确定，宜为 100mm、150mm、200mm、250mm、300mm。

（4）楼板厚度的优选，尺寸序列为 80mm、100mm、120mm、140mm、150mm、160mm、180mm；内隔墙厚度优选尺寸序列为 60mm、80mm、100mm、120mm、150mm、180mm、200mm；高度与楼板的模数序列相关。

5.3.3 高度设计的模数

（1）建筑物层高和门窗洞口高度等宜采用竖向基本模数和竖向扩大模数系列，且竖向扩大模数数列宜采用 nM。

（2）部件优先尺寸，建筑层高和室内净高满足模数层高和模数室内净高的要求。高度选用 $0.5n$M 作为优先尺寸的数列。

5.3.4 住宅户型设计模数

住宅户型模数选用参见图 5-1。

5.3.5 其他设计的模数

（1）楼梯梯段宽度应采用基本模数的整数倍数。

（2）住宅楼梯踏步的高度不应大于 175mm 且不应小于 150mm，各级踏步的高度均应相同。

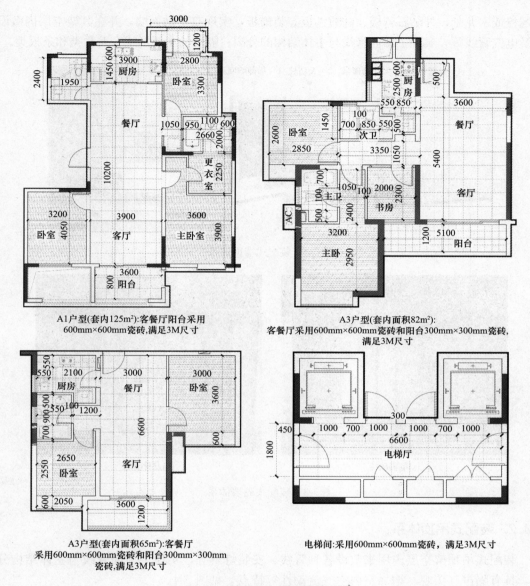

A1户型(套内125m²):客餐厅阳台采用
600mm×600mm瓷砖,满足3M尺寸

A3户型(套内面积82m²):
客餐厅采用600mm×600mm瓷砖和阳台300mm×300mm瓷砖,
满足3M尺寸

A3户型(套内面积65m²):客餐厅
采用600mm×600mm瓷砖和阳台300mm×300mm
瓷砖,满足3M尺寸

电梯间:采用600mm×600mm瓷砖,满足3M尺寸

图 5-1　精装住宅户型模数设计

（3）楼梯踏步的宽度宜采用 260、270、280、290、300（单位：mm）。

（4）其他构造节点和分部件的接口尺寸等宜采用分模数数列，且分模数数列宜采用 M/10、M/5、M/2。

5.4　装配式装修子体系设计

5.4.1　墙面与隔墙体系

装配式墙面和隔墙系统集成支撑构造、填充构造和饰面层（图 5-2），包含与外墙及分户墙结合的贴面墙和室内隔墙（图 5-3），以及相应部位的管线和设备。承重墙墙面可采用树脂螺栓或木龙骨，外贴石膏板、硅酸钙板等装饰板，实现双层贴面墙，并在其架空层内敷设备及电气管线等，实现了墙面管线与主体结构的分离；隔墙的主要形式有龙骨类和条板类。

4—贴壁纸　3—无纺墙面纸　2—无纺柱　1—局部墙面处理

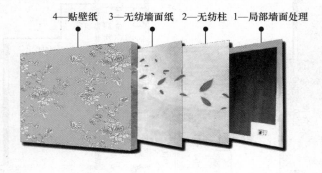

图 5-2　装配式墙面体系

(a)条板隔墙 　　　　　　　　　　　(b)龙骨隔墙

图 5-3　装配式隔墙体系

5.4.2　装配式吊顶体系

装配式吊顶架空层内用来敷设各种管线、安装灯具等，实现了顶面管线与主体结构分离，具有隔声、美观、增加室内空气流动性等特点，见图 5-4。

(a)吊顶面层 　　　　　　　　　　　(b)吊顶龙骨

图 5-4　装配式吊顶体系

5.4.3　干法楼地面体系

通过在结构楼板上采用树脂或金属地脚螺栓，在地脚螺栓上再敷设衬板及地板面层形成架空层的集成地面部品。架空层高度可以调节，可以敷设水管、电管、暖管，实现了地面管线与主体结构的分离，具有隔声保温性能好、缓冲性好、脚感好等优点，见图5-5。

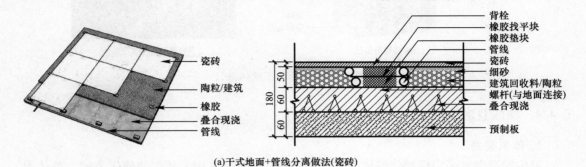

(a)干式地面+管线分离做法(瓷砖)

(b)干式地面+管线分离做法(木地板)

(c)干式地面平整度调整三维做法节点

图 5-5　干法楼地面体系

除了上述干法楼地面做法，在有些地区如云南、海南等，为减少砂浆等湿作业，墙砖、地砖免找平薄贴，也属于干作业的施工工法[87]。相对于国内"厚贴法"使用砂浆厚度为15～20mm，薄贴法将基层胶粘剂刮成条纹状以后，厚度只有3～5mm。薄贴法对基层平整度要求较高，一般要求平整度在5mm以内，见图5-6。在装配率计算时，采用薄贴法的楼地面、集成厨房、集成卫生间均可计分。

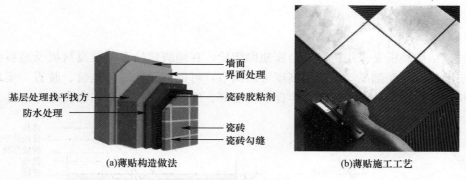

(a)薄贴构造做法　　　　　　(b)薄贴施工工艺

图 5-6　瓷砖薄贴工法体系

5.4.4　集成卫浴体系

1. 体系类别

卫生间选型宜采用标准化整体卫浴内装部品，安装应采用干式工法施工方式。整体卫浴是以防水底盘、墙板、顶盖构成整体构架体系，结构独立，配上各种功能洁具形成的独立卫生单位，具有洗浴、洗漱和如厕三项基本功能或其功能的任意组合。整体卫浴工厂化产品，是系统配套与组合技术的集成，整体卫浴在工厂预制，采用模具将玻璃纤维增强塑料 SMC 复合材料一次性压制成型，现场直接整体安装，适应建筑耐用性的需求，工厂化集中生产，有利于质量和成本管理。

整体卫浴设计宜干湿分离方式，给水排水、通风和电气等管道管线连接应在设计预留的空间内安装完成，并在各专业设备系统预留的接口处设置检修口；整体卫浴的地面不宜高于套内地面完成面的高度，详见图 5-7。

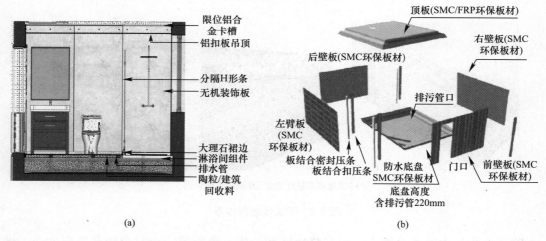

(a)　　　　　　　　　　　(b)

图 5-7　集成卫浴体系

2. 设计标准

每套住宅的卫生间，应至少配置便器、洗浴器和洗面器三件卫生设备或为其预留设置位置及条件。三件卫生设备集中配置的卫生间的使用面积不应小于 2.5m²，详见图 5-8、

图 5-9。

图 5-8　整体卫浴内景布置图　　　　图 5-9　整体卫浴外廓构造图

3. 模数设计

整体浴室模数化。整体浴室是工厂化产品，一般尺寸为：1800mm × 1800mm、1800mm×2100mm，在空间设置上要预留安装空间和管线空间，见图 5-10。

4. 地面和墙顶面空间体系技术要求

（1）地面结构排水系统

卫生间应设置离室外公共竖井最近的区域，并集中分布三个功能模块，其目的是减少布管的路径和纵向的交叉，从而获得最有效的降板空间。洁具部品与排水管件的选型和末端位置，在综合管线设计中必须提前考虑从立管管件接口到洁具末端接口的整个路径，包括接口高度、路径长度、找坡高度，计算出整个布管高度空间的需求量，估算出建筑结构可能存在的建造偏差；同时，考虑管件固定和保温、隔声包裹所需的空间（15mm 范围内）。综合以上数据得到管线层需要的高度，从而决定整个路径

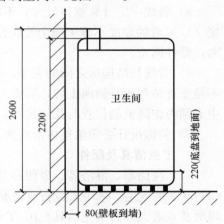

图 5-10　整体卫浴外廓构造图

中各个接头的标高值。在确定具体洁具部品型号和整体浴室时，严格按照综合布管设计原则定板，并且完成降板高度和地面完成面的厚度做法的详细设计。

（2）墙顶面管线龙骨体系

墙顶给水、机电、换气、加热、照明系统，给水管线、机电管线、换气风道、加热设备、照明都隐藏在轻钢龙骨隔墙和顶棚吊顶中，出现了与龙骨体系的交叉固定，与设备之间的横向和纵向的交叉；如何优化综合布线系统和末端定位成了设备协调的关键。关系排序，风需大于水，水需大于电，电需求大于加热和照明。换气风管直径最大、占用空间最多，管线要求建筑预留洞口一次成型，不能拆改，所以必须首先考虑它。给水布管路径要

求高，必须尽可能减少高低起伏和转弯，目的是保证使用功能。电管路径虽然要求较低，可通过过线盒的方式走线，但是其回路数量多，管线量较大，是出现交叉打架的概率是最高的。照明和加热属于末端需求，在综合布线时考虑预留安装位置即可。综合布线方式，同样先确定各种末端位置，特别是强弱电定位，再确定空间隔墙的厚度及吊顶的完成面最高与最低标高值，最后得到管线层的空间高度。

5. 安装技术要求及措施

（1）规范要求

整体卫浴应符合国家现行有关标准《整体浴室》GB/T 13905、《住宅整体卫浴间》JGJ/T 183 的规定，内部配件应符合相关产品标准的规定。要求如下：

1）整体卫浴内空间尺寸偏差允许±5mm；

2）壁板、顶板、防水底盘材质的氧指数不应低于 32；

3）整体卫浴的门应设置有在应急时可从外面开启的装置；

4）坐便器及洗面器产品应自带存水弯或配有专用存水弯，水封深度至少为 50mm。

（2）具体措施

1）结构预留洞口位置和数量与管线排布的关系，洞口底部高度决定了管线的标高，这也是限制空间标高的固定因素。如果采用降板的手法，降低的高度必须满足整体浴室的安装要求。

2）整体浴室下的水平下水管与竖直排水管的距离应尽量缩短，路径必须满足给水排水的规范要求，比如下水不允许 180°回头设计等。

3）管线一定计算整体尺寸，不能以中线计算，必须含有直径宽度、纵向交叉后的厚度（U 形弯的厚度不等于两个管线直径之和，中间需 10～15mm 的空间）、横向间隔的距离，管件固定。

4）管线与结构板之间的关系，遇梁时是穿洞还是抱梁，遇到降板结构底边缘高差，不是垂直转弯而是斜向走坡，需要 150～200mm 的横向距离。如果为局部降板，结构设计中必须考虑降低的位置与几何尺寸，必须与整体浴室的模数对应。

5）装饰设计必须给整体浴室留有足够的空间。

6. 卫生洁具及配件

（1）洗面器、淋浴器、坐便器及低水箱等陶瓷制品应符合现行国家标准《卫生陶瓷》GB 6952 的规定。采用人造石或玻璃纤维增强塑料等材料时，应符合现行行业标准《人造玛瑙及人造大理石卫生洁具》JC/T 644 和相关标准的规定。

（2）玻璃纤维增强塑料浴缸应符合现行行业标准《玻璃纤维增强塑料浴缸》JC/T 779 的规定，FRP 浴缸、丙烯酸浴缸应符合现行行业标准《住宅浴缸和淋浴底盘用浇铸丙烯酸板材》JC/T 858 的规定，搪瓷浴缸应符合现行行业标准《搪瓷浴缸》QB/T 2664 的规定。

（3）配件包括浴缸水嘴、洗面盆水嘴、低水箱配件和坐便器及排水配件等。浴缸水嘴应符合现行行业标准《浴盆及淋浴水嘴》JC/T 760 的规定，洗面水嘴应符合现行行业标准《面盆水嘴》JC/T 758 的规定，坐便器配件应符合现行行业标准《坐便器坐圈和盖》JC/T 764 的规定，卫生洁具排水配件应符合现行行业标准《卫生洁具排水配件》JC/T 932 的规定。排水配件也可以采用耐腐蚀的塑料制品、铝制品等，但应符合相应的标准。

7. 电器

（1）照明灯具、排风扇、开关插座等电器应符合现行国家标准《家用和类似用途电器的安全 第 1 部分：通用要求》GB 4706.1 及其他相应标准的规定。

（2）电器施工安装应符合现行国家标准《建筑电气工程施工质量验收规范》GB 50303 中的要求。

（3）除电器设备自带开关外，外设开关不应置于整体卫浴内。

5.4.5　集成厨房体系

1. 体系类别

装配式建筑室内装饰中设置的厨房宜采用整体厨房的形式，整体厨房选型应采用标准化内装部品，安装应采用干式工法的施工方式，见图 5-11。

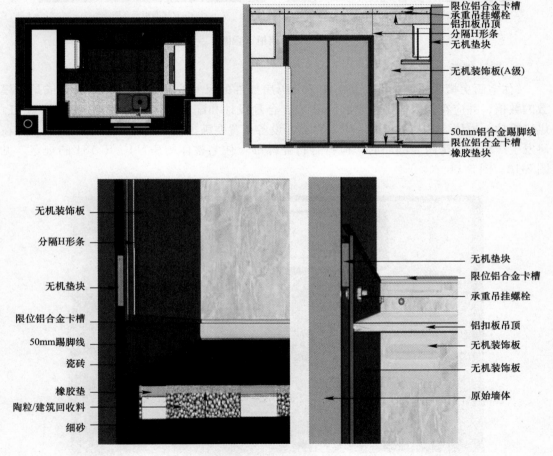

图 5-11　集成厨房体系

2. 设计标准

厨房的使用面积应符合下列规定：由卧室、起居室（厅）、厨房和卫生间等组成的住宅套型的厨房面积，不应小于 4.0m²；由兼起居的卧室、厨房和卫生间等组成的住宅最小套型的厨房使用面积，不应小于 3.5m²。单排布置设备的厨房净宽不应小于 1.5m，双排布置设备和厨房其两排设备之间的净距不应小于 0.9m，见图 5-12。

(a)单排橱柜示意图　　　　　　　　　　(b)双排橱柜示意图

图 5-12　橱柜示意图

3. 设计模数

《住宅厨房模数协调标准》JGJ/T 262 厨房部件的尺寸应是基本模数的数倍或是分模数的数倍，并应符合人体工程学的要求[88]。合理设计和配置整体厨房清洗、储藏、烹饪/烘烤等功能模块。其基本尺寸、设备种类、设备布置要满足使用的相关要求，生产企业在研发生产整体厨房内装部品时，应符合行业标准《住宅整体厨房》JC/T 184 的规定，见图 5-13、图 5-14。

图 5-13　橱柜人体工程学示意图一

4. 整体橱柜柜体配置

（1）单元柜

包括地柜、吊柜、中立柜、高立柜，主要组成为门板和柜体。

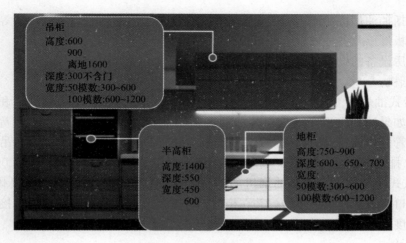

图 5-14　橱柜人体工程学示意图二

地柜（操作台、清涤池、灶柜）高度应为 750～900mm，地柜底座高度为 100mm。当采用非嵌入灶具时，灶台台面的高度应减去灶具的高度，操作台面上吊柜底面距室内装修地面的高度宜为 1600mm，地柜的深度可为 600mm、650mm、700mm，推荐尺寸宜为 600mm，地柜前缘踢脚板凹口深度不应小于 50mm。吊柜的深度应为 300～400mm，推荐尺寸宜为 350mm。

厨房部件宽度尺寸应符合表 5-1 的规定。

厨房部件宽度尺寸　　　　　　　　表 5-1

厨房部件	宽度尺寸（mm）
操作柜	600、900、1200
洗涤池	600、800、900
灶柜	600、750、800、900

（2）门板

包括三聚氰胺纸贴面、防火耐磨板贴面、PVC（PE）吸塑、实木贴面、纯实木、铝合金木质玻璃门等形式。

（3）台面

包括人造石台面、防火板台面、不锈钢台面。

（4）装饰件

包括层架板（搁板）、顶线、顶板、顶封板。

（5）地脚板和地脚支柱

地脚板包括黑色或白色塑料、铝合金、贴木皮；地脚支柱包括黑色或白色塑料等。

（6）功能配件

包括大、小金属拉篮，星盆（包括人造石星盆和不锈钢星盆），米箱，垃圾箱。

（7）五金配件

包括门铰、导轨、拉手、吊码、其他结构配件。

（8）电器和灯具

电器包括抽油烟机、冰箱、炉灶、烤箱、微波炉、消毒柜、垃圾处理器等；灯具包括层板灯、顶板灯以及各种内置、外置式橱柜专用灯。

（9）厨房设备的设置技术要求

1）油烟机：

① 深吸式油烟机。设计时的起吊高度一般为 1500～1600mm，其他要求和近吸式吸油烟机相同。如果油烟出口在油烟机柜的后面，则油烟机柜的高度要大于或等于 300mm，以方便油烟管的排放。电源插座设置在油烟机上方吊顶中，插座高度应该在吊顶标高线上方 100mm，排烟道长度不大于 3000mm，预留抽烟机吊柜宽度应为 900～1000mm。

② 嵌入式燃气炉。设置在抽烟机的正下方，预留安装位置宽度参考具体设备选型。燃气支管接口隐藏于地柜柜体中，并在柜门上设置铝合金透气百叶，预留可接电磁炉的电源插座，高度距离地 500mm 为宜。

2）电饭煲：

电源插座预留位置应根据设计方案确定。当设于台面上时，距地高度为 1300mm；当设于柜内时底部加装抽拉式轨道托盘，距地高度为 600～650mm，电饭煲预留空间宽度 500～600mm，深度为 550～600mm，柜体单元格高度为 400～450mm；全嵌入式根据设备选型要求预留；电源插座预留位置为单元柜体内，距地高度 750～800mm。

3）微波炉：

设于柜体内，距地高度为 1000～1200mm，宽度为 500～600mm，深度为 550～600mm，柜体单元格高度为 400～450mm，电源预留位置为单元柜体内，距地高度为 1150～1300mm，微波炉设于台面上时，根据设计方案规划位置，电源距地高度 1300mm。

4）嵌入式消毒柜：

设计时一定要注意箱体尺寸与柜子净空高度的配合，特别是立柜的设计，上、下板与电器接触位要留出 10mm 的柜身可见位，以方便消毒柜的安放。如按门板与柜身板平齐来做，消毒碗柜就不能完全安放进去。一般预留宽度为 600mm，高度为 650mm，深度为 600mm，具体根据设备选型要求预留。电源插座的位置设置在所在地柜旁边的单元柜内，便于必要时切断电源，高度为 500mm。

5）吊柜中或吊柜底部灯具电源：

预留电位高度为 1700mm，位置在吊柜背板墙上，由后期施工安装接线，最好电源控制能与厨房顶棚照明开关同面板设置且单独控制，方便使用。

6）冰箱：

空间预留宽度为 700～800mm，电源距地高度为 1300mm，安装在后背墙或侧墙上。

7）垃圾处理器：

预留电源在洗菜地柜柜体内，距地高度为 500mm，横向距排水口中线为 250mm，且需在附近墙面上设计关联开关控制电源联通。

8）台面预留电源：

一字形台面上预留电源插座数量为 1～2 个，距地高度为 1300mm；走廊形台面上预留电源插座数量为 2～3 个，距地高度为 1300mm，分置在两侧台面上。

9）给水排水：

冷、热进水口水平位置的确定，应考虑冷热水口连接和维修的操作空间，设定在洗物柜中，分列在排水口线左右 100mm 处，距地高度为 1500mm；排水口或下水口位置的确定，考虑排水的通畅、维修方便和地柜之间的影响，设定在洗菜盆的下方，根据部品选择确定与墙的距离。排水管设置在板上，隐藏在地柜下方，通过踢脚板遮挡，但排水路径与主立管距离不超过 2000mm。

10）照明的选择：

厨房灯光需分成两个层次：一个是对整个厨房的照明；一个是对洗涤、预备、操作的照明。整体照明选用多点式防雾筒灯平均分布，减少眩光和阴影对操作的影响；其次，在光谱上选用三基色光，避免环境光对食物判断的影响，操作区域的点照明是通过整体橱柜吊柜底部灯源来辅助的，特别是满足了不开整体照明的情况下使用部分功能的需求。

5. 整体厨房功能模块的技术事项

（1）清洗功能模块选用要点

1）水槽的两边应留有足够的空间，保证台面强度，避免台面断裂。水槽临墙布置时，应留有 80mm 以上的间隙。

2）水槽处于拐角处时，两边应留有足够的空间，以方便操作。

3）给水排水系统要布置在水槽柜内。

（2）储藏功能模块设计要点

1）冰箱不应布置在门后，避免影响门的开启。

2）冰箱的旁边应设有台面，方便食品取用，冰箱不宜和半高柜或高柜放在一起。

3）冰箱布置在临墙一侧要留有满足冰箱散热的空间，并符合工作动线和冰箱开启的要求。

（3）烹饪/烘烤功能模块设计要点

1）水槽柜与灶台柜在设计时，如若靠墙，则需留有 80mm 的间隙。

2）如燃气灶和水槽在同直线台面上，两者间的距离不应小于 400mm，以保持相对独立的工作区域。

3）吸油烟机尽量靠近排烟口布置，以缩短排烟管的长度，增强排烟的效果。

（4）其他设计要点

1）设计中应特别注意转角处，要留有足够的调整板，以利于两边柜子的开启。转角处尽量不要出现抽屉柜。预留足够的调整板，在安装时就有足够的调整余地，不容易出现柜子装不进的情况；调整板也不宜过大，这样会影响美观。

2）在厨房设计中，遇到不同位置、不同大小的障碍物时，应做以下处理：障碍物的正面尺寸小于 100mm 时，可以加填封板的方式处理；障碍物正面尺寸大于 100mm 时，可以采用改变柜体深度的方法处理。

3）整体厨房内装部品的选择，应考虑到厨房炊事工作的特点，并符合人体工程学和建筑模数化的要求。存储、备餐和烹饪三区按取材、洗净、备膳、调理、烹煮、盛装、上桌的顺序，沿着炉灶、冰箱和洗涤池组成一个三角形，将米箱、垃圾筒、厨具等功能配件围绕三个基点进行合理配置，使各种器物存取、使用方便。灶台与洗菜池距离为 450～600mm，冰箱不宜靠近灶台和洗菜池，因为会影响冰箱内温度且溅出来的水会导致漏电。切菜板安装在近窗口处让阳光照射，灶台要避免接近窗口，以免吹熄灶火而导致燃气泄漏。

5.4.6　整体收纳体系

1. 体系类别

室内装修设置的收纳部品宜采用整体收纳的形式，整体收纳选型应采用标准化内装部品，安装应采用干式工法的施工方式。

2. 设计标准

储藏收纳系统包含独立玄关收纳、入墙式柜体收纳、步入式衣帽间收纳、台盆柜收纳、镜柜收纳等；储藏收纳系统设计应布局合理、方便使用，宜采用步入式设计，墙面材料宜采用防霉、防潮材料，收纳柜门宜设置通风百叶[89]。

3. 门厅空间

建筑设计预留衣柜的空间，一般考虑设置在入门墙垛侧，以便在固定的空间中，将鞋柜和衣柜合二为一；也可留有随手搁取物件的平台和信件快递的签售操作空间，单独设置鞋柜的，厚度不小于 300mm；与衣柜合用时，厚度不小于 550mm。

（1）主要储物分两类：

1）鞋物，包括常密集穿的鞋、拖鞋和换季鞋；

2）其他，包括外衣、包、宠物用具、杂物。

（2）储物解决方案：

最佳：门厅尺寸为 1500mm×1800mm，高度 2400mm，面积 2.7m²，门厅柜尺寸为 1500mm×600mm，高度 2000mm，至顶棚底，平面储藏面积 0.9m²。

最小：门厅尺寸为 1200mm×1600mm，高度 2400mm，面积 1.92m²，门厅柜尺寸为 1200mm×450mm，高度 2000mm，至顶棚底，平面储藏面积 0.5m²。

4. 走廊公共交通空间

走廊是联系室内各空间的纽带，设计中可将隔墙变化凹形墙面，利用凹位空间设置公共储藏柜能有效地提升附加功能，同时加大储藏空间的容量。空间进深保证在 350～600mm，宽度根据实际空间分隔、整合。

（1）主要的储物分四类：

1）书类：书籍、杂志、报刊；

2）箱包：旅行箱、背包；

3）杂物：儿童玩具、小型电器（吸尘器）等。

4）小型家具工具：螺钉旋具、榔头、钉子、扳手、电线等。

（2）储物解决方案：

最佳：长 2200mm，厚 600mm，高 2400mm，走廊净尺寸宽度为 1100mm，平面储藏面积 1.32m²。

最小：长 1000mm，厚 350mm，高 2300mm，走廊净尺寸宽度为 1000mm，平面储藏面积 0.35m²。

5. 起居室及餐厅空间

起居室与餐厅在中小户型住宅中一般都是联合空间，并非独立设置，而储藏空间一般由业主自行解决，在空间上要满足活动家具摆放的需求，并且墙面要相对整齐，避免凹凸变化，适应不同家具的尺寸，如图 5-15～图 5-17 所示。

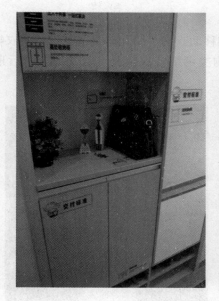

图 5-15　玄关收纳空间示意

图 5-16　起居收纳空间示意图一　　　　　图 5-17　起居收纳空间示意图二

（1）主要的储藏物分为五类：

1）电器类：电视机、DVD 机、数字电视接收盒等。

2）食材类：零食、饮料、茶品、酒品、饮水机等。

3）资料类：书籍、杂志、影碟等。

4）餐具类：碗、碟、盘等。

5）杂物类：随手搁置的物件等。

（2）储物解决方案：

储物解决方案：

A 类和 C 类通过成品电视机解决，常用模数为长 900～1200mm、厚 450～500mm、高 600mm，至顶棚底。

B 类和 D 类通过餐柜解决，常用模数为长 1000～1500mm、厚 320～450mm、高 900mm，至顶棚底。

E 类通过成品沙发角几和茶几解决，角几常用模数为长 450～600mm、厚 450～600mm、高 450～500mm 或直径为 450～600mm 的圆台；茶几常用模数为长 750～1200mm、宽 600～1000mm、高 350～650mm。

6. 卧室空间

卧室储藏空间根据物件分为固定收纳和移动收纳，如衣物类通过衣柜或衣帽间的形式储藏；电器类通过电视柜的形式安置；杂物类可结合衣柜分类收纳或通过后期成品化妆台、床头柜的形式收置，见图 5-18。

图 5-18　卧室衣帽间收纳空间示意图

（1）主要的储藏物分为四类：

1）衣物类：男女衣物、床上用品等。

2）电器类：电视机、DVD 机、数字电视接收盒、小型家电等。

3）杂物类：化妆品、日常用品类。

4）书籍类：书、杂志、报刊等。

（2）储物解决方案：

次卧室衣柜一般设置在门边开启侧，最佳尺度为长 1800mm、厚 650mm，最小尺寸为长 1200mm，高度均到顶棚底。主卧室衣帽间一般设置在房间内走廊侧或进入端，最佳尺度为长 2400mm、宽 2000mm；最小尺寸为长 1800mm、宽 1500mm。电视机位置一般是床正对的墙面，常用模数为长 900～1500mm、厚 450～550mm。床头柜位置在床头两侧或单侧，常用模数为长 400～600mm、厚 350～500mm。

化妆台位置在外窗附近，常用模数为长 750～1100mm、厚 400～500mm。写字台位置也在外窗附近，常用模数为长 1000～1400mm、厚 450～600mm。书架位置的面积受限时可考虑墙挂式，通常用宽 320～380mm 的隔板搭建，面积允许的情况下可设落地式，常用模式为长 800～1200mm、厚 350～450mm、高 2100mm。

A 类和 C 类通过成品电视机解决，常用模数为长 900～1200mm、厚 450～500mm、高 600mm，至顶棚底。B 类和 D 类通过餐柜解决，常用模数为长 1000～1500mm、厚 320～450mm、高 900mm，至顶棚底。E 类通过成品沙发角几和茶几解决，角几常用模数为长 450～600mm、厚 450～600mm、高 450～500mm 或直径为 450～600mm 的圆台；茶几常用模数为长 750～1200mm、宽 600～～1000mm、高 350～650mm。

5.4.7　收口节点体系

1. 哈芬槽

哈芬槽采用窗帘盒、封闭节点、内藏排气扇做法，见图 5-19。

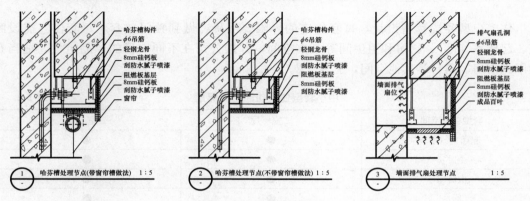

图 5-19　收口节点做法

2. 管线预埋

管线预埋构造做法，见图 5-20。

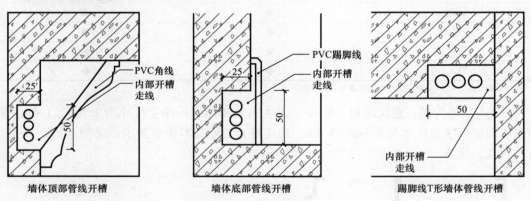

图 5-20　管线预埋构造做法

3. 卫生间吊顶

卫生间（沉池）吊顶标高控制，见图 5-21。

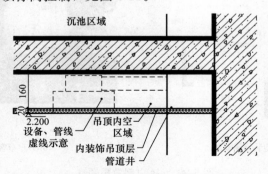

图 5-21　卫生间（沉池）吊顶标高控制构造做法

5.5 精装修住宅的成本配置

5.5.1 功能空间配置

住宅户型要按套型设计，每套住宅的界限要明确，做到独门独套。每套住宅需设卧室、起居室（厅）、厨房和卫生间等基本空间，并按公司在不同项目的产品定位，适当布置阳光书房、露台等其他空间，见表5-2。

中小套型住宅功能空间配置　　　　　　　　　　　表 5-2

套型功能空间	二室一厅	三室二厅
起居室（厅）	●	●
主卧室	●	●
次卧室	●	●
厨房	●	●
卫生间	●	●
生活阳台	●	●
服务阳台	★	●
储藏间	★	●
餐厅	◆	●
入户门厅	★	◆
洗衣间	◆	◆

图例：●必备功能空间　★宜设功能空间　◆可选功能空间

以 G1 户型为例：建筑面积：88m²。卫生间完成饰面后净空尺寸为 1.8m×1.8m，厨房完成饰面后净空尺寸为 1.5m×3.0m，均应符合 3M 基本模数要求，见图5-22。风格定位：现代、简洁。

(a)G1户型装修平面图　　　　　　　　(b)G1户型客厅效果图

图 5-22　G1 户型效果图（一）

(c)G1户型卧室效果图

(d)G1户型厨房效果图

图 5-22 G1 户型效果图（二）

5.5.2 精装成本标准（表 5-3～表 5-5、图 5-23）

住宅精装修标准（舒适版）   表 5-3

序号	子项名称	级别	舒适版	建筑面积	120m²	造价标准	750 元/m²	供方库合格品牌
1	免漆轻奢复合户内单开门	材质：高分子装饰皮、实木内套框、中纤密度板、锁具、五金及配件						
		数量：3 套，尺寸：0.9m×2.15m，综合单价：1000 元/套（锁具：120 元/套）						
2	免漆轻奢复合户内推拉门	材质：高分子装饰皮、实木内套框、中纤密度板、五金及配件						
		数量：1 套，尺寸：1.5m×2.15m，综合单价：1500 元/套						
3	户内铝合金单开门	材质：1.6mm 厚铝合金门框、6mm 钢化玻璃、锁具五金及配件						
		数量：2 套，尺寸：0.9m×2.15m，综合单价：900 元/套						
4	客餐厅瓷砖地面	材质：瓷质砖（含水率 0.5％以下）						
		数量：30m² 以内，尺寸：800mm×800mm，综合单价：140 元/m²						
5	阳台地面	材质：炻质砖（含水率 6％～10％）						
		数量：13m² 以内，尺寸：300mm×300mm，综合单价：110 元/m²						
6	卧室强化地板	材质：0.6mm 厚高分子耐磨装饰皮、12mm 中纤密度板						
		数量：30m² 以内，尺寸：170mm×1220mm×12mm，综合单价：115 元/m²						
7	门槛人造石	材质：12mm 人造石						
		数量：2m² 以内，综合单价：260 元/m²						
8	卧室人造石窗台板	材质：人造石						
		数量：4m² 以内，尺寸：12mm 厚，综合单价：300 元/m²						
9	厨房卫生间墙砖	材质：釉面内砖（含水率 10％～21％）						
		数量：50m² 以内，尺寸：300mm×600mm，综合单价：110 元/m²						
10	厨房卫生间地砖	材质：炻质砖（含水率 6％～10％）						
		数量：15m² 以内，尺寸：300mm×300mm，综合单价：110 元/m²						
11	墙顶面乳胶漆	材质：乳胶漆						
		数量：210m² 以内，综合单价：28 元/m²						

序号	子项名称	级别	舒适版	建筑面积	120m²	造价标准	750元/m²	供方库合格品牌
12	石膏板顶角线	材质：石膏						
		数量：68m以内，综合单价：20元/m						
13	卡式龙骨石膏板吊顶	材质：卡式龙骨、50mm副龙骨、两层石膏板						
		数量：10m²以内，综合单价：120元/m²						
14	厨卫间铝合金饰面吊顶	材质：吸顶式龙骨、300mm×300mm×0.5mm厚铝合金饰面板						
		数量：15m²以内，综合单价：95元/m²						
15	橱柜及吊柜	材质：18mm防潮板、石英石台面、304不锈钢水槽及长柄龙头、五金配件						
		数量：4m以内，尺寸：地柜600mm宽×750mm高，吊柜350mm厚×500mm高，综合单价：1500元/m						
16	厨电	设备：油烟机和燃气灶						
		数量：1套装，综合单价：3600/套装						
17	盥洗室台盆	材质：PVC柜体、陶瓷台盆、304不锈钢龙头、防雾镜壁柜						
		数量：1套，尺寸：0.9m以内，综合单价：1200元/套						
18	卫生间蹲便器	材质：陶瓷、PVC水箱						
		数量：1套，综合单价：350元/套						
19	卫生间坐便器	材质：陶瓷						
		数量：1套，综合单价：600元/套						
20	淋浴花洒	材质：304不锈钢						
		数量：1套，综合单价：450元/套						
21	开关插座	材质：难燃PVC						
		数量：50个以内，综合单价：25元/个						
22	照明换气一体机	材质：难燃PVC及金属						
		数量：1套，综合单价：350元/套						
23	阳台吸顶灯	材质：金属						
		数量：1套，综合单价：80元/套						
24	筒灯	材质：金属						
		数量：1套，综合单价：30元/套						

客餐厅(新古典舒适版)

卧室(新古典舒适版)

图5-23 住宅精装修舒适版效果图（一）

客餐厅(时尚舒适版)

卧室(时尚舒适版)

首层电梯间

标准层电梯间

图 5-23　住宅精装修舒适版效果图（二）

住宅精装修标准版 表 5-4

序号	子项名称	级别	标准版	建筑面积	120m²	造价标准	600 元/m²	供方库合格品牌
1	免漆标准型复合户内单开门	材质：高分子装饰皮、实木内套框、中纤密度板、锁具、五金及配件						
		数量：1 套，尺寸：0.9m×2.05m，综合单价：800 元/套（锁具：100 元/套）						
2	免漆标准型复合户内推拉门	材质：高分子装饰皮、实木内套框、中纤密度板、五金及配件						
		数量：1 套，尺寸：1.5m×2.05m，综合单价：1200 元/套						
3	户内铝合金标准型单开门	材质：1.4mm 厚铝合金门框、6mm 钢化玻璃、锁具五金及配件						
		数量：1 套，尺寸：0.9m×2.05m，综合单价：750 元/套						
4	客餐厅强化地板地面	材质：0.6mm 厚高分子耐磨装饰皮、12mm 中纤密度板						
		数量：30m² 以内，尺寸：170mm×1220mm×12mm，综合单价：115 元/m²						
5	阳台地面	材质：炻质砖（含水率 6%～10%）						
		数量：12m² 以内，尺寸：300mm×300mm，综合单价：100 元/m²						
6	卧室强化地板	材质：0.6mm 厚高分子耐磨装饰皮、12mm 中纤密度板						
		数量：30m² 以内，尺寸：170mm×1220mm×12mm，综合单价：115 元/m²						
7	门槛人造石	材质：12mm 人造石						
		数量：2m² 以内，综合单价：260 元/m²						
8	卧室人造石窗台板	材质：人造石						
		数量：4m² 以内，尺寸：12mm 厚，综合单价：300 元/m²						
9	厨房卫生间墙砖	材质：釉面内砖（含水率 10%～21%）						
		数量：50m² 以内，尺寸：300mm×600mm，综合单价：100 元/m²						

序号	子项名称	级别	标准版	建筑面积	120m²	造价标准	600 元/m²	供方库合格品牌
10	厨房卫生间地砖	材质：炻质砖（含水率 6%～10%）						
		数量：15m² 以内，尺寸：300mm×300mm，综合单价：100 元/m²						
11	墙顶面乳胶漆	材质：乳胶漆						
		数量：210m² 以内，综合单价：28 元/m²						
12	石膏板顶角线	材质：石膏						
		数量：30m 以内，综合单价：20 元/m						
13	卡式龙骨双层石膏板吊顶	材质：卡式龙骨、50mm 副龙骨、石膏板						
		数量：10m² 以内，综合单价：120 元/m²						
14	厨卫间铝合金饰面吊顶	材质：吸顶式龙骨、300mm×300mm×0.5mm 厚铝合金饰面板						
		数量：15m² 以内，综合单价：95 元/m²						
15	盥洗室台盆	材质：PVC 柜体、陶瓷台盆、304 不锈钢龙头、防雾镜壁柜						
		数量：1 套，尺寸：0.9m 以内，综合单价：1200 元/套						
16	卫生间蹲便器	材质：陶瓷、PVC 水箱						
		数量：1 套，综合单价：350 元/套						
17	卫生间坐便器	材质：陶瓷						
		数量：1 套，综合单价：600 元/套						
18	淋浴花洒	材质：304 不锈钢						
		数量：1 套，综合单价：450 元/套						
19	开关插座	材质：难燃 PVC						
		数量：50 个以内，综合单价：20 元/个						
20	换气扇	材质：难燃 PVC 及金属						
		数量：1 套，综合单价：150 元/套						
21	防雾筒灯	材质：金属						
		数量：1 套，综合单价：30 元/套						
22	阳台吸顶灯	材质：金属						
		数量：1 套，综合单价：80 元/套						
23	筒灯	材质：金属						
		数量：4 套，综合单价：30 元/套						

住宅精装修公寓版　　　　　　　　　　　　　　　　　表 5-5

序号	子项名称	级别	标准版	建筑面积	45m²	造价标准	500 元/m²	供方库合格品牌
1	免漆标准型复合户内单开门	材质：高分子装饰皮、实木内套框、中纤密度板、锁具、五金及配件						
		数量：1 套，尺寸：0.9m×2.05m，综合单价：800 元/套（锁具：100 元/套）						
2	免漆标准型复合户内推拉门	材质：高分子装饰皮、实木内套框、中纤密度板、五金及配件						
		数量：1 套，尺寸：1.5m×2.05m，综合单价：1200 元/套						
3	客餐厅、卧室强化地板地面	材质：0.6mm 厚高分子耐磨装饰皮、9mm 中纤密度板						
		数量：30m² 以内，尺寸：170mm×1220mm×12mm，综合单价：100 元/m²						
4	阳台地面	材质：炻质砖（含水率 6%～10%）						
		数量：7m² 以内，尺寸：300mm×300mm，综合单价：100 元/m²						

序号	子项名称	级别	标准版	建筑面积	120m²	造价标准	600 元/m²	供方库合格品牌
5	门槛砖	材质：瓷砖						
		数量：4m 以内，综合单价：50 元/m						
6	卧室人造石窗台板	材质：人造石						
		数量：3m² 以内，尺寸：12mm 厚，综合单价：260 元/m²						
7	厨房卫生间墙砖	材质：釉面内砖（含水率 10%～21%）						
		数量：30m² 以内，尺寸：300mm×600mm，综合单价：100 元/m²						
8	厨房卫生间地砖	材质：炻质砖（含水率 6%～10%）						
		数量：7m² 以内，尺寸：300mm×300mm，综合单价：100 元/m²						
9	墙顶面乳胶漆	材质：乳胶漆						
		数量：150m² 以内，综合单价：28 元/m²						
10	卡式龙骨石膏板吊顶	材质：卡式龙骨、50mm 副龙骨、两层石膏板						
		数量：2m² 以内，综合单价：120 元/m²						
11	厨卫间铝合金饰面吊顶	材质：吸顶式龙骨、300mm×300mm×0.5mm 厚铝合金饰面板						
		数量：8m² 以内，综合单价：95 元/m²						
12	厨房橱柜	材质：防潮板、石材台板						
		数量：3m 以内，综合单价：800 元/m²						
13	厨电设备	设备：油烟机和燃气灶						
		数量：1 套装以内，综合单价：2000 元/套装						
14	卫生间柱盆	材质：陶瓷台盆、304 不锈钢龙头、水银镜						
		数量：1 套，综合单价：700 元/套						
15	卫生间蹲便器	材质：陶瓷						
		数量：1 套，综合单价：350 元/套						
16	淋浴花洒	材质：高分子						
		数量：1 套，综合单价：200 元/套						
17	开关插座	材质：难燃 PVC						
		数量：15 个以内，综合单价：30 元/个						
18	换气扇	材质：难燃 PVC 及金属						
		数量：1 套，综合单价：150 元/套						
19	防雾筒灯	材质：金属						
		数量：2 套，综合单价：30 元/套						
20	吸顶灯	材质：难燃 PVC						
		数量：1 套，综合单价：100 元/套						

5.6　本章小结

　　装配式建筑除了主体结构、外围护墙和内隔墙、设备管线外，还包含了装修。做全装修是装配式建筑的必备条件。除此之外，干式工法楼地面、集成厨房、集成卫生间是装配式建筑可选项，是否需要做，要根据《装配式建筑评价标准》GB/T 51129 计算确定。装配式装修强调内装部品工厂化生产，现场通过干式工法组装而成，现场湿作业大大减少，装饰施工效率大大提升。本章首先介绍了装配式装修的构架体系和设计特性，从方案到施工图设计阶段要考虑标准化、模数化要求；然后，是各子体系包括墙面和隔墙体系、吊顶体系、干法楼地面体系、集成卫浴体系、集成厨房体系、整体收纳体系、节点收口体系的构成和设计要求，各子体系要实现以集成化为特征的成套供应；最后，对精装修的配置成本优化提出一定的建议。

第 ❻ 章
装配式工艺专业深化设计

6.1 前言

工艺设计指根据制造业要求，工厂对所生产的产品，通过组织人、材、机等生产要素，进行符合工业工艺要求的设计过程。装配式建筑工艺设计，指在根据建筑要求和 PC 制造工厂生产工艺，考虑到现场装配，整体最优方案对现浇施工图进行的二次深化设计。工艺设计的行为不仅仅是为了绘制建筑的构件加工图纸，还需要完成构件在生产过程中所需要的信息及生产过程中的状态变化情况；最终，实现装配式建筑构件高效低成本生产、现场快速装配的目的。

传统采用现浇施工的建筑，其结构为统一的整体，构件独立存在并不明显。装配式建筑需要将结构构件进行拆分，整体结构通过拆分后预制的梁、柱、板等构件经现场拼装而成。装配式结构的生产、安装方式与传统的全现浇混凝土结构的设计和施工过程具有一定的区别，规范对装配式结构预制构件的尺寸和形状、节点构造有新的设计和构造要求，并且对制作、运输、安装和施工全过程都有更细化的要求。同时，装配式建筑方案设计阶段应协调建设、设计、制作、施工各方之间的关系，并且应该加强建筑、设备、装修等专业之间的配合[90]。在结构上，还应采取有效措施加强结构的整体性。在装配环节，装配式构件需要在节点未形成可靠连接、后浇层未成形等不利工况下以部分性能承担施工荷载，存在一定的安全风险，需要进行短暂工况验算。以上这些装配式结构区别于现浇构件的设计要求，带来了构件工艺设计的需求。在装配式工艺设计阶段，应加强与建筑、装修、结构、机电等设计专业之间的配合。预制构件深化设计的深度应满足建筑、结构和机电设备等各专业以及构件制作、运输、安装等各环节的综合要求。

6.1.1 设计前期准备

1. 设计条件

（1）建筑、结构专业已提供施工图蓝图，且有确保建筑立面造型可实施性的相关构造节点，受力分析、计算。

（2）设备专业已提供 MagiCAD 模型，完全按 MagiCAD 模型进行预留预埋。

（3）根据工厂现有条件制定各类预制件生产可行性分析，根据需要可对新结构模式的构件进行试制，以确保方案的可行性。

2. 熟悉建筑专业图纸，确定以下参数

①是否有地下室，如有地下室，地下室是否采用预制结构；②层数；③层高；④标准

层建筑面积；⑤是否有飘窗；⑥阳台、卫生间、厨房是否下沉，下沉多少；⑦楼梯是否通用；⑧外墙板厚度；⑨外立面的可实现性。

3. 熟悉结构专业图纸，确定以下参数

①结构标高；②结构分段；③楼板厚度；④梁截面尺寸是否统一；⑤有无主次梁；⑥结构图中是否有明确要求采用现浇的区域；⑦对结构图中的剪力墙尺寸进行复查。

6.1.2 工艺设计内容

（1）为满足信息化平台的需求，所有工艺设计项目均宜应用 BIM 软件进行设计，模型创建和应用过程中，应确定相关方各参与人员的权限，并针对每一次修改和调整建立版本记录，保证信息的修改和调整可追溯。

（2）针对具体的单位工程，设计成果交付物包括以下部分：

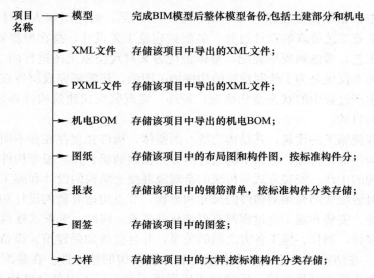

（3）一套完整的工艺图必须包括以下部分：封面、扉页、目录、构件平面布置图、工艺节点大样汇总图、构件详图、构件 BOM 清单。其中，构件 BOM 清单包含了该构件的材料、预埋件、钢筋等物料信息，并需标明物料编码，见表 6-1、表 6-2。

钢筋下料单示例 表 6-1

配筋表			
序号	规格型号	大样图	数量
①	$\Phi 8@150$	340 140	10
②	$\Phi 12$	1240	6
③	$\Phi 10$	185 55 110	4
④	$\Phi 12$	1150	6
⑤	$\Phi 8@150$	210 140	9
⑥	$\Phi 8@150$	1160	36

		配筋表	
序号	规格型号	大样图	数量
⑦	⊕10@110	3260	12
⑧	⊕10@150	96 3111 120 99	9

配 件 示 例　　　　　　　　　　　　　　　　　　　　　　　　　　表 6-2

		配件表		
编号	配件图例	配件名称	数量	备注
MJ1		吊钉	2	5t/件
MJ2		吊筋	2	
MJ3		连接件	2	
MJ4		连接件	2	
MJ5		连接件	2	
MJ6		吊钉	2	选用参考 15G365-1
MJ7		预埋件	2	
MJ8		预埋件	2	

6.1.3　部件物料编码

1. 外购类物料编码

（1）物料包含"部品类""设备类""工具类""临建类""服务类"和"其他类"，每一类物料再进行细分，最多可分 5 级。

（2）外购、外协类物料编码（即 P/N 物料号）采用 12 位字符表示，由物料分类号和序列号两部分构成。规则如下：

× 　××　 ××　 ××　 ×××××

① 　②　 ③　 ④　 ⑤

例如：32.5 复合硅酸盐水泥　物料号为 101030200001

说明：

① 用 1 位数字表示物料大类，"1"表示"部品类"，"2"表示"设备类"，"3"表示"工具类"，"4"表示"临建类"，"5"表示"服务类"，"6"表示"其他类"。

② 用 2 位数字表示物料子类别，例如：部品类下的"01"表示"主体部品类"。

③ 用 2 位数字表示子级物料类别，例如：主体部品类下的"03"表示"水泥"。

④ 用 2 位数字表示末级物料类别，例如：水泥类下的"02"表示"复合硅酸盐水泥"。

⑤ 用 5 位数字表示流水号，例如：完整物料编码"101030200001"表示"32.5 复合硅酸盐水泥"。

2. 自制类物料编码

（1）自制类物料包含半成品和产成品。半成品目前主要指工厂生产的自制混凝土、成品钢筋和网片等，产成品目前仅指 PC 预制件和现浇件。

（2）半成品和产成品（构件）标准件的物料编码（即 P/N 物料号）采用 12 位字符表

示，由物料分类号和序列号两部分构成，规则与外购类物料编码规则相同。

（3）产成品（构件）非标件的物料编码（即 P/N 物料号）采用 20 位字符表示：

×××××× ××× ×××× ×××× ×××
　　　　①　　　　②　　　③　　　④　　　⑤

例如：

某项目 2 号栋不含梁外隔墙标准层 WGQ1♯物料号为 01150100201020215001 说明：

① 用 6 位数字表示项目号，例如："011501"表示某公司 2015 年第 1 个建筑项目（具体见项目编号说明），即某项目。

② 用 3 位数字表示楼栋号，例如："002"表示该项目的 2 号栋。特殊情况：基础工程、园林管网等工程构件与楼栋无关的情况，使用 00 表示；项目有分区时，第 1 位字符使用分区号表示（如：A），各分区楼栋依次排序（需要在项目策划阶段就防止出现重复楼栋编码的情况）。

③ 用 4 位数字表示构件的子分类名，其中前 2 位数字表示子级物料类别，"01"表示"PC 预制件"，"02"表示"现浇件"；后 2 位数字表示末级物料类别，例如："02"表示"不含梁外隔墙 WGQ"（具体见物料分类和编码表）。

④ 用 4 位数字表示起止楼层号，一般直接使用楼层代号，例如："0215"表示从第 2 层至第 15 层，即标准层。特殊情况：基础工程、园林管网等工程构件与楼层无关的情况，使用"00"表示；地下层使用 B 表示，例如：地下 1 层至地下 2 层表示为"B1B2"。

⑤ 用 3 位数字表示构件流水号，根据构件拆分情况进行区分，按设计序列依次编号。例如：001 表示第 1 块构件。

（4）其中，产成品（构件）除了物料编码（P/N）以外，还需要使用序列号（S/N）来说明构件的安装位置信息，S/N 序列号可用于全公司构件的唯一识别，由设计在构件拆分时生成。构件 S/N 序列号共 21 位，表示为：

S×××××× ××× ×××× ×× ×× ××× ×
　　　①　　　②　　　③　　④　⑤　⑥　⑦　⑧

例如：某项目 2 栋不含梁外隔墙第 2 层 WGQ1♯A 装配元第 1 次生产配送序列号为 S011501002010202001A1

说明：

① 以字母 S 开头，表示 S/N 码。

② 用 6 位数字表示项目号，例如："011501"表示湖南区域公司 2015 年第 1 个建筑项目（具体见项目编号说明），即某项目。

③ 用 3 位数字表示楼栋号，例如："002"表示该项目的 2 号栋。特殊情况：基础工程、园林管网等工程构件与楼栋无关的情况，使用 00 表示；项目有分区时，第 1 位字符使用分区号表示（如：A），各分区楼栋依次排序（需要在项目策划阶段就防止出现重复楼栋编码的情况）。

④ 用 4 位数字表示构件的子分类名，其中前 2 位数字表示子级物料类别，"01"表示"PC 预制件"，"02"表示"现浇件"；后 2 位数字表示末级物料类别，例如："02"表示"不含梁外隔墙 WGQ"（具体见物料分类和编码表）。

⑤ 用 2 位数字表示楼层号编码，一般直接使用楼层代号，例如："02"表示第 2 层。

特殊情况：基础工程、园林管网等工程构件与楼层无关的情况，使用"00"表示；地下层使用 B 表示，例如：地下 1 层表示为"B1"。

⑥ 用 3 位数字表示构件流水号，根据构件拆分情况进行区分，按设计序列依次编号。例如：001 表示第 1 块构件。

⑦ 用 1 位字母表示装配元编号，例如："A"表示该楼栋的第 1 个装配元，楼栋存在多个装配元时，用 A、B、C……依次表示。

⑧ 用 1 位数字表示工厂生产和配送次数，默认为"1"表示第 1 次生产配送，因各种原因造成损坏或质量问题进行重新生产/配送，用 2、3、4……依次表示第几次生产配送。

6.2　装配式构件工艺设计

6.2.1　部品部件的分类

根据装配式建筑组成体系，将装配式建筑的系统分为五类：主体系统、围护系统、设备系统、装修系统、装配系统，见表 6-3。

装配式建筑系统分类表格　　　　　　　　　　　　　　表 6-3

编号	系统	分类	子类	类型
1	主体系统	混凝土类	预制柱	
			预制梁	
			预制板	预应力
				桁架
				楼梯
				屋面板
			预制墙	钢筋混凝土板
				蒸压加气混凝土板
				轻集料混凝土条板
			预制其他	
			现浇柱	
			现浇梁	
			现浇板	
			现浇墙	
			现浇其他	
		钢类	柱	型钢柱
				钢管混凝土柱
			梁	钢梁
			板	钢楼梯
			堵	钢板剪力墙
				轻钢密柱板墙
		竹木类	柱	木结构柱
			梁	木梁
			板	木楼面
				木屋面
				木楼梯
			墙	木质承重墙
				正交胶合木墙体

编号	系统	分类	子类	类型
2	围护系统	外围护类、内隔墙	幕墙	玻璃幕墙
				石材幕墙
				金属幕墙
			砌筑墙	砖墙
				砌块墙
			板材墙	ALC板材、石膏板材
			其他围护	
3	设备系统	电气类	桥架	
			照明	
			变配电	
			管线	
			安防	
			供电	
			智能化	
			其他	
		给水排水类	管线	
			附件	
			设备	
			消防	
			其他	
		暖通类	热交换器	
			空气设备	
			冷热源	
			风口	
			风管及管件	
			其他	
4	装修系统	内窗类	普通门	
			防火门	
			人防门	
			其他门	
			普通窗	
			防火窗	
			其他窗	
		家具类	客厅家具	
			卧室家具	
			餐厅家具	
			厨房家具	
			卫生间家具	
			办公家具	
			其他家具	
		套装类	集成厨房	
			集成卫生间	
			其他套装	

编号	系统	分类	子类	类型
5	装配系统	模板类	木模板	
			铝模板	
			钢模板	
			免拆模板	
			其他模板	
		支撑类	竖向支撑	
			斜支撑	
			支撑附件	
			其他支撑	
		防护类	脚手架	
			爬架	
			其他防护	

　　该分类方式分为五个级别，从大到小进行分类，可以满足装配式建筑的分类需求。而对于预制混凝土结构的装配式建筑，需要对混凝土构件进行进一步的细分，见表 6-4。

预制混凝土构件类别　　　　　　　　　　　　表 6-4

构件类型		构件标记	构件编号
墙	不含梁内隔墙	NGQ	01
	不含梁外隔墙	WGQ	02
	含梁内隔墙	LNGQ	05
	含梁外隔墙	LWGQ	06
	剪力墙内墙	NQ	07
	剪力墙外墙	WQ	08
	外挂板	WGB	18
	轻质承重墙	QCQ	19
梁	叠合梁	DL	03
	预应力叠合梁	YDL	11
板	叠合楼板底板	DB	04
	预应力叠合板底板	YDB	10
	预应力空心板	YKB	12
柱	框架柱	KZ	09
异形构件	楼梯	LT	13
	阳台	YT	14
	空调板	KTB	15
	飘窗	PCH	16
	沉箱	CX	17

　　完成了装配式建筑构件的分类，为后续构件工艺设计、装配设计以及构件编码方法提供了基本的理论基础。

6.2.2　承重墙工艺设计

1. 准备工作

　　绘制预制墙体前，需根据建筑平面图和结构施工图，并结合工艺节点、制造流程等明确画图所需各种已知条件：

（1）确定墙体的类型：剪力墙内外墙、轻质承重墙等；

（2）确定墙体的尺寸：墙体厚度、层高等；

（3）确定依据结构施工图确定混凝土强度等级和钢筋；

（4）确定所需预埋件和孔洞位置等。

2. 平面布置图

平面拆分布置图中应添加装配式工艺节点大样图。如果图幅不够，可以在平面拆分布置图后加附页，即节点详图[91]。

（1）基本规定

1）依据建筑平面图及结构施工图确定不同种类隔墙的个数，并进行标记、编号。

2）根据建筑平面图及节点做法，确定隔墙的平面外形，包括墙长、墙厚、墙顶开缺留洞等。

3）构件拆分时，尽量使构件尺寸相同，减少构件类型和模具成本。

4）拆分剪力墙时，墙板分块连接点位置一般设在现浇边缘构件处。

5）对每个拆分构件制作成块以构件编号命名，如 WQ005 表示编号为 005 预制剪力墙外墙。

（2）标注内容

平面拆分布置图中应包括构件尺寸、拼缝尺寸、门窗尺寸、构件编号、构件方向、构件重量等标注内容。

1）构件尺寸。标注构件的长度等尺寸，并应标注出构件的定位尺寸（与轴线的位置关系），便于现场装配放线定位。

2）构件编号。构件编号前缀表示墙体类型，如剪力墙外墙 WQ；外墙以建筑物左上角为起点（或根据建筑平面选择合适起点）逆时针顺序进行编号；内墙以从左至右、从上至下的顺序进行编号。

3）构件方向。图中的箭头方向表示工艺详图中正立面视图的方向；剪力墙外墙（外挂墙）的箭头方向为由室内指向室外；内墙（剪力墙内墙、内隔墙）的箭头方向以方便现场装配人员吊装校验为准，可指定任一方向为正立视图方向，并且同一轴线的内墙，箭头方向统一。

3. 节点详图

当装配式工艺节点大样汇总图在平面布置图中未完全添加时，附页有节点详图，如构件之间水平及竖向连接节点大样、构件与其他不同构件之间的连接节点详图等。

（1）水平连接节点

1）剪力墙侧面与后浇混凝土的结合面应设置粗糙面或的剪力键；

2）粗糙面的凹凸深度应≥6mm（可以在设计说明中标明）；

3）剪力键的深度 t 宜≥20mm，宽度 w 宜满足 $3t \leqslant w \leqslant 10t$，剪力键的间距宜等于剪力键的宽度；

4）应在构件尺寸详图中标明粗糙面△或剪力键。

（2）竖向连接节点

1）剪力墙竖向的连接采用灌浆套筒，灌浆套筒和钢筋的设计参数详见后续章节；

2）剪力墙顶部构件详图和底部与后浇混凝土的结合面应设置粗糙面，粗糙面的凹凸深度应≥6mm（可以在设计说明中标明）；

3）应在构件尺寸详图中标明粗糙面△。

4. 构件详图

（1）基本规定

复制平面布置图中的拆分构件块为底图进行构件详图的绘制，包括主视图、左视图、平面图（俯视图）。当墙体两端截面、开槽等尺寸不相同时，需同时绘制左右视图。平面拆分图、轮廓图、钢筋图和水电预埋图应合理利用图块，使构件中相同的内容保持一致，如构件详图中的平面图（俯视图）与构件平面布置图中相应的拆分构件块为同一个块，以便同步修改。

（2）构件尺寸

1）墙体的长度和宽度依据平面拆分图已确定，墙高根据墙体类型确定，并需考虑20mm 的楼面坐浆层。

2）流水线生产的墙板构件尺寸应小于 3140mm×8450mm。

3）对于内墙，楼板的升降影响墙板的高度。

4）门洞高度相应加上地面铺装层高度，同时考虑装配缝。

5. 预埋件

当预埋件布置与水电预埋有冲突需调节时应考虑对其他构件有没有影响，图面需标注预埋件名称及个数。

（1）吊钉

吊钉一般采用载荷为 2.5t 的带孔吊钉（L＝170mm），以构件重心为对称轴对称布置，吊钉数量根据构件重量及构件外轮廓尺寸确定且为偶数，两个吊钉为一组，间距不宜大于2300mm；吊钉与构件边缘的距离≥150mm，一般为 300～600mm；距离预留洞口应不小于 100mm。

当构件高度≥3140mm 时，需在构件侧面按照相同方法布置吊钉。

（2）塑料胀管

塑料胀管数量根据构件长度确定，一般 5m 及以下布置两个，5～7m 设三个，7m 以上布置四个，距端部有一定的距离。注意避开柱子或相邻墙体，保证施工时不冲突，一般为 500～800mm，塑料胀管高度一般为 2000～2200mm 或者 $2/3H$，取整数。门窗洞口临时加强用的塑料胀管，距底边≥150mm，应注意避开预埋木方；悬臂临时加强用的塑料胀管，宜使斜撑与竖向角度≤45°。

（3）防水橡胶条

防水橡胶条采用"鱼刺"形发泡氯丁橡胶条，墙板安装后采用相应工装塞入接缝处。

（4）岩棉

当墙体内布置 XPS 保温材料或 EPS 减重材料时，墙体连接节点处与空气接触的部位（墙体四周）均应在距边 100mm 范围内布置岩棉；墙体端部无墙体对接时，改用混凝土封边；墙底岩棉处布置 0.3mm 厚穿孔镀锌承托板。

（5）半灌浆套筒

1）半灌浆套筒的规格依据结构施工中墙体竖向分布钢筋直径确定；

2）套筒之间的净距应≥25mm；

3）半灌浆套筒的定位依据结构施工图确定，套筒外侧水平钢筋的混凝土保护层厚度应≥15mm（室外为 20mm，即套筒边距墙边的距离还应加上外侧钢筋的直径）；

4）同时需指定两个同侧定位套筒，定位套筒比普通套筒提高 50mm。

（6）免拆摸

在外墙拐角连接处，应在墙体端部预埋免拆摸，保证相邻墙体之间的连接。

（7）其他

1）木方和预埋窗框位置应按装修图布置。

2）当预埋件超出平面以外时应考虑从台车面到构件最高处的距离不应大于 340mm（应特别注意连接螺纹杆）。

3）保温层在门窗洞口四周应采用 50mm 或 80mm 厚的混凝土封边。

6. 配筋

（1）设计要求

1）剪力墙或边缘构件钢筋依据结构施工图确定；应按国标图集的构造要求做好水平箍筋锚固长度的预留和竖向纵筋在灌浆套筒内所需长度的预留。

2）预制剪力墙的竖向分布钢筋采用灌浆套筒部分连接时，同侧的连接钢筋间距应不大于 600mm；非连接钢筋直径应不小于 6mm（不计入承载力设计和配筋率计算）。

3）边缘构件的属性钢筋采用灌浆套筒连接时应逐根连接（全部连接）。

4）采用灌浆套筒连接处，预制剪力墙或边缘构件底部水平分布筋加密区长度不应小于灌浆套筒长度与 300mm 之和；且加密水平分布筋直径不小于 8mm。

5）灌浆套筒上端第一个箍筋距离套筒顶部不大于 50mm，一般可取 20～50mm 且留有一定的长度空间，方便直径不同时利用空余长度进行协调。

6）剪力墙或边缘构件底部的第一道水平分布筋一般距离墙底 20mm，且不大于 50mm；水平分布筋加密区在套筒处间距一般为 60～80mm，需满足灌浆套筒上端第一个箍筋距离套筒顶部不大于 50mm。

7）每个预制剪力墙构件需指定两个位于同一侧的定位纵向钢筋，与定位套筒相对应，提高 50mm。

8）折角、孔洞加钢筋：门洞、窗洞等拐角处附加斜向 $\phi10$ 加强筋，洞口边缘设置 $\phi10$ 加强筋，按受拉锚固。

（2）图面标准

1）钢筋图由正立面、左立面和平面图三个视图联合表示（必要时添加剖视图）；

2）应对每段钢筋进行标注（钢筋网片筋和抗裂钢筋除外），特殊造型的钢筋（如箍筋）应添加钢筋放样图。

3）各钢筋的位置及弯钩形状应相互错开，避免干涉。

7. 水电预埋件

（1）预埋件的种类、规格、型号，应按公司的物料标准图集选用。

（2）预埋时应注意与结构构件是否干涉，尤其应尽量避免与受力钢筋的干涉；特殊情况下，需联系结构专业进行核实并处理。

（3）预埋件的定位尺寸应标注预埋件边缘，同时标注其材质与属性。

（4）外墙预埋套管应标注排水坡度与方向。

（5）配电箱、配线箱的预埋位置四周需要结构已经加固处理，并满足隔声和防火要求。

（6）应在墙体和楼板的连接处预留出足够的操作空间，以方便设备管线连接的施工。

（7）预埋导管外保护层厚度不小于 15mm；消防配管应敷设在不燃烧结构内。

8. 节点大样

大样图应包括但不限于波纹管大样（一层）、吊具大样（球头吊钉除外）、窗框大样、封边大样等。节点大样以块形式绘制，对大样进行尺寸及符号标注后做成块进行放大（大样尺寸一般为原尺寸的两倍）。尺寸及符号标注的标注比例根据放大倍数确定（一般为 1：25）。

6.2.3 隔墙工艺设计

1. 准备工作

绘制预制墙体前，需根据建筑平面图和结构施工图，并结合工艺节点、制造流程等明确画图所需的各种已知条件：

（1）确定墙体类型：外挂板、内外隔墙等；

（2）确定墙体的尺寸：墙体厚度、层高等；

（3）确定墙体构造：带梁、不带梁、轻质材料填充、保温材料填充、中空等；

（4）依据结构施工图确定混凝土强度等级和钢筋；

（5）确定所需预埋件和孔洞位置等。

2. 平面布置图

平面拆分布置图中应添加装配式工艺节点大样图，如果图幅不够可以在平面拆分布置图后附页，即节点详图。

（1）基本规定

1）依据建筑平面图及结构施工图确定不同种类隔墙的个数，并进行标记、编号。

2）根据建筑平面图及节点做法，确定隔墙的平面外形，包括墙长、墙厚、墙顶开缺留洞等。

3）构件拆分时，尽量使构件尺寸相同，减少构件类型和模具成本。

4）拆分时应注意避免门垛过窄的情况，门垛不宜小于 200mm；门垛过窄不方便预制运输和吊装，宜用现浇。

5）对每个拆分构件制作成块并以构件编号命名，如 WGQ005 表示编号为 005 不含梁外隔墙。

（2）标注内容

平面拆分布置图中应包括构件尺寸、拼缝尺寸、门窗尺寸、构件编号、构件方向、构件重量等标注内容，见图 6-1。

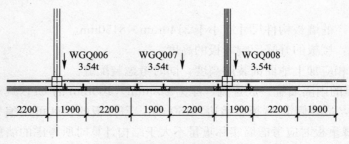

图 6-1 预制隔墙平面布置图标注示意图

1）构件尺寸。标注构件的长度等尺寸，并应标注出构件的定位尺寸（与轴线的位置关系），便于现场装配放线定位。

2）构件编号。构件编号前缀表示墙体类型，如不含梁外隔墙 WGQ；外墙以建筑物左上角为起点（或根据建筑平面选择合适起点）逆时针顺序进行编号；内墙以从左至右、从上至下的顺序进行编号。

3）构件方向。图中的箭头方向表示工艺详图中正立面视图的方向；剪力墙外墙（外挂墙）的箭头方向为由室内指向室外；内墙（剪力墙内墙、内隔墙）的箭头方向以方便现场装配人员吊装校验为准，可指定任一方向为正立视图方向，且同一轴线的内墙，箭头方向统一。

3. 节点详图

当装配式工艺节点大样汇总图在平面布置图中未完全添加时，附页有节点详图，如构件之间水平及竖向连接节点大样、构件与其他不同构件之间的连接节点详图等。

（1）水平连接节点

内隔墙之间的连接采用预留 100mm×100mm×25mm 压槽的形式，现场采用角钢加自攻钉连接，竖向间距为地面以上 300mm、1000mm、1000mm。

（2）竖向连接节点

1）不含梁隔墙与楼板采用预埋插筋的连接方式；不含梁隔墙与梁采用螺栓连接内墙、连接盒子与梁底套筒的连接方式。

2）外挂板与梁采用连接螺纹杆和哈芬槽连接的方式；上下层之间的外挂板采用牛腿插筋或暗牛腿的连接方式。

4. 构件详图

（1）基本规定

复制平面布置图中的拆分构件块为底图进行构件详图的绘制，包括主视图、左视图、平面图（俯视图）。当墙体两端截面、开槽等尺寸不相同时需同时绘制左右视图。平面拆分图、轮廓图、钢筋图和水电预埋图应合理利用图块，使构件中相同的内容保持一致，如构件详图中的平面图（俯视图）与构件平面布置图中相应的拆分构件块为同一个块，以便同步修改。

（2）构件尺寸

1）墙体的长度和宽度依据平面拆分图已确定，墙高根据墙体类型确定，并需考虑 20mm 的楼面坐浆层。

2）带梁墙体应注意绘制梁高底线，并在梁端设置剪力键，剪力键的设计参数详见后续章节。

3）流水线生产的墙板构件尺寸应小于 3140mm×8450mm。

4）对于内墙，楼板的升降影响墙板的高度。

5）门洞高度相应加上地面铺装层高度，同时考虑装配缝。

6）200mm 厚的内隔墙统一放置宽×厚为 600mm×100mm 的 EPS 减重板，相邻 EPS 板间距为 300mm，最外侧 EPS 板距墙边≥150mm，EPS 板的长度可用编号加说明的方式注明清楚，布置减重板时应考虑墙实际重量不大于结构计算时所考虑的墙重。

7）如隔墙布置了 EPS 减重材料，且预埋件刚好放置于 EPS 材料中，则应将预埋件四周 200mm 范围内改用实心混凝土。

5. 预埋件

当预埋件布置与水电预埋有冲突需调节时应考虑对其他构件有没有影响，图面需标注预埋件名称及个数。

（1）通用预埋件

1）吊钉。吊钉一般采用载荷为 2.5t 的带孔吊钉（$L=170mm$），以构件重心为对称轴对称布置，吊钉数量根据构件重量及构件外轮廓尺寸确定且为偶数，两个吊钉为一组，间距不宜大于 2300mm；吊钉与构件边缘的距离≥150mm，一般为 300～600mm；距离预留洞口应≥100mm。当构件高度≥3140mm 时，需在构件侧面按照相同方法布置吊钉。吊钉底部距 XPS 或 EPS 材料边缘的距离应≥100mm。

2）塑料胀管。塑料胀管数量根据构件长度而定，一般 5m 及以下布置两个，5～7m设三个，7m 以上布置四个，距端部有一定的距离，注意避开柱子或相邻墙体，保证施工时不冲突，一般为 500～800mm，塑料胀管高度一般为 2000～2200mm 或者 $2/3H$，取整数。门窗洞口临时加强用的塑料胀管，距底边≥150mm，应注意避开预埋木方；悬臂临时加强用的塑料胀管，宜使斜撑与竖向角度≤45°。

3）防水橡胶条。发泡氯丁橡胶条依据建筑连接节点图布置，宜在俯视图中表示，且注明通长布置；若板两侧均有布置则两侧均应注明，绝不能只标一侧（定位尺寸可以只标一边）。

4）岩棉。当墙体内布置 XPS 保温材料或 EPS 减重材料时，墙体连接节点处与空气接触的部位（墙体四周）均应在距边 100mm 范围内布置岩棉，墙体端部无墙体对接时，改用混凝土封边，墙底岩棉处布置 0.3mm 厚穿孔镀锌承托板。

5）其他。木方和预埋窗框位置应按装修图布置。当预埋件超出平面以外时应考虑从台车面到构件最高处的距离不应大于 340mm（应特别注意连接螺纹杆）。保温层在门窗洞口四周应采用 50mm 或 80mm 厚混凝土封边。

（2）内隔墙预埋件

1）内墙连接件。内墙连接件布置，宜根据重心布置；墙体长度≤5m 时布置两个，长度＞5m 时可适当增加；所有预埋件均应标示正反预埋，同时考虑连接构件及现场安装。

2）桁架筋。当内隔墙之间的连接是 L 形、T 形和十字形时，墙体端面需通长布置桁架筋。

（3）外挂板预埋件

1）连接螺纹杆。墙体长度≤5m 时布置两个，长度＞5m 时可适当增加。布置连接螺纹管时注意避开与墙连接的梁剪力键；布置水电预埋件后，注意检查是否与水电预埋件有干涉，合理调整位置。计算连接螺纹管位置时，应注意梁底与外墙顶的相对高度。

2）波纹管。波纹管一般采用 $\phi50$、$\phi70$ 两种直径；布置波纹管时注意避开柱子，距墙边≥100mm。

外挂板构件尺寸及预埋件设计可参见图 6-2。

6. 外饰板

当外墙带外饰板时，还需绘制外饰板布置图，见图 6-3，可在水电预埋件分区处进行绘制。外饰板的一般规定为：

（1）外饰板分板时，需与建筑专业协商分板尺寸和方式，力求做到外饰板纵横缝均能对齐一致；

（2）暖通、给水排水等专业预留孔洞时尽量把孔洞预留在单块饰面板上，不要出现孔洞跨越多块饰面板的现象。

（3）标注外饰板尺寸大小及背栓连接件的位置尺寸；

（4）外饰板的编号，相同的外饰板编号相同。

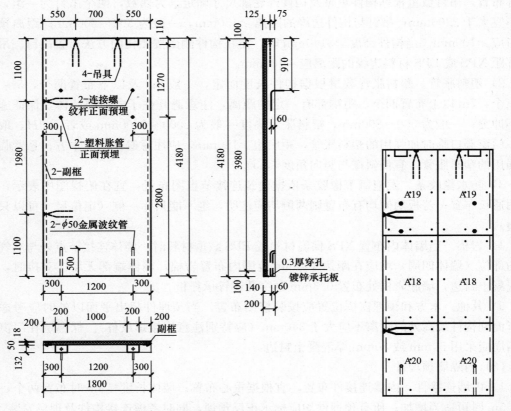

图 6-2　隔墙构件详图设计示意图　　　　　图 6-3　外饰板布置示意图

7. 配筋

（1）设计要求

1）含梁墙的梁纵向钢筋：根据结构施工图确定抗震等级、钢筋直径、钢筋等级等，并考虑与相邻构件钢筋的位置关系，计算出纵向受力钢筋的锚固长度及锚固方式。纵筋锚固段的弯起方向应考虑相邻梁的钢筋锚固要求，避免出现梁柱节点处钢筋干涉。

2）梁箍筋采用组合封闭箍筋的形式，结合结构施工图确定箍筋的形状和加密区及非加密区的长度，箍筋弯钩端头平直段长度应$\geqslant 5d$（非抗震）或 $10d$（抗震）。

3）隔墙钢筋：墙板构造钢筋一般采用 $\phi 4@200 \sim 300$ 钢筋网片。

4）边缘钢筋：在隔墙外尺寸边缘位置设置边缘加强筋，一般采用 $2\phi 10$ 钢筋，距边缘 25mm。

5）折角、孔洞加钢筋：门洞、窗洞等拐角处附加斜向 $\phi 10$ 加强筋，洞口边缘设置 $\phi 10$

加强筋，按受拉锚固。

（2）图面标准

1）钢筋图由正立面、左立面和平面图三个视图联合表示（必要时添加剖视图）；

2）应对每段钢筋进行标注（钢筋网片筋和抗裂钢筋除外），特殊造型的钢筋（如箍筋）应添加钢筋放样图。

3）各钢筋的位置及弯钩形状应相互错开，避免干涉。

隔墙构件配筋设计可参见图 6-4。

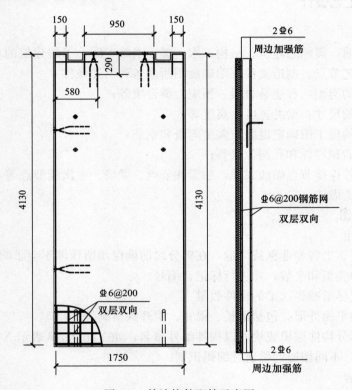

图 6-4　外墙构件配筋示意图

8. 水电预埋件

（1）预埋件的种类、规格型号，应按物料标准图集选用。

（2）预埋时应注意与结构构件是否干涉，尤其应尽量避免与受力钢筋的干涉，特殊情况下需联系结构专业进行核实并处理。

（3）预埋件的定位尺寸应标注预埋件边缘，同时标注其材质与属性。

（4）外墙预埋套管应标注排水坡度与方向。

（5）配电箱、配线箱的预埋位置四周需结构已经加固处理，并满足隔声和防火要求。

（6）应在墙体和楼板的连接处预留出足够的操作空间，以方便设备管线连接的施工。

（7）预埋的导管外保护层厚度不小于 15mm，消防配管应敷设在不燃烧结构内且保护层厚度不小于 30mm。

9. 节点大样

外隔墙大样图应包括但不限于波纹管大样（一层）、吊具大样（球头吊钉除外）、窗框大样、封边大样等，含梁外隔墙还需包括梁剪力键大样。内隔墙大样图应包括但不限于吊具大样（球头吊钉除外）、内墙连接件大样、墙体连接槽大样、木方大样等，含梁内隔墙还需包括梁剪力键大样。外挂板大样图应包括但不限于波纹管大样（一层）、吊具大样（球头吊钉除外）、连接螺纹管大样、窗框大样、封边大样等。

节点大样以块形式绘制，对大样进行尺寸及符号标注后做成块进行放大（大样尺寸一般为原尺寸的两倍）。尺寸及符号标注的标注比例根据放大倍数确定（一般为1∶25）。

6.2.4 叠合梁工艺设计

1. 准备工作

绘制预制梁前，需熟悉建筑、结构、水、暖、电施工图，了解建筑的功能布局及结构体系，并结合工艺节点、制造流程等明确画图所需各种已知条件：

（1）确定梁的类型：普通叠合梁、预应力叠合梁等；

（2）确定梁的尺寸：梁的宽度、高度等；

（3）依据结构施工图确定混凝土强度等级和钢筋；

（4）确定所需预埋件和孔洞位置等；

（5）熟悉构件连接节点做法大样，如梁柱节点、梁墙、主次梁节点等，熟练掌握钢筋的构造要求及构造做法。

2. 平面布置图

（1）基本规定

1）与水、暖、电各专业保持沟通，在拆分之前确保预留预埋不会影响构件安全。

2）确定梁的类型和个数，并进行标记、编号。

3）平面布置尽量减少次梁的构件数量。

4）确定梁的平面外形，包括梁长、梁宽、梁开缺留洞等。

5）对每个拆分构件编辑成块并以构件编号命名，如 YDLX338 表示 X 方向编号为 338 的预应力叠合梁，不同楼层的梁通过编码识别。

（2）标注内容

平面拆分布置图中应包括构件尺寸、构件编号、构件方向等标注内容，参见图 6-5。

1）构件尺寸。标注梁的长度尺寸、梁偏轴线的定位尺寸。

2）构件编号。构件编号前缀表示预制梁类型，构件以从左至右、从上至下的顺序进行编号。

3）构件方向：

a. 图中的箭头表示工艺详图中正立面视图的方向；

b. 周边梁的箭头方向为由室内指向室外，以方便现场装配人员吊装校验；

c. 中间梁可指定任一方向为正立面视图方向，并且同一轴线的梁指示方向统一。

3. 节点详图

当装配式工艺节点大样汇总图在平面布置图中未完全添加时，加附页的节点详图，如构件之间水平及竖向连接节点大样、构件与其他不同构件之间的连接节点详图等。

（1）与柱的连接

预制梁与柱的连接采用 U 形键槽节点，以便于施工；当无法采用梁端 U 形键槽节点时，采用剪力键的连接方式：

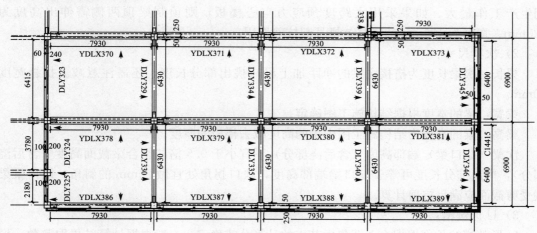

图 6-5　预制梁平面布置图标注示意图

1）U 形键槽内应设置粗糙面，U 形键槽的设计参数详见第 2 节。

2）预制梁与后浇混凝土的结合面应设置粗糙面，粗糙面的凹凸深度应≥6mm（可以在设计说明中标明）。

3）预制梁端面应设置剪力键，剪力键的深度 t 宜≥30mm 的剪力键，剪力键的宽度 w 宜满足 $3t≤w≤10t$，非贯通剪力键距离截面边缘宜≥50mm；当有多个剪力键时，其间距宜等于剪力键的宽度。

4）应在构件尺寸详图中标明粗糙面△或绘制剪力键。

（2）次梁与主梁的连接

1）次梁可采用吊筋形式的缺口梁方式与主梁连接；

2）次梁两侧与主梁的接缝为 25mm，底部与主梁的接缝为 20mm，端部与主梁的接缝为 30mm。

4. 构件详图

（1）基本规定

复制平面布置图中拆分构件的平面图为底图进行构件详图的绘制，包括主视图、左视图和平面图（俯视图）。当梁两侧截面相同时可只绘制左视图，否则需同时绘制左右视图。平面拆分图、轮廓图、钢筋图和水电预埋图应合理利用图块，使构件中相同的内容保持一致，如构件详图中的平面图（俯视图）与构件平面布置图中相应的拆分构件块为同一个块，以便同步修改。

（2）构件尺寸

在确定梁的外形尺寸前，需依据相应的结构施工图及梁、柱连接节点做法确定梁的连接方式。对于预应力叠合梁，根据《预制预应力混凝土装配整体式框架结构技术规程》JGJ 224，梁采用预应力钢筋作为受力钢筋，应采用梁端设置 U 形键槽的方式与柱连接。

1）主梁尺寸：

梁长：梁端伸入柱 15mm，故预制梁的长度为梁两端柱边的距离加上 30mm。

梁宽：梁的宽度根据结构施工图确定。

梁高：梁的高度为结构施工图中梁的高度减去楼板的厚度；梁高种类尽量少，避免后期生产工作量大。如果采用大跨度预应力空心楼板，则预制梁顶两侧需伸出高度为120mm、宽度为100mm的挑耳，挑耳起抗剪作用。

2）次梁尺寸：

梁长：次梁长度为搭接主梁的净距加上梁端挑出部分长度，还需注意减去拼缝宽度30mm。

梁宽：梁的宽度根据结构施工图确定。

梁高：梁的高度为结构施工图中梁的高度减去楼板的厚度。

次梁（缺口梁）端部高度（含后浇部分）不宜小于0.5倍的叠合梁截面高度（含后浇部分），挑出部分长度可等于缺口梁端部高度，缺口拐角处宜做20mm的斜角。缺口梁梁端受剪截面应满足抗剪计算。

3）U形键槽：

U形键槽的长度根据企业图集中节点的计算公式确定，一般根据计算结果取整数，模数为50mm，例如计算的长度为478mm，则取长度为500mm。键槽侧壁和底板的厚度固定为40mm，键槽的宽度为梁宽减去80mm，高度为预制梁高减去40mm。

5. 预埋件

（1）预留孔洞

梁的预留孔洞大致可分为设备孔洞预留及施工临边防护孔洞预留。设备孔洞预留需由设备各专业根据设备施工图完成，需注意孔洞截面尺寸不能超过梁相应方向尺寸的三分之一，截面开洞位置尽量不要在梁端三分之一长度的范围内。

（2）吊具

梁的起吊采用吊具或吊钉，预应力梁采用吊具，无预应力梁采用吊钉。吊具宜采用HPB300级钢，按钢筋应力不大于65N/mm²及构件重量两个参数来设计所需吊具的钢筋直径。吊具锚入混凝土的深度应≥30d。

（3）吊钉

吊钉一般采用载荷为2.5t的球头吊钉，以构件重心为对称轴对称布置，吊钉数量根据构件重量及构件外轮廓尺寸确定且为偶数，两个吊钉为一组；预应力叠合梁的吊钉尽量布置在梁两端，中间可不布置吊钉，第一个吊钉距梁端距离大于U形槽长度且小于1m；普通叠合梁的吊钉间距不宜大于2300mm；吊钉与构件边缘的距离≥150mm，一般为600~700mm且需避开梁端键槽。

（4）哈芬槽

外边框梁与外挂板的连接采用哈芬槽。

哈芬槽沿梁长方向的布置根据墙体连接螺纹杆的点位图确定；在梁宽方向距离梁外边缘≥75mm，一般为100mm，并注意是否与梁底筋或预应力钢筋相冲突。

（5）套筒

与内墙的连接采用内墙连接件。在预制梁中预埋40mm长的M16套筒，根据内墙中预埋的连接盒子定位。允许套筒在梁宽方向15mm范围内进行调整，避免与底筋相冲突。

预应力叠合梁构件尺寸及预埋件设计可参见图6-6。

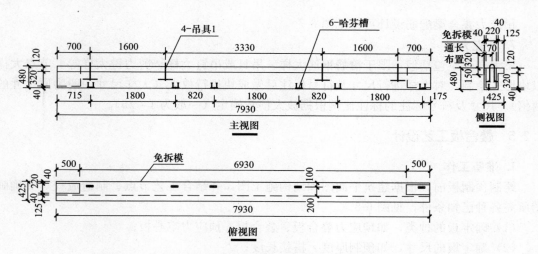

图 6-6　预应力叠合梁详图设计示意图

6. 配筋

（1）设计要求

预制梁中的钢筋种类较多，大致分为底部受拉钢筋、预应力钢筋、腰筋、架立钢筋、箍筋等。梁的纵向钢筋根据结构施工图确定，考虑与相邻构件的钢筋的位置关系，计算出纵向受力钢筋的锚固长度及锚固方式。

1）根据《预制预应力混凝土装配整体式框架结构技术规程》JGJ 224—2010，底部受拉钢筋只需伸到预制梁端，不需要弯折，而预应力钢筋需要向上弯折 15d。

2）梁中的抗扭钢筋宜转化为构造腰筋，将所需配筋面积分配到梁顶部和底部，合理分配腰筋根数，充分利用楼板厚度。

3）梁箍筋结合结构施工图及梁高等参数确定箍筋形状、加密区及非加密区的长度；尽量避免四肢箍，四肢箍导致生产难度加大，难以保证构件质量。

4）主次梁交接处，在主梁缺口两侧各附加 3 根箍筋@50，缺口底下通长钢筋宜用腰筋，腰筋间距只要求小于 200mm，可调整。

5）次梁钢筋：次梁端部箍筋距梁端应≤40mm，水平 U 形钢筋第一道距梁边缘30mm；其中梁中间的第二道水平 U 形腰筋与第一道的距离 L 为 50mm≤L≤100mm，且距梁顶距离小于 1/3 梁高。

6）挑耳钢筋（箍筋或 U 形筋）属于构造钢筋，用于挑耳的抗剪（楼板搭接到挑耳产生的剪力），所有箍筋的长度需根据 16G101 平法图集计算得出。

7）边缘钢筋：若在梁中无腰筋（抗扭筋或构造筋），在预制梁吊具接触面设置边缘加强筋，一般采用 ϕ10 钢筋。

8）折角、孔洞加强钢筋：折角、洞口等边缘处附加 ϕ10 加强筋，按受拉锚固。

（2）图面标准

1）注明各钢筋的规格、长度、数量和位置，由正立面、平面图、剖视图及钢筋大样图等视图联合表示；

2）钢筋的详细信息在大样图中标明；

3）各钢筋的位置及弯钩形状应相互错开，避免干涉。

预应力叠合梁配筋设计可参见图 6-7。

7. 节点大样

梁大样图应包括但不限于箍筋钢筋大样、吊具或吊钉大样、剪力键大样等。节点大样以块形式绘制，对大样进行尺寸及符号标注后做成块进行放大（大样尺寸一般为原尺寸的两倍）。尺寸及符号标注的标注比例根据放大倍数确定（一般为 1 : 25）。

6.2.5 叠合板工艺设计

1. 准备工作

绘制预制板前，根据建筑平面图和结构施工图，并结合工艺节点、制造流程等明确画图所需各种已知条件，见图 6-8。

（1）确定板的种类，如预应力叠合板、叠合板、预应力空心板；

（2）确定板的尺寸，如预制厚度、搭接长度；

（3）依据结构施工图确定混凝土强度等级和钢筋；

（4）确定预埋件和孔洞位置等。

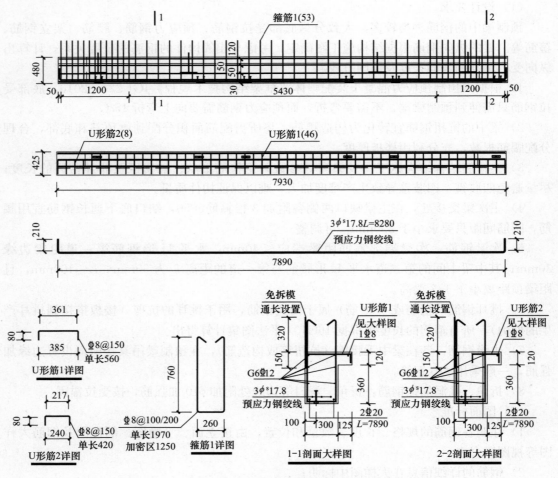

图 6-7　预应力叠合梁配筋示意图

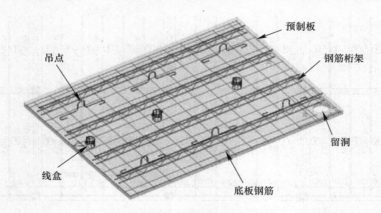

图 6-8　预制叠合板底板模型图

2. 平面布置图

（1）基本规定

1）依据结构施工图确定板的类型，并进行分类标记、编号，确定生产方向。

2）根据结构施工图，确定板与柱是否重叠，重叠部分需要开缺。

3）对每个拆分构件编辑成块并以构件编号命名，如 YDB003-1 表示一层编号为 003 的预应力叠合板。

4）根据结构图施工图确定不同类型板的个数，并以块的形式布置相同类型的板。

（2）标注内容

平面拆分布置图中应包括构件尺寸、孔洞尺寸、构件编号、构件生产方向等标注内容，见图 6-9。

1）构件尺寸。标注板的长度、宽度及拼缝的宽度。

2）构件编号。构件编号前缀表示板类型，构件以从左至右、从上至下的顺序进行编号，如预应力叠合板 YDB003。

3）构件方向。图中的箭头表示生产方向。

3. 节点详图

当装配式工艺节点大样汇总图在平面布置图中未完全添加时，加附页的节点详图，如构件之间水平及竖向连接节点大样、构件与其他不同构件之间的连接节点详图等。

4. 构件详图

复制平面布置图中拆分构件的平面图为底图进行构件详图的绘制，包括主视图、配筋图中的轮廓图。平面拆分图、轮廓图、钢筋图和水电预埋图应合理利用图块，使构件中相同的内容保持一致，如构件详图中的主视图与构件平面布置图中相应的拆分构件块为同一个块，以便同步修改。

构件尺寸：通过结构图、构件连接节点详图，确定板尺寸。

（1）预应力空心板

预应力空心板通常采用以下几种规格：

GLY2012（宽 1200mm，高 200mm）；GLY2009（宽 890mm，高 200mm）；

GLY2512（宽 1200mm，高 250mm）；GLY2009（宽 890mm，高 250mm）；

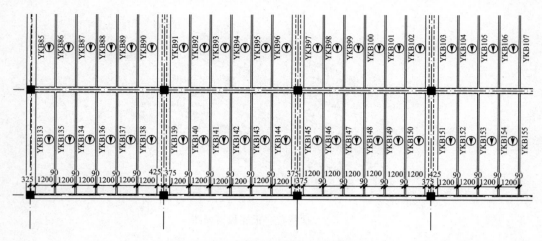

图 6-9　预应力叠合板平面标注示意图

GLY1512（宽 1200mm，高 150mm）；GLY1509（宽 890mm，高 150mm）；GLY1506（宽 595mm，高 150mm）。这几种规格的预应力空心板之间的拼接预留 100mm 或 200mm 的拼接缝；100mm 或 200mm 为拼缝件的宽度。

（2）预应力叠合板

预应力叠合板的尺寸参见企业图集《预应力混凝土叠合板（70mm 底板）》。

（3）普通叠合板

楼板上应预留放线孔，孔径为 200mm×200mm，距离边轴线 1500mm×1500mm，每层最少留 3 个。

5. 预埋件

（1）吊环

1）吊环一般需要根据构件重量进行设计，吊环数量根据构件重量及构件外轮廓尺寸确定且为偶数，两个吊环为一组。

2）底板长度≤6m 时采用 4 个吊环，>6m 时采用 8 个，具体详见相关图集。

3）当板宽为 2400mm，吊环距离板短边为 500mm；当板宽为 1100mm，吊环距离板短边为 250mm；当板宽为 600mm，吊环距离板短边为 200mm；

4）吊环距离板长边为 0.2 倍板长且≤1200mm。

（2）马凳筋

马凳筋数量根据构件长度及受力方式确定，一般马凳筋布置范围为 1/4 板长，第一排布置距离板短边为 250mm。

（3）空心堵头

空心楼板上不能预埋水电管线，板端需采用 PVC 空心板堵头封堵。

预应力叠合板构件详图设计参见图 6-10。

6. 配筋

（1）设计要求

1）预应力空心板。预应力空心板的选型根据结构施工图确定，预应力筋布置详见国标图集《大跨度预应力空心板（跨度 4.2m～18.0m）》13G440 的 25～36 页。

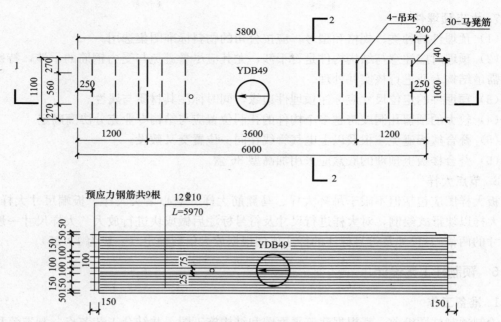

图 6-10　预应力叠合板构件详图设计示意图

2）预应力叠合板。根据结构图配筋信息，预应力钢筋距离板非受力边为 50mm，伸出板受力边为 150mm，保护层厚度为 20～30mm；分布钢筋布置在预应力筋之上，板端为加密区。

3）叠合板。根据结构图钢筋配置确定钢筋直径与分布方式，受力边伸出板端 150mm。

（2）图面标准

1）注明各钢筋的规格、长度、数量、位置；

2）钢筋网在剖面图中表示；

3）各钢筋的位置及弯钩形状应相互错开，避免干涉。

预应力叠合板构件配筋设计可参见图 6-11。

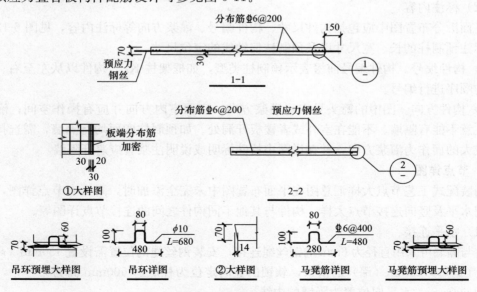

图 6-11　预应力叠合板配筋设计示意图

7. 水电预埋件

（1）预埋件的种类、规格和型号，应按公司的物料标准图集选用。

（2）预埋时应注意与结构构件是否干涉，尤其应尽量避免与受力钢筋的干涉，特殊情况下需请结构专业进行核实并处理。

（3）预埋件的定位尺寸应标注预埋件边缘，同时标注其材质与属性。

（4）较大的预留孔洞或跨越多个构件的孔洞位置应与结构专业充分协商确定。

（5）叠合楼板避免三根及以上电气管线在同一位置交叉敷设。

（6）叠合楼板上预埋的底盒应采用加高型86盒。

8. 节点大样

板大样图应包括但不限于吊环大样、马凳筋大样、空心堵头大样、板端尺寸大样等。节点大样以块形式绘制，对大样进行尺寸及符号标注后做成块进行放大（大样尺寸一般为原尺寸的两倍）。尺寸及符号标注的标注比例根据放大倍数确定（一般为1：25）。

6.2.6 预制柱工艺设计

1. 准备工作

绘制预制柱图纸前，需根据建筑平面图和结构施工图，并结合工艺节点、制造流程等明确画图所需各种已知条件。

（1）确定柱子的尺寸：矩形柱、圆形柱等；

（2）依据结构施工图确定混凝土强度等级和钢筋；

（3）确定所需预埋件和孔洞位置等。

2. 平面布置图

（1）基本规定

1）依据结构施工图确定柱子的类型，并进行分类标记、编号。

2）将构件制作成块并以柱编号命名，如KZ003-1表示一层编号为003的预制柱。

（2）标注内容

平面拆分布置图中应包括构件尺寸、构件编号、灌浆方向等标注内容，见图6-12。

标注预制柱的长、宽尺寸以及预制柱偏轴线的定位尺寸。

1）构件编号。构件编号前缀表示预制柱类型，如框架柱KZ；构件以从左至右、从上至下的顺序进行编号。

2）构件方向。图中的箭头号表示灌浆方向，宜取室内方向并应有操作空间；灌浆方向需注意不能有隔墙、不能在室外或者楼板开洞处。如预制柱四面均有隔墙，需选择宽度尺寸较大的面作为灌浆方向，并在详图中特殊标明或说明注浆管应避开隔墙。

3. 节点详图

当装配式工艺节点大样汇总图在平面布置图中未完全添加时，附页有节点详图，如构件之间水平及竖向连接节点大样、构件与其他不同构件之间的连接节点详图等。

（1）水平连接

柱与隔墙可采用直径为6mm的钢丝绳连接，安装钢丝绳的位置需设置150mm（高）×50mm（宽）×20mm（深）的槽口，软锁的竖向定位为柱底起600mm高为第一个，竖向间距为600mm，水平向位置为隔墙的中线。

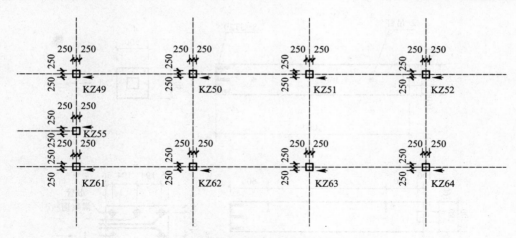

图 6-12 预制框架柱平面标注示意图

柱与隔墙的连接还可以采用角钢连接方式，在柱子与隔墙连接拐角处设置压槽，压槽尺寸为 100mm（高）×100mm（宽）×20mm（深），依据隔墙压槽定位。

（2）竖向连接

1）预制柱竖向的连接采用灌浆套筒，灌浆套筒和钢筋的设计参数详见后续章节。

2）预制柱底部应设置键槽深度≥30mm 的剪力键且宜设置粗糙面。

3）预制柱顶端预留 180mm×180mm×100mm 的孔洞；柱顶应设置粗糙面。

4）粗糙面凹凸深度应≥6mm（可在技术说明中说明）。

5）应在构件尺寸详图中标明粗糙面△或绘制剪力键。

4. 构件详图

复制平面布置图中拆分构件的平面图为底图进行构件详图的绘制，包括主视图、左视图、平面图（俯视图）和剖视图。平面拆分图、轮廓图和钢筋图应合理利用图块，使构件中相同的内容保持一致，如预制柱构件详图中的左视图（剖面图）与构件平面布置图中相应的拆分构件块为同一个块，以便同步修改。

（1）构件视图

预制柱详图中，以柱平面布置图中的平面图为详图的左视图，并对视图以顺时针进行编号，指定 1 面为注浆孔面（灌浆方向），并调整 1 面为上（与工厂生产视图方向一致）；以横向放置方向为主视图进行绘制，左端为柱顶，右端为柱底，各视图编号一一对应，方便观察，见图 6-13。

（2）构件尺寸

1）预制柱高＝层高－梁高－坐浆层（20mm）；

2）当柱四边梁高不同且相差不大时，取各梁最高点至各梁最低点高度之和；

3）当柱四边梁高不同且相差较大时，框架柱两边预制，中间梁高范围内进行现浇，常用于被单层梯梁打断柱；

4）孔洞：预制柱顶端预留 180mm×180mm×100mm 的孔洞，保证吊具顶不出预制柱顶面。

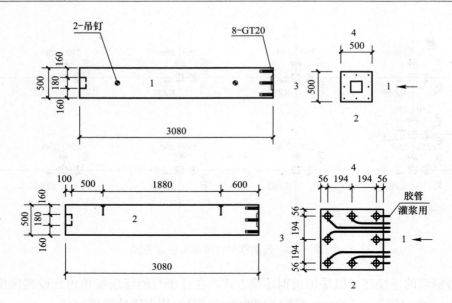

图 6-13　预制框架柱构件详图设计示意图

5. 预埋件

（1）吊钉

吊钉一般采用载荷为 2.5t 的带孔吊钉（$L=170mm$），以构件重心为对称轴对称布置，吊钉数量根据构件重量及构件外轮廓尺寸确定且为偶数，两个吊钉为一组，间距不宜大于 2300mm，通常为 600～800mm。

（2）吊具

吊具钢筋直径需按设计吊重计算确定，尽量采用 HPB300 级钢；吊具顶不出预制柱顶面。

（3）灌浆套筒

1）灌浆套筒的规格依据结构施工图确定；

2）套筒之间的净距应≥25mm；

3）套筒外侧箍筋的混凝土保护层厚度应≥20mm，即套筒边距柱边的距离还应加上箍筋的直径，并考虑带肋钢筋的肋厚度。

4）需指定两个同侧定位套筒，定位套筒比普通套筒提高 50mm。

（4）锚板

当柱与雨篷有连接时，需要预埋锚板，锚板的高度依据结构设计定位。预制框架柱构件尺寸及预埋件设计可参见图 6-13。

6. 配筋

（1）设计要求

1）柱的连接纵向受力钢筋据结构施工图确定，直径不宜小于 20mm。

2）施工图设计时应考虑满足套筒要求的钢筋等级变化，上层钢筋直径可以大于下层钢筋一个等级，最多两个等级，如有条件可分两层过渡变化钢筋直径。

3）施工图设计配筋时尽量各层使用相同根数的纵筋，避免插筋。

4）柱的箍筋加密区范围为柱的截面高度、柱净高的 1/6 和 500mm 三者的最大值，柱底箍筋加密区长度不应小于灌浆套筒长度与 500mm 之和。

5）底层柱的下端不小于柱净高的 1/3；刚性地面上下各 500mm。

6）跨比不大于 2 的柱、因设置填充墙等形成的柱净高与柱截面高度之比大于 4 的柱、框支柱、一级及二级框架柱的角柱，箍筋加密区取全高。

7）灌浆套筒上端第一个箍筋距离套筒顶部≤50mm，一般可取 20～50mm 且留有一定的长度空间，方便直径不同时利用空余长度进行协调。

8）柱子的第一道箍筋一般距离柱端 20mm 且≤50mm；箍筋加密区在套筒处间距一般为 60～80mm，需满足灌浆套筒上端第一个箍筋距离套筒顶部≤50mm。

9）每个预制柱指定两个位于同一侧的定位钢筋，与定位套筒相对应。

（2）图面标准

1）注明各钢筋的规格、长度、数量、位置；

2）钢筋的详细信息在大样图中标明；

3）各钢筋的位置及弯钩形状应相互错开，避免干涉。

预制框架柱配筋设计可参见图 6-14。

7. 节点大样

柱大样图应包括但不限于定位套筒大样图、灌浆套筒注浆软管布置图、吊具（吊钉）大样、柱底剪力键大样等。节点大样以块形式绘制，对大样进行尺寸及符号标注后做成块进行放大（大样尺寸一般为原尺寸的两倍）。尺寸及符号标注的标注比例根据放大倍数确定（通常为 1：25）。

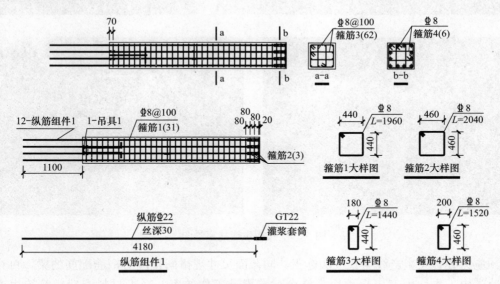

图 6-14　预制框架柱构件配筋示意图

6.2.7　制造对工艺设计要求

1. 预应力楼板

工厂常见楼板生产线分为 0.9m 或 1.2m 大跨度预应力空心板与 2.4m 预应力叠合板，生产线长 160m，楼板生产线见图 6-15。

根据对现场实际情况的考察，大跨度预应力空心板直接在工厂地面生产，对地面平整度要求较高。预应力叠合板生产线采用钢结构平台，有效解决台面平面度精度，预应力钢筋混凝土保护层厚度可以得到有效控制，同时叠合板的生产质量较空心板得到较大程度的提高。

2. 预应力叠合梁

预应力叠合梁生产线可适用于梁截面为 400mm×600mm（最大）的预应力叠合梁的生产，生产线长 140m，梁生产线见图 6-16。

图 6-15 楼板生产线实景图

预应力叠合梁生产线为长线法施工，同截面尺寸规格同预应力钢筋配筋的梁，可在生产线范围内一次性生产多根预应力叠合梁，提升工作效率，减少材料浪费，节约生产成本。由于预应力钢筋只能一次拉伸到位，因此工艺设计初步阶段应与结构专业沟通对接，结合生产实际情况，尽可能将同截面尺寸的梁配置相同规格的预应力钢筋，简化设计，为后续工作顺利展开提供条件。

3. 柱

预制柱生产线可生产截面规格 600mm×600mm、600mm×400mm、400mm×400mm 的预制柱，柱生产线见图 6-17。

图 6-16　梁生产线实景图

图 6-17　柱生产线实景图

预制柱根据结构设计配置相应箍筋与纵向受力钢筋，其中柱底端纵向受力钢筋与灌浆套筒通过螺纹机械连接，现场上下层预制柱通过现场灌浆连接锚固。此装配体系对工厂工艺生产能力要求较高，生产精度必须满足现场装配质量要求。故工艺设计时，需考虑将灌浆套筒间的定位尺寸提出一定的精度要求，从源头上控制质量。

4. 墙板

预制墙板生产线均在钢制台车面生产，台车规格分为 9m×3.5m 与 12m×4m 两种，分别可适用生产外轮廓长宽尺寸为 8m×3.2m 与 11m×3.6m 墙板，墙板生产线见图 6-18。

预制墙板根据拆分工艺详图在台车面进行生产，为保证工厂工艺生产能力以及建筑实际需求，工艺设计图纸应全面考虑满足生产的各项要求（如外形轮廓、光毛面的处理）。在不能确定生产是否能够满足设计需求时，设计应加强与工厂联系沟通，协商好处理方案。在工厂生产台车还不能自动翻转前，墙板预制应合理布置起吊吊具，以满足运输和现场装配施工要求。

图 6-18　墙板生产线实景图

5. 预制楼梯

预制楼梯生产线均使用钢制模具开展生产，设计可将模具参数作为楼梯设计的基础数据，保证设计数据与工厂工艺生产能力一致。楼梯生产线见图 6-19。

图 6-19　楼梯生产线实景图

装配式建筑结构体系对预制构件各条生产线的设备选型起决定作用。生产线的设备类型、设计参数、生产能力等对预制产品的质量、受力形式等都有一定影响，常见生产线设备类型及预制构件产品形式详见表 6-5。

PC 工厂生产线统计表　　　　　　　　　　　　表 6-5

序号	生产线	设备类型	生产构件类型
1	空心板生产设备	空心板成型机	空心楼板
		地基锚具	
		送料车	
		喂料车	
		单根预应力钢筋张拉机	
		空心板垂直切割机	
		空心板多角度切割机	
		预应力空心板起吊夹具	
		预应力钢筋锚具	
		预应力空心板存放架	
		预应力钢筋切断机	
		混凝土路面切缝机	
		电动切割机	
2	叠合梁生产设备	混凝土布料斗	普通叠合梁预应力叠合梁
		混凝土布料、振捣设备	
		轨道输送小车	
		加热养护设备	
		吊具	
		带挡边模台模	
		端面隔断模具	
		轨道	
		预应力钢绞线存放	
		钢筋放张设备	
		拉毛设备	
		喷涂脱模设备	
		模台清理设备	
		张紧台座	
		预应力钢绞线张紧设备	
3	预应力叠合板生产设备	混凝土布料斗	预应力叠合板
		混凝土布料、振捣设备	
		轨道输送小车	
		加热养护设备	
		吊具	
		带挡边模台模	
		端面隔断模具	
		轨道	
		预应力钢绞线存放	
		钢筋放张设备	
		拉毛设备	
		喷涂脱模设备	
		模台清理设备	
		张紧台座	
		预应力钢绞线张紧设备	

序号	生产线	设备类型	生产构件类型
4	墙板生产线	模台	预制剪力墙预制隔墙外挂板
		环形混凝土输送轨道	
		输送斗	
		振动台	
		布料机	
		养护窑	
		翻模机	
		横移车	
		横移车轨道	
		地面行走轮	
		模台驱动轮	
		立体平台	
		线间平移小车	
		喷涂脱模机装置	
		抹平机	
		画线机	
		振捣、赶平机	
		皮带式运输通道	
		墙板存放运输架	
		墙板存放运输架加固配件	
		中控系统	
		高压水枪清洗机	
		货架摆臂	
5	异形件生产线	带振动器的固定模台	预制阳台板预制空调版预制柱
		飘窗立体模具	
		飘窗立体模具	
		飘窗立体模具	
		立式楼梯模具	
		可调节楼梯模	
		阳台立体模具	
		精密裁板锯	
		混凝土布料斗运输小车	
		混凝土布料斗	
		高压水枪清洗机	

6.2.8 施工对工艺设计要求

1. 施工对建筑专业图的要求

（1）卫生间墙不宜与外墙板共用。

（2）不同材料交接处及拼缝处防开裂处理措施。

（3）外立面宜在同一垂直面上，在屋面处不宜有天沟及造型挑出超过 300mm。

（4）不宜设置过多飘窗、阳台及其他造型，以免增加生产及施工成本。

（5）门垛不宜小于 100mm，否则工厂无法生产及运输无保证。

（6）整个外立面造型宜一致，避免每层不一样，方便生产及施工。

2. 施工对结构专业图的要求

（1）梁板柱宜同一强度等级或相差一个等级，方便混凝土浇筑，同时在抗震等级高的地区可以减少梁板配筋，方便施工。

（2）建筑外围梁与室内其他梁有相交时，外围梁高宜大于室内梁。

（3）避免设置主次梁。避免设置连梁，连梁高度设置宜比有相交的框架梁小。

（4）当暗柱上有3条以上的框架梁相交，宜把暗柱设置成T形，避免梁在200mm宽的暗柱内锚固；有交叉的纵横方向梁高宜错开100mm以上，方便底筋错开施工。

（5）预制剪力墙水平箍筋宜做成开口箍，方便现场安装；两预制剪力墙相交处水平箍筋必须做成开口箍，不然暗柱根部箍筋无法安装。

（6）梁避免设置两排钢筋，以免现场无法安装两排钢筋及无法安装预埋管线。

（7）楼板现浇层厚度应满足：1预埋管高度+2面筋高度+保护层厚度=32+8×2+15=63mm，所以最小应不小于70mm。

（8）隔墙与楼板缝隙的高度应大于楼板自身的挠度及楼板受力后的变形量，不然会把楼板的荷载传递给隔墙板，层层累加（上吊改为下坐）。

（9）在板底受力筋方向板底不平处宜增加梁，可以避免做现浇楼板。

（10）预制楼梯宜设置成简支连接（一端固定铰，一端滑动铰）。

（11）同一轴线上梁面筋设置宜一样。

（12）框架柱或者剪力墙开间为小开间时，不宜有个别跨度过大，以免个别墙板过重，从而增加塔式起重机型号。

3. 施工对工艺专业图要求

（1）预制剪力墙溢浆孔宜向上设置仰角，不宜水平设置，不能向下设置。

（2）梁梁交叉点，梁高底筋向下，梁低底筋向上。

（3）连梁及设置有抗扭钢筋梁相交处，相邻连梁抗扭筋在高度位置应错开。

（4）所有墙板之间净距应大于1m，满足人员施工操作。

（5）外墙板在梁高范围内可不设拉结钢筋。

（6）外墙板吊装宜从靠近楼电梯处大角开始，顺时针方向包围楼电梯吊装，外边梁钢筋设置按此顺序开始。

（7）预制剪力墙预留竖向钢筋精度要求高，宜在图纸中注明生产精度要求。

（8）预制剪力墙暗柱处外叶板需加固，宜用L形钢筋拉锚至剪力墙或内叶板上，竖向不少于4道。

（9）建筑标高与结构标高的区别，拆板预留以建筑标高为准，窗台高度、门高度、预留空调孔等高度有区别。

（10）楼面板厚不一样处，降板处应对照建筑和结构图，表明详细节点及搭接方式。

（11）楼板分板时，开间大需要留板缝时，板缝宜留在隔墙中间。

（12）需要贴瓷砖部位宜做成毛面，方便后期施工。

（13）有走廊建筑，面向走廊PC面宜做成光面（与台车接触面）。

（14）外墙分板宜设置在200mm剪力墙对应的外侧，方便后期的模板安装。

4. 装配对水电专业图要求

（1）上下主电管宜设置在现浇剪力墙内，所有竖向预埋管宜放置在现浇剪力墙内，PC内单排居中布置。

（2）楼面水平管线不宜交叉，如需交叉不能大于2层且交叉点需在钢筋网片孔中间。

（3）给水分户管宜走顶棚，如走地面会影响整个楼面厚度，建筑净高减小。北方可以考虑走楼面（楼面有保温）。

（4）排水设置同层还是异层排水。

6.3 工艺设计问题解析

6.3.1 外墙板工艺解析（表6-6、表6-7）

外墙板（别墅墙板体系）常见问题索引　　表6-6

序号	图名	索引图
图1	外墙板模板图（别墅墙板体系）	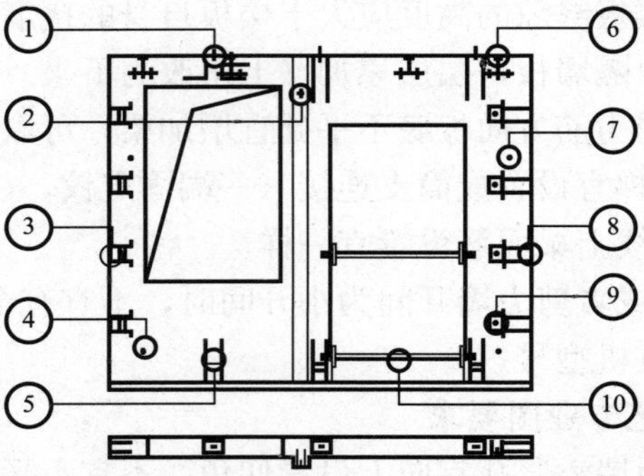
图2	外墙板配筋图（别墅墙板体系）	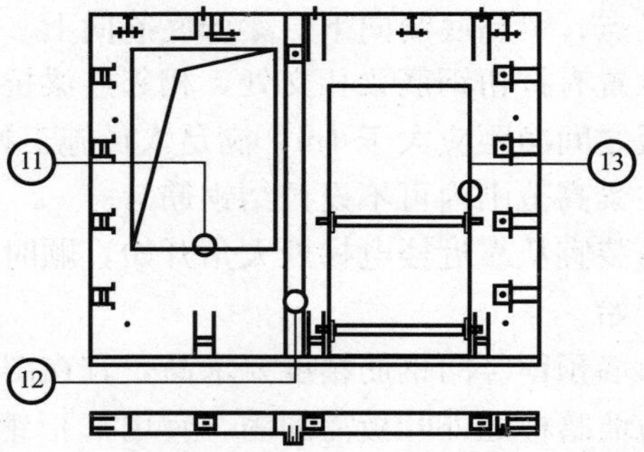

外墙板（别墅墙板体系）常见问题解析　　表6-7

序号	常见问题
1	上层墙板底部连接件需同下层墙板顶部连接件配套使用，并且与上层连接件位置对应
2	根据墙板厚度选用合适的类型的连接件，并且与对应墙板侧面连接件配套，且位置对应
3	外墙板竖向连接件在有门窗的位置选用配套连接件，并注意连接件锚筋不露出构件
4	因施工场地及运输要求外墙板需平吊时，吊具需根据重心对称布置并保证距边不小于100mm
5	外墙板底部连接件需与基础插筋连接或相邻层顶层连接件连接时，需核对位置，避免错位情况的发生
6	外墙板竖向起吊吊钉，以构件重心为对称轴对称布置，吊钉数量根据构件重量及构件外轮廓尺寸确定且为偶数，2个吊钉为一组，间距不宜大于2300mm；吊钉与构件边缘的距离≥150mm，一般为300～600mm；距离预留洞口应≥100mm
7	塑料胀管数量根据长度确定，一般5m及以下布置两个，5～7m设三个，7m以上布置4个，距端部有一定的距离，注意避开柱子或相邻墙体，保证施工时不冲突，一般为500～800mm，塑料胀管高度一般为2000～2200mm或者$2/3H$，取整数
8	外墙板右侧连接件应尽量同左侧连接件配套布置
9	外墙板正面连接件同对应墙板连接件配套布置，位置及间距一一对应

续表

序号	常见问题
10	门洞宽度大于 1500mm 时，需加钢支撑加固且不少于一道
11	窗台高度需要看建筑窗门窗表，还需加上结构面标高与建筑面标高高差。如有坐浆层，还需考虑减去坐浆层高度
12	有扶壁柱的位置，需配置钢筋。如上部搁置梁或楼板，扶壁柱高度减去相应高度，插筋孔——对应
13	门的高度查看建筑图，还需加上结构面标高与建筑面标高高差。如有坐浆层，还需考虑减去坐浆层高度

6.3.2　楼板工艺解析（表 6-8、表 6-9）

全预制楼板（别墅墙板体系）常见问题索引　　　　　　　表 6-8

序号	图名	索引图
图 1	全预制楼板	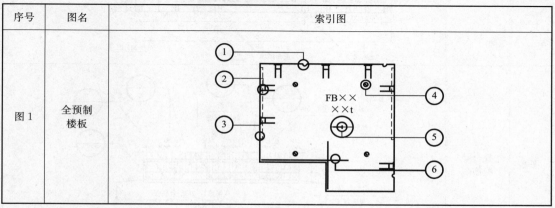

全预制楼板（别墅墙板体系）常见问题解析　　　　　　　表 6-9

序号	常见问题	备注
1	上下墙板连接需要在楼板开孔（$R=40$）的情况下，注意和墙板连接件开孔位置——对应	
2	相邻楼板需要连接件连接的情况下，需根据预制板厚及甲方要求选用合适的连接件型号	
3	相邻楼板密拼底部需要做压槽（厚度一般为 5mm，长度为 50mm），压槽长度为板到竖向墙边长度，楼板在墙上搭接长度范围内不做压槽	
4	楼板起吊吊钉类型根据预制板厚选用，吊环数量根据构件重量及构件外轮廓尺寸确定且为偶数，两个吊环为一组。底板长度≤6m 时，采用 4 个吊环；底板长度＞6m 时，采用 8 个，具体详见图集。当板宽为 2400mm 时，吊环距离板短边为 500mm；当板宽为 1100mm 时，吊环距离板短边为 250mm；当板宽为 600mm 时，吊环距离板短边为 200mm；吊环距离板长边为 0.2 倍板长且≤1200mm	
5	楼板需标明吊装方向，方便工厂布置预埋件及施工现场吊装作业	
6	预制楼板开洞或开缺，周边需配置加强筋（一般为 $\phi12$ 的 HRB400 级钢）。如结构图纸有明确要求，按结构配置加强筋	

6.3.3 叠合梁工艺解析（表6-10、表6-11）

叠合梁常见问题索引   表6-10

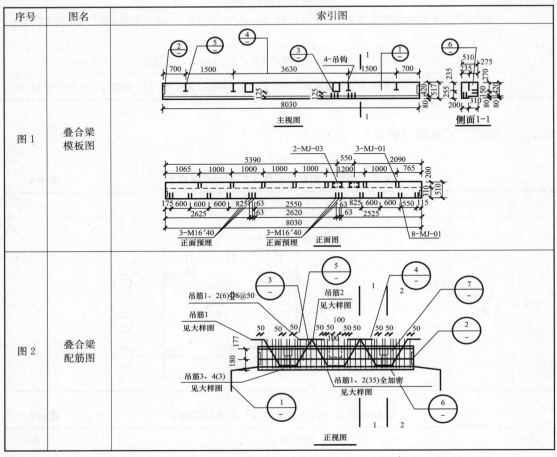

序号	图名	索引图
图1	叠合梁模板图	
图2	叠合梁配筋图	

叠合梁常见问题解析   表6-11

序号	常见问题
图1/1	尺寸定位：构件轮廓图尺寸定位应全面，包含构件轮廓、吊钉（吊具）定位、直螺纹套筒定位、预埋钢板及其他预埋件定位等
图1/2	剪力键和粗糙面：预制梁端面应设置剪力键，剪力键的深度 $t \geqslant 30mm$，剪力键的宽度 $3t \leqslant w \leqslant 10t$，非贯通剪力键距离截面边缘 $\geqslant 50mm$；当有多个剪力键时，其间距宜等于剪力键的宽度。应在构件尺寸详图中标明粗糙面
图1/3	主次梁连接：应复核直螺纹套筒连接钢筋是否会与次梁纵筋打架而影响现场吊装。次梁（缺口梁）端部高度（含后浇部分）不宜小于0.5倍的叠合梁截面高度（含后浇部分），挑出部分长度可等于缺口梁端部高度，缺口拐角处宜做20mm的斜角。缺口梁梁端受剪截面应满足结构抗剪计算
图1/4	尺寸标注：定位尺寸线距离构件边缘的距离宜为240mm的模数，使图面整齐
图1/5	吊钉（吊具）：吊钉一般采用载荷为2.5t的球头吊钉，以构件重心为对称轴对称布置，吊钉数量根据构件重量及构件外轮廓尺寸确定且为偶数，两个吊钉为一组；预应力叠合梁的吊钉尽量布置在梁两端，中间可不布置吊钉，第一个吊钉距梁端距离大于U形槽长度且小于1m；普通叠合梁的吊钉间距不宜大于2300mm；吊钉与构件边缘的距离 $\geqslant 150mm$，一般为600～700mm且需要避开梁端键槽

续表

序号	常见问题
图 1/6	左右视图：当梁两侧截面相同时可只绘制左视图，否则需同时绘制左右视图
图 2/1	底部受拉纵筋：根据梁结构平法施工图确定钢筋的直径和间距。底部受拉纵筋的锚固长度详见平法图集 16G101-1 第 58 页，锚固构造详见图集 16G101-1 第 84 页，当底部受拉纵筋在支座处很密集，可采用在竖直向或水平向将纵筋弯折的构造措施，但须保证钢筋弯折斜率不超过 1/6
图 2/2	腰筋：梁中的抗扭钢筋宜转化为构造腰筋，将所需配筋面积分配到梁顶部和底部，合理分配腰筋根数。当必须采用抗扭腰筋时，采用直螺纹套筒的连接方式
图 2/3	边缘钢筋：若在梁中无腰筋（抗扭筋或构造筋），在预制梁吊具接触面设置边缘加强筋，一般采用 φ10 钢筋
图 2/4	箍筋：梁箍筋构造详见图集 16G101-1 第 88 页，梁箍筋结合结构施工图及梁高等参数确定箍筋形状、加密区及非加密区的长度；尽量避免四肢箍；四肢箍导致生产难度加大，难以保证构件质量
图 2/5	吊筋：分两种情况，一是梁结构平法施工图中画了吊筋；二是主次梁交接处采用开缺工艺时附加吊筋。此吊筋的目的是承担次梁传来的支座剪力，应根据结构计算确定附加吊筋的直径和根数
图 2/6	缺口附加筋：主次梁交接处，在主梁缺口两侧各附加 3 根箍筋@50，缺口底部短箍筋加密至间距 50mm，缺口底下通长钢筋宜用腰筋，腰筋间距只要求小于 200mm，可调整
图 2/7	次梁钢筋：次梁端部箍筋距梁端应≤40mm，水平 U 形钢筋第一道距梁边缘 30mm；其中，梁中间的第二道水平 U 形腰筋与第一道的距离 L 应满足 50mm≤L≤100mm，且距梁顶距离小于 1/3 的梁高

6.3.4 叠合板工艺解析（表6-12、表6-13）

预应力叠合板常见问题索引　　　　表 6-12

序号	图名	索引图
图 1	预应力叠合板平面布置图	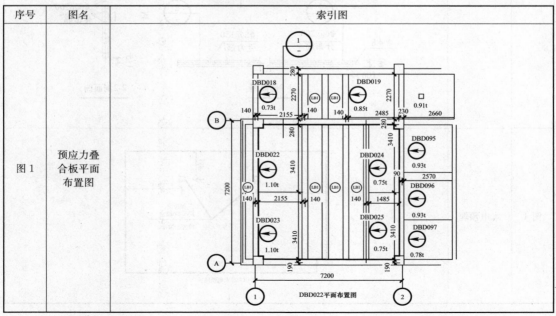

序号	图名	索引图
图2	预应力叠合板轮廓图	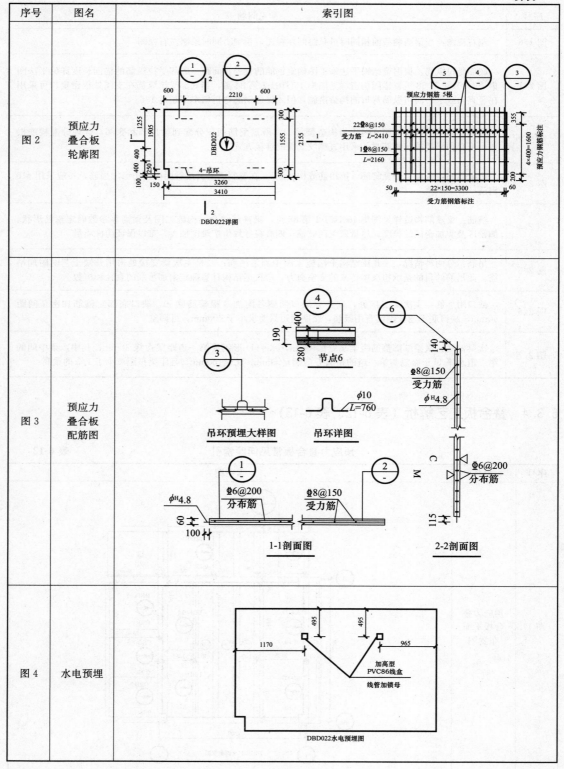
图3	预应力叠合板配筋图	
图4	水电预埋	

预应力叠合板常见问题解析　　　　　　　　　表 6-13

序号	常见问题	备注
1	平面布置拆分图上标注板的编号、生产方向及构件重量及相关定位尺寸、孔洞尺寸等内容；其中构件尺寸包括标注板的长度、宽度及拼缝的宽度	
2	准确绘制板的外形轮廓，板与柱是否重叠，重叠部分需要开缺	
3	构件编号：构件编号前缀表示板的类型，依次按照从左至右、从上至下的顺序进行编号，如预应力叠合板 YDB003	见平面布置图
4	理利用图块：平面拆分图中的板外形轮廓应绘制准确并编辑成块，详图中的轮廓图、钢筋图和水电预埋图可引用同一块，以便同步修改	
5	吊环布置需根据构件重量进行计算，数量根据构件重量及构件外轮廓尺寸确定且为偶数，两个为一组，以重心为中心布置；当底板长度小于 6m 时采用 4 个，大于 6m 时采用 8 个，具体详见图集	
6	构件的编号按上面规则进行编号且注明生产方向，与平面布置图中的方向一致	见轮廓图
7	预应力板在预应力筋方向板端处分布筋需加密，详见企业图集《预应力混凝土叠合板（70 底板）》	
8	预应力筋与普通钢筋为以示区别，预应力筋采用虚线形式绘制且分开标注尺寸	
9	板上洞口及开缺处钢筋应避让或加强，详见平法图集 16G101-1 中的"板开洞 BD 与洞边加强筋构造（洞边无集中载荷）"	
10	板与现浇接触面为粗糙面，需用符号表示或图纸技术说明中说明	
11	根据结构图确定预应力筋伸出板端的距离，注明各钢筋长度，对于形状结构复杂的需绘出大样图	见配筋图
12	当主视图表达不清楚时以及关键节点处需绘制大样图，以方便理解	
13	水电预埋需注意与结构构件是否有干涉，若干涉需进行适当调整，如线盒与钢筋干涉时可参见平法图集 16G101-1 中的"板开洞 BD 与洞边加强筋构造（洞边无集中载荷）"进行处理，预埋件尽量将其放于现浇层	见预埋图

6.3.5　预制柱工艺解析（表 6-14、表 6-15）

预制柱常见问题索引　　　　　　　　　　表 6-14

序号	图名	索引图
图 1	预制柱轮廓图	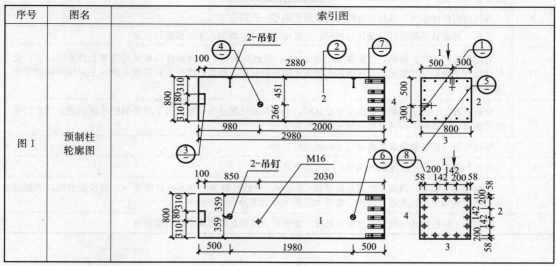

序号	图名	索引图
图2	预制柱配筋图	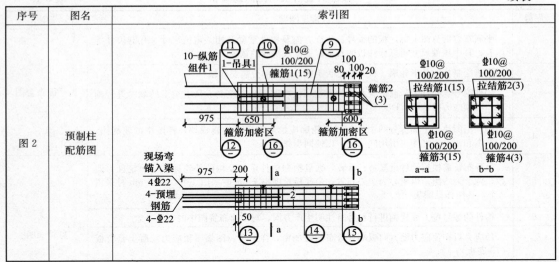

预制柱常见问题解析 表 6-15

序号	常见问题
1	对视图以顺时针方向进行编号,指定构件方向为1面,并标注方向;调整1面为上,方便工厂生产
2	各视图均标注编号,并与左视图上编号一一对应
3	预制柱顶端预留 180mm×180mm×100mm 孔洞,保证吊具顶不出预制柱顶面
4	金属螺纹套筒(或塑料胀管),用于立柱现场安装打支撑用,需在图上标明型号规格、定位尺寸及正面
5	或反面预埋信息,同时保证其与立柱纵筋不干涉
6	吊钉(吊具),以构件重心为对称轴对称布置,数量根据构件重量及其外轮廓尺寸确定且为偶数。间距不宜大于 2300,吊钉与构件端部距离一般为 600~800mm
7	定位套筒,为方便安装,在构件同侧选取两个半灌浆套筒为定位套筒,位置较其他套筒抬高 50mm,套筒下开锥形孔,起定位与导向作用
8	需详细标明纵筋(灌浆套筒)定位尺寸,柱纵筋位置要与梁底筋统筹考虑,错开布置;纵筋位置需保证最外侧钢筋保护层厚度≥20mm;套筒与套筒间距应≥25mm
9	各视图均标注编号,并与轮廓图的左视图上编号一一对应
10	吊具,钢筋直径按设计吊重计算确定,应采用 HPB300 级钢,不出预制柱顶面
11	与定位套筒连接的纵筋,也要往上抬高 50mm,若此纵筋与上层预制柱纵筋采用灌浆套筒连接,总长度尺寸与其他纵筋尺寸相同;若此纵筋不伸入上层预制柱中,则总长度尺寸较其他不伸入上层预制柱的纵筋短 50mm
12	插筋,若上下两层预制柱截面发生变化时,上层预制柱部分纵筋需要与下层预制柱预埋插筋采用半灌浆套筒连接,插筋长度需满足规范规定的长度要求
13	预制柱第一道箍筋通常距离柱端 20mm 且≤50mm
14	箍筋,需要在图上标注箍筋编号、间距及数量
15	灌浆套筒上端第一道箍筋距离套筒顶部≤50mm,一般可取 20~50mm 且留有一定的长度空间,方便直径不同时利用空余长度进行协调。套筒处箍筋间距通常为 60~80mm
16	需在图上标注加密区位置及加密区长度,加密区长度满足规范确定的长度要求

6.4　本章小结

在深化设计阶段，设计就施工总承包商、构件厂、物流单位在审查施工图设计模型时反馈的意见与建议进行深化设计，达到初步深化设计模型的要求，给业主进行审批；业主审批后把初步深化设计模型发给施工总承包商，施工总承包方的 BIM 团队对土建、给水排水、机电等专业进行深化设计，即进行碰撞检测，并把问题与优化的结果反馈给设计单位；设计审核无误后，进行构件的深化设计。在构件深化设计过程中，构件厂根据构件的生产工艺，提出相应的构件生产深化需求；物流单位根据运输过程所需的预埋件，提出相应的构件运输深化需求；总承包方根据构件的施工工艺与流程，提出与构件施工相关的深化需求。设计根据各参与方提供的深化设计需求，进行进一步深化设计，紧接着把深化设计模型发给构件厂、物流单位、总承包单位，各参与方进行深化设计模型的审核，针对工艺设计常见问题进行校审，并把校审意见给工艺设计单位进行修改，直到满足规范规定和各参建方的需求。

本章从工艺设计前期准备讲起，然后对具体的装配式部品部件的工艺设计进行详细介绍，以及工厂生产和现场施工对工艺设计的要求，最后对在工艺深化设计中的常见问题进行分析。建筑工业化的重要环节就是工艺设计，只有准确无误的工艺设计，才能快速、经济地实现建筑工业化产品。对建筑各专业设计和制造以及装配现场准确、清晰的认识，是精准、高效进行工艺设计的前提。

第 7 章
装配式建筑全产业链协同

7.1　前言

　　装配式建筑全产业链协同，涵盖开发、设计、生产、建造及相互协同为目标，将优势资源和技术进行高度整合，实现装配式建筑的政策、标准、开发、设计、生产、材料、建造、物管、市场的高度一体化。协同是在一个大系统中各个小系统之间互相协调、互相合作、相互沟通、相互帮助，使他们之间的价值结合起来[92]大于各个小系统之和，见图7-1。市场中的参与者存在着各种复杂的关系，系统的形成离不开他们的参与，要使系统拥有完整的功能，就必须协调各个利益相关方参与到系统合作中，将技术、经验等集结到系统中，使其发挥最大功效。

图 7-1　协同的字面意义解读

　　装配式建筑全产业链的主体按所处位置可分为上游部门和下游部门，上游包括政府部门、开发企业、设计单位等，下游是部品供应商、施工企业、物业等。装配式建筑产业链内部协同系统中既存在上下游参与主体的纵向协同，也存在着同一环节不同企业的横向协同，不同参与主体在各个环节之间有着相互合作、相互协调甚至互补的复杂网络关系，见图7-2。

　　装配式建筑全产业链的主体按参与度，可以把这些单位分为直接参与主体和间接参与主体。直接参与主体包括投资开发、规划设计、生产供应、装配施工、运维管理，间接参与主体包括政府部门、产品用户、科研机构，直接和间接参与主体之间的关系见图7-3。

　　产业链的协同是一个复杂的系统，协同机制的建立能够促进系统的进化，能够最大限度地激励每个参与者相互合作、积极配合。对产业化建筑的开发需要上下游部门、直接和间接参与主体的共同合作完成，产业链部门之间和谐发展、协同合作，才能使其不断发展壮大，获得优势地位。本书讲述装配式建筑深化设计，离不开与产业链上各参与主体的协同，协同机制是产业链上各利益相关主体相互合作与竞争，在实现产业链竞争优势的基础上，以利益最大化为目标，互相协同所形成的产业链系统的内部运行规律机制。

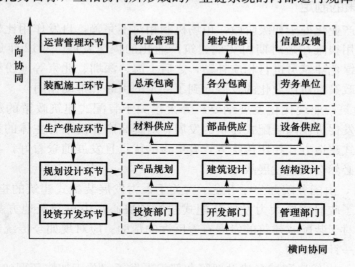

图 7-2　装配式建筑产业链多主体协同关系网络图

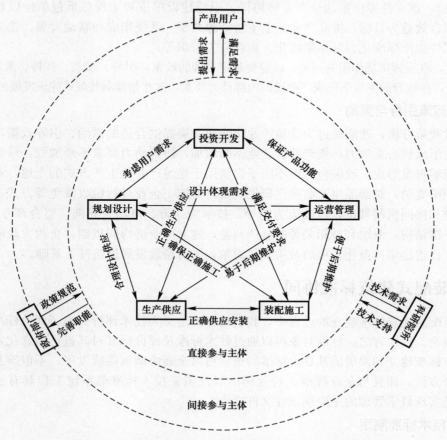

图 7-3　装配式建筑产业链直接和间接参与主体关系网络图

7.2 装配式建筑政策协同

7.2.1 国家政策的制定

当前，建筑产业化处于初级阶段，市场机制相对不完善，自发作用比较薄弱，单纯依靠市场机制的作用很难在短时期内实现建筑产业化的快速发展。2012 年颁布的全国性文件中规定政府对绿色建筑可进行相应补贴，之后上海、深圳、北京等地纷纷出台当地的产业化政策，这些政策都对产业化的发展起到了一定的引导和推动作用。

2016 年《建筑产业现代化发展纲要》等大量关于装配式建筑政策的颁布，从国家和地方政府角度出发促进我国装配式建筑的发展，对提高产业链中各主体的参与热情起了决定性作用，装配式建造方式相比传统方式有更多的优点且发展前景看好，参与主体为了避免被行业淘汰就必然会调整发展战略。

2016 年 9 月，由国务院办公厅下发了《关于大力发展装配式建筑的指导意见》。该文件的下发，表明了政府想要大力发展装配式建筑的决心，中央乃至地方都出台了相关文件，良好的环境对于装配式建筑的发展有着巨大的帮助。应对现如今传统建筑的困境，装配式建筑无疑是一针强心剂。

2020 年 9 月，由住房和城乡建设部等九部门下发了《关于加快新型建筑工业化发展的若干意见》，该文件提出推动全产业链协同，引导建设单位和工程总承包单位以建筑最终产品和综合效益为目标，推动产业链上下游资源共享、系统集成和联动发展，推进标准化设计、部件生产标准化、部品集成化、创新施工组织等。

因此，在发挥市场作用的同时，政府要制定合理的政策，引导、推动、扶持、激励整个产业的发展，在政府的主导下形成产业链的内部动力要素，这才是推动装配式建筑发展的源动力。

7.2.2 政策引导与激励

通过政策分析，政府通过为建筑产业化快速发展提供合适的激励、引导政策，促使产业链企业形成核心竞争力，使产业链企业不断增加，协同动力要素不断加强，最终使产业链协同能够自发形成。政策包括但不限于提供用于建筑产业化生产方式的土地，对开发商进行容积率奖励，对部品生产商提供研发经费，对施工企业进行税收减免等方式。基于产业链理论和协同机制理论，以政策为引导、技术为纽带、市场为导向，整合产业链资源，优化产业链结构，兼顾利益相关者的整体利益，建立产业链协同机制，企业为政府因地制宜地制定促进建筑产业化发展的政策提供对策，为可持续发展道路打下基础。

7.3 装配式建筑标准协同

在装配式建筑标准建立的过程中，我们将标准定义为技术评价标准、评价标准、工作标准的集合。换而言之，标准对象可以通过技术标准及评价标准对其进行概念化定义，这也是工作标准建立和发展的基础。标准的建立可以全面协调可持续发展，不但涉及社会生活的各个方面，而且与企业标准、行业标准以及国家技术标准等系统工程具有密切的关系，更是实现科学管理的主要纲领性文件之一。

7.3.1 技术标准制定

技术标准实施的主要依据就是技术要求，这也是技术要求满足需求的客观条件与前提。在技术要求制定成为标准后，才能够顺利开展各项生产经营活动[93]。在装配式建筑设计与规划过程中，建筑项目工程的基础性往往决定了其标准类别应用过程中的实际效果，而装配式建筑设计根据其流程又可以划分为方案设计、施工图设计及构件加工设计等。在装配式建筑生产、施工过程中，国家和地方出台了一系列技术规程、检测和验收规范、标准图集。随着技术的进步，这些标准也要逐步修订。

7.3.2　统一评价标准

评价标准又称评判标准。是指人们在评价活动中应用于对象的价值尺度和界限。评价的客观性因素是评价标准具有科学性的重要依据。如工程建设国家标准《绿色建筑评价标准》GB/T 50378、《装配式建筑评价标准》GB/T 51129。目前，我国已初步形成了"政府推动、企业参与、产业化蓬勃发展"的良好态势。基于当前我国建筑产业现代化的发展现状和趋势，迫切需要建立一套适合国情的装配式建筑评价体系，定制并实施统一、规范的评价标准。

7.3.3　工作标准建立

工作标准是指标准化工作领域需要协调统一的标准，是工作范围、责任、权利、程序、要求、效果、检验方法等规定的工作质量标准。作为标准化作业的前提，工作标准不但集中反映了系统的工作职责以及工作范围，同时也在很大程度上反映了该系统的发展阶段与类型。目前，一些地方已经制定了与预制装配式建筑设计相关的标准。由于是地方政府制定，因此标准具有局限性。

装配式建筑的标准体系中，可以将标准体系划分为阶段、级别、对象、性质、等级和属性六个不同的维度，还可以通过分层构建的方式提升设计标准的针对性。其中，阶段维度、对象维度具有可拓展性，因此将这两个维度定义为可变维度。结合级别维度、等级维度及属性维度作为定位维度，对六维空间构型在装配式建筑设计中应用的过程进行分析，见图 7-4。

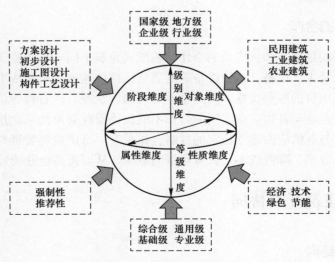

图 7-4　装配式建筑标准体系六维空间图

在装配式建筑工程项目的工作中，建立系统、科学、完善的标准体系，可以为装配式建筑设计和施工工作的快速、有序开展指明方向，在装配式建筑工程项目建设时有法可依、有规范可寻，同时可完成对参与实施的不同专业之间的协调工作。

7.4 装配式建筑市场协同

7.4.1 重视客户的需求

装配式市场协同首先要重视客户的需求。以客户为中心，了解客户的需求，服务好客户，解决客户的痛点。以客户痛点为切入点，帮助他们解决面向未来的问题[94]。企业的每一个具体角色都应当具备三个必要条件：①站在客户的角度主动思考一切与工作有关的问题；②站在客户的角度学习提高并检思自己，因为客户的要求理应是多变的；③站在客户的角度抓好执行，慢了就要挨饿。客户的需求及其特点存在差异性，可以划分为几个大的类别，分别是消费者、生产者、中间商、政府等。在营销推广的过程中，需要结合不同类别顾客的独特性，对营销推广策略进行不同程度的调整。

7.4.2 对竞争者的分析

装配式市场协同其次是对竞争者的分析。装配式建筑是国家重点扶持的环保产业，其未来的发展空间相当好，全国各省市也已经出台了一系列有关装配式建筑的相关规划和扶持补贴政策，调动着企业不断加码装配式建筑的积极性和自觉性，持续激发着企业涉足装配式建筑领域的热情。这意味着企业面临的市场竞争非常激烈[95]，并且竞争激烈程度在将来只会有增无减。从目前的市场情况来看，中国市场上已经有许多具有强大资本支持及网络覆盖优势的大型企业进军装配式建筑领域，装配式企业必须向行业领先者看齐，尽快补齐自身经营短板，最大限度地发挥自身经营优势，并制定和利用有效的营销推广策略，实现对竞争对手的超越。

7.4.3 与供应商的合作

装配式市场协同最后是和供应商的合作。装配式建筑不同于传统建筑，就拿构件工厂来讲，其原材料以及生产设备、运输设备等的质量、供应速度、采购成本直接决定和保障了整个装配式建筑项目的顺利实施，因此企业对钢筋、水泥、砂石料等供应商的选择及后续合作尤为重要。企业与各供应商之间的合作不能仅停留在简单的采购层面，而应上升到战略合作的高度，与各供应商建立稳定的战略合作关系，将供应链管理与公司业务开展紧密结合，达到提高效率、降低成本、保障质量的效果，从而提高企业绩效。

7.5 装配式建筑开发协同

7.5.1 产业链的结构

房地产开发企业处于产业链最上游位置，承担着拿地、投融资以及集成各类资源的任务。规划设计企业根据开发意图对项目产品进行概念设计和施工图设计，针对预制构配件接收到施工图后进行二次深化和部品生产工作，构件在工厂达到养护强度后通过专业的运输工具运送至现场，由施工企业利用吊装等方式进行装配并与现浇部分进行连接。建筑结构施工完毕后，根据项目装修配置标准进行装饰装修工作，最终将具有使用功能的房屋交付给客户[14]，由开发企业组织竣工验收后交给客户，再由专门的物业公司进行产品后期的运营维护工作。装配式产业链涉及投资开发—规划设计—生产制造—物流运输—装配施工—运营维护各个产业，形成一个庞大的链状集合。上下游的各个元素之间相互制衡，从而生成一个稳定的产业结构——装配式建筑产业链结构，见图 7-5。

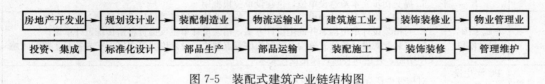

图 7-5　装配式建筑产业链结构图

7.5.2　产业链中地位

　　无论在传统还是装配式建筑建造模式下，房地产开发环节都是非常重要的。开发企业在项目建设前期要分析装配式政策、做好市场调研，在项目规划和设计阶段做好必要的专业沟通，在生产和供应环节要把握产品质量，在装配式建造过程中预制部品构配件的型号、规格及质量安全性直接影响到装配式施工过程的可操作性和流畅性。同时，后期运营管理主体如果是同一家建设单位，也应参与到前期的规划和建设过程中，根据从业人员的实践经验，站在用户需求的角度对建筑的设计、生产及施工过程提出参考性建议，最终形成合理的建筑设计和结构设计，充分挖掘装配式建筑的功能，建造出迎合市场需求的绿色建筑产品。

7.6　装配式建筑设计协同

　　装配式建筑从设计阶段上来看，分为策划阶段、方案阶段、初步设计阶段、施工图阶段、深化设计阶段，比传统设计增加了策划阶段和深化设计阶段。装配式建筑从设计流程上来看，由于建筑设计、结构设计、机电设计、精装设计、构件设计、部品部件设计、施工吊装设计等不同专业的集中介入，导致设计复杂性增加，给设计计划造成了一定挑战。在装配式设计中，多专业需要前置，需要在方案前期增加交圈。这与传统的设计策略有很大不同[30]，给设计增加了很大的复杂性，给各专业之间的配合增加了难度。这就需要建筑设计师来统筹协调，推进整体设计和装配专项设计方案。如果施工图设计和装配式设计分两家单位来做，工作分工上有区别，见表 7-1、表 7-2。

传统设计单位工作内容　　　　　　　　　　　　　　　　　　　表 7-1

序号	设计阶段	协同工作内容
1	概念方案阶段	从整个小区的总体规划布局、单体平面布置、户型设计、立面风格等，综合考虑标准化设计的基本要求，平立面特征，为项目落地实施打好基础

续表

序号	设计阶段	协同工作内容
2	方案阶段	1. 将阶段性成果（如户型方案、平面组合、典型立面剖面图）提供给 PC 设计单位； 2. 将确定实施版的建筑方案、结构方案（试算模型和结构模板图），提资给 PC 设计单位； 3. 根据装配式设计专篇深化方案文本，细化方案图纸； 4. 汇总各专业内容，提交方案设计文本（含装配式方案设计专篇），供建设单位报批报建用
3	初步设计阶段	1. 建筑专业完成建筑平、立、剖初步设计图纸； 2. 结构专业充分考虑装配设计单位要求调整计算模型；并提供计算模型给 PC 设计单位复核； 3. 装配式施工图设计的技术问题均要求在初设的图纸和计算模型中体现； 4. 与 PC 设计单位、门窗生产厂家、PC 生产厂家等初步沟通门窗、栏杆、精装一体化方案； 5. 提交初步文本给建设单位，供建设单位报批用
4	施工图设计阶段	1. 提供三维模型、结构模型、效果图、各专业施工图纸等设计成果给 PC 设计单位； 2. 与精装设计单位沟通并确定设计方案，精装设计单位反提资料给传统设计单位； 3. 与装配式设计单位充分沟通预制构件节点做法、设计说明等内容，完成各专业装配式施工图绘制，并达到装配式深化设计要求
5	PC 深化设计阶段	对构件生产详图进行签字盖章确认

装配式设计单位工作内容 表 7-2

序号	设计阶段	协同工作内容
1	方案阶段	1. 提出装配式设计方案、实施方向、装配范围、实施内容等； 2. 估算单体预制率和装配率； 3. 结合建筑产品特点，提出保温体系实施方案； 4. 针对传统设计单位提资的建筑、结构方案，提出优化反馈意见； 5. 编制"装配式方案设计专篇"
2	初步设计阶段	1. 完善装配式体系方案，完成预制构件平面、立面拆分图； 2. 确定各类型预制构件连接节点做法； 3. 核算装配率指标； 4. 针对传统设计单位提资的建筑、结构初步设计图纸，提出反馈意见
3	施工图设计阶段	1. 根据各专业施工图，提出优化及修改意见； 2. 根据调整后施工图，进行 PC 拆分复核，平面拆分图反提建筑及结构专业；确定构件连接节点，反提建筑及结构专业； 3. 接收门窗、精装、幕墙厂家深化设计资料； 4. 工艺完成预制构件模具图（轮廓图）提供给工厂； 5. 补充装配式项目需送审设计成果，并发给传统设计单位和建设单位
4	PC 深化设计阶段	1. 提供构件模板图给建设单位，用于构件生产厂家招标，施工单位编制施工方案； 2. 接收施工单位施工措施，预留生产详图及定位图； 3. 提交完整的构件生产详图，供建设单位、传统设计单位、施工单位、门窗生产厂家、PC 生产厂家等评审
5	构件生产阶段	1. 对构件生产厂家做好技术交底和图纸会审工作； 2. 协助建筑单位提供设计咨询、技术支持和质量把控等； 3. 对预制构件的运输和堆放方案提出设计建议
6	构件安装阶段	1. 对施工单位做好技术交底和图纸会审工作； 2. 协助建筑单位提供设计咨询、技术支持和质量把控等； 3. 对预制构件的运输、堆放和临时支撑方案提出设计建议

协同为设计与建造全过程的整体性和系统性的方法及过程，协同思维突破传统项目分散与局部的思路，以连续、完整的思维方式覆盖项目实施的全系统及全流程。协同设计的关键是参与各方都要有协同意识，各个阶段都要与合作方实现信息的互联、互通，确保落实到工程上所有信息的正确性和唯一性。通过一定的组织方式建立协同关系，最大限度地达成建设各阶段任务的最优效果[38]。

7.6.1 方案设计协同

方案阶段前期，建筑、结构、设备、装修等各专业即应密切配合，对预制构配件制作的可能性、经济性、标准设计以及安装要求等做出策划。方案阶段根据技术策划要点做好平面、立面及剖面设计。平面设计在保证使用功能基础上，通过围绕提高模板使用率和提高体系集成度进行设计。立面设计要考虑墙板的组合设计，依据装配式的特点实现立面的个性化和多样化。通过协同实现建筑设计的模数化、标准化、系列化和功能合理，实现预制构件及部品的"少规格、多组合"。

7.6.2　初步设计协同

初步设计阶段，结合各专业的工作进一步优化和深化。确定建筑的外立面方案及装饰材料、墙板符合设计方案。结合立面方案调整需要的立面效果，在预制墙板上开始考虑强电箱、弱电箱、预留预埋管和开关点位的技术方案。在此阶段，要求装修设计提供详细的"家具和设施布置图"。同时，要提供专项的"经济性评估"，分析成本因素对最终实施的技术方案的影响，确定最终的技术路线。

（1）初步设计阶段通过优化和深化，实现预制构件的标准化和连接节点的标准化设计。

（2）结合技术策划，确定最终的装配率和预制率。

（3）在规划设计中，确定场地内构件运输、存放、吊装等设计方案。

（4）从基本单元、基本套型标准化、预制构件标准化等方面进行优化设计。

（5）建筑与结构专业应对连接节点部位从结构、防水、防火、隔声、节能等各方面进行可行性研究。

（6）根据结构选型确定外墙的装配方案，进一步确定预制外墙饰面做法，可采用反打面砖、反打石材、预喷涂料等做法。

（7）结合节能设计，确定外墙保温做法。

（8）结合机电专业设计和内装修设计，确定强电箱、弱电箱、预留预埋管线和开关点位的预留预埋。

（9）考虑塔式起重机吊装能力、运输限制等多方面的因素，对预制构件尺寸进行优化设计。

（10）从预制构件生产可行性、生产效率、运输效率等多方面对构件进行优化设计。

（11）从预制构件现场安装的安全性、便利性、施工效率等多方面对构件进行优化设计。

7.6.3　施工图设计协同

施工图阶段按照初步设计确定的技术路线进行深化设计，各专业与建筑部品、装饰装修、构件厂等上下游厂商加强配合[42]，做好构件组合深化设计，提供能够实现的预制构件尺寸控制图；做好构件尺寸控制图上的预留预埋和连接节点设计，尤其是做好节点的防水、防火、隔声设计和系统集成设计。在建筑工程设计文件编制规定深度的基础上，增加构件尺寸控制图、墙板编号索引图和连接节点构造详图等；协助结构专业做好预制构件加工图的设计。建筑师的工作主要是配合和把关，确保预制构件实现设计意图。

（1）预制外墙板宜采用装饰混凝土、涂料、面砖、石材等耐久、不易污染的材料。当采用反打工艺时，立面分格宜结合材料标准尺寸进行统一，并需考虑后期的修补方式，多进行拉拔强度测试。

（2）预制构件设计应注意采取建筑节能保温形式，应选取适合地域需求的保温材料。

（3）与门窗厂家进行协同设计，确定预制外墙板上门窗的安装方式和防水、防渗漏措施。

（4）现浇段剪力墙长度除满足结构计算要求外，还宜结合铝模施工工艺和轻质隔墙板的模数进行优化设计。

（5）根据内装修图和机电设备管线图进行套内管线综合，确定预制构件中预埋管线和预留洞等的定位。

（6）对管线相对集中的部位，如强弱电盘、表箱等进行管线综合，并在建筑设计和结构设计中加以体现，同时依据内装修施工图纸进行整体机电设备管线的预留预埋。

（7）预埋设备及管道安装所需要的支吊架或预埋件，支吊架安装应牢固、可靠并具有耐久性，支架间距符合相关工艺标准的要求。穿越预制墙体和梁的管道应预留套管，穿越预制楼板的管道应预留洞。固定于预制外墙上的管线，应在工厂安装预埋固定件。

7.7 装配式建筑制造协同

7.7.1 混凝土生产商品化

混凝土现浇工程包括混凝土的制备、成型和硬化三大步骤，需要拌制—运输—泵送—灌注—振捣—养护等装置和工艺。装配式建筑混凝土对工厂生产的配合比、坍落度及和易性都有专业要求，贯穿混凝土生产的工厂化、商品化，以及运输、泵送、灌注及养护的机械化和智能化全流程[24]。传统的现场拌制混凝土虽具有一定的机动性，但是耗工较多、试块试验无确定性、无法保证混凝土稳定的质量。专业性的装配式混凝土生产的预拌混凝土采用集中拌制，机械化程度高、计量精确度高、技术服务到位，与现场拌制相比，具有诸多优点：利于环保、责任明晰、质量稳定、工作高效。

7.7.2 钢筋加工工厂化

传统的钢筋制作，如钢筋定尺、矫直切断、箍筋专业化加工成型、棒材定尺切断、弯曲成型等，是单件成型钢筋制品的加工制作。装配式建筑体系中钢筋加工，要实现结构体钢筋构件的工业化组合成型，即将多个单件成型钢筋制品采用机械化、工厂化生产，组合成钢筋笼、钢筋梁、钢筋柱和钢筋网等，并结合结构体刚性技术，实现结构体构件钢筋笼的装配化建造。

建筑结构体构件的钢筋笼制作，主要包括箍筋折弯机、钢筋网焊接机、钢筋桁架焊接成型机和螺旋箍筋焊接钢筋笼机等几种钢筋加工设备。建筑箍筋主要用在柱、梁等结构构件上，常见形状为方形、矩形、T形和螺旋状等。由于箍筋多为二维构件，因此机械化程度极高，生产的箍筋精度高、质量可控；建筑用钢筋焊接网，可以机械焊接受力钢筋或构造钢筋。钢筋网节点较多，机械化、自动化作业钢筋间距规整，避免了人工绑扎带来的不确定性，又极大地提高了生产效率；钢筋桁架分二维钢筋桁架和三维钢筋桁架，多用于楼板体系作为受力钢筋。桁架的特点决定了传统手工作业较复杂，而机械生产则简单、高效，见图7-6。

7.7.3 制造平台流水化

国家产业化基地是当前我国建筑业企业进行制造协同的主要平台之一，见图7-7。参与平台的主体包括开发商、设计单位、构件生产企业、施工单位等，他们的协同策略受收益与成本的分配机制、知识共享的溢出效应和协同效应、共享双互惠主义与机会主义等多方面因素的影响。

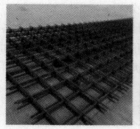

图 7-6　机械化生产的钢筋网片和钢筋桁架

图 7-7　标准产业化基地生产线布局图

新型钢筋混凝土工业化制造技术体系可以划分为混凝土体系、模板体系、钢筋体系和制造体系。我们要充分利于四大体系中既有的先进技术和经验，改进现有技术体系中耗工量大、占时间多、不利于体现装配技术先进性的部分技术[96]，充分结合已有装配式制造工法中的优势技术，以新型工业化的方式代替传统现浇建造体系中部分分散、低水平、低效率的生产方式，新型制造工艺流程见图 7-8。

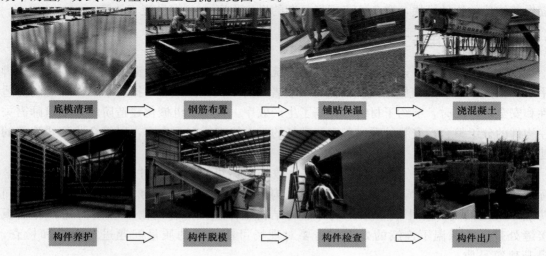

图 7-8　标准工厂生产工艺流程图

我们根据价值关系和利益分配对装配式制造增值的过程进行分析，如图 7-9 所示。价值链中的各价值主体根据市场需求，发挥自身的优势，参与技术研发、材料制作、设备制造、产品制造、产品销售等各个环节。他们之间通过生产合作、价值创造、产品交易和价值分配的作用，使产业链紧密地连接在一起，促使制造价值的最大化。

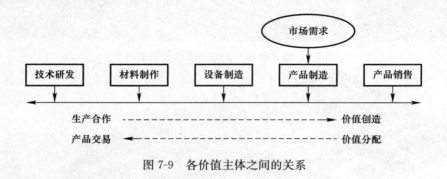

图 7-9 各价值主体之间的关系

7.8 装配式建筑施工协同

7.8.1 装配是拆分的逆过程

装配式建筑需要设计同步对装配施工进行深思熟虑。在前期的设计阶段，如果没有考虑到建造方式和顺序的影响，轻则会削弱项目的建成效果，重则出现无法进行装配的情况，带来预算超支和材料浪费的问题。建筑师确定安装顺序的有效方式，是对设计的构件按照一定的逻辑顺序进行拆分，这个拆分操作的逆过程就是现场的装配顺序。这种设计与施工的一体化设计，确保了预制建筑的完成度。

建筑构件的分组和整合，是节约现场施工时间和提高施工准确性的基础与保证。过于烦琐、细碎的预制构件很大程度上会造成构件的丢失和时间的浪费，因此提倡工厂尽可能提供整体化的构件模块，避免施工现场复杂的操作程序[49]，提升施工效率。

7.8.2 施工中应用新工艺

在施工建造过程中，吊装机械取代了传统的绑筋支模，采用新型的工程集装架代替脚手架，见图 7-10。建筑施工人员由体力劳动者变为了机械操纵者，提高了工作环境的舒适性和安全性；同时，节约了材料、提高了生产效率。在整个机械化建造阶段，建筑师需关注构件的分组整合、安装的顺序确定和现场的问题检查等方面内容，以符合装配式建筑的建造模式要求。

数字技术的应用。在现场施工阶段，数控机械可以根据构件条形码读取构件的坐标数据，同时借助现场激光定位，实现对构件位置的精准定位和安装。为了防止不同功能系统之间的互相影响，如建筑外墙与结构主体连接部分的雨水渗漏问题、外墙板接缝处带来的保温不连续的处理，需要对现场可能出现的质量问题进行追踪和检查，提升建筑品质。

图 7-10　工程集装架装备及其在实际项目中的应用

7.9　装配式建筑成本协同

7.9.1　设计与成本限额

限额设计适用于总承包项目，除经运营管理中心审议确定的特殊项目，其限额指标可作个案处理，不受本指标限制，其余项目均与本目标成本指标为准，见表 7-3、表 7-4。

限 额 设 计　　　　　　　　　　　　　　　　　　　　　　　　表 7-3

定义	1. 设计限额是为了保证设计项目的经济性而制定的，是设计阶段相关技术经济指标进行控制的目标值，项目限额包括成本限额设计和主要指标的限量设计
	2. 建筑面积：是指《建筑工程建筑面积计算规范》GB/T 50353—2013 计算的建筑面积，全国统一计算规则
	3. 装修面积：指装修范围内的地面面积，其中阳台、露台和带装修的庭院按一半面积计算
	4. 项目档次分类： （1）超高：售价为当地平均房价 200% 以上； （2）高档：售价为当地平均房价 140% 以上； （3）中档：售价为当地平均房价 80% 以上； （4）低档：售价为当地平均房价 80% 以下
	5. 限额指标均为上限

目标成本及范围　　　　　　　　　　　　　　　　　　　　　　表 7-4

序号	指标名称	备注
1	规划设计	建筑规划设计重复面积的比例，包括建筑面积、建筑类型重复率及相关构件的重复率要求在 30% 以上
2	建筑外立面门窗及铝含量	建筑外立面门窗工程在本项目中的平均实物量单价、分摊到地上建筑面积单方等控制指标，实际控制包含铝含量控制、铝型材、涂层、玻璃、开窗率等几个方面的控制。 铝含量控制：指单位面积铝合金门窗的铝型材用量的控制，铝型材用量与框料断面类型、门窗分割、开窗数量、铝型材厚度等因素有关
3	建筑外立面用材	为外墙面的费用分摊到地上建筑面积的控制指标，实际控制包括墙地比控制、外墙面层材料的选择及比例控制等

序号	指标名称	备注
4	公共部位装修限额	含会所、大堂、地下室电梯厅、公共卫生间等装修费用、一般包括硬装、软装及设备
5	精装房装修标准限额	含客餐厅、卧室、厨房卫生间、阳台、灯具开关插座、部品部件、橱柜等装修费用和标准

7.9.2 外立面目标限额（表7-5～表7-10）

目标成本指标适用于住宅产品。影响门窗成本构成的因素包括铝合金材料断面选择、铝合金材料表面处理、玻璃选择、五金选择、门窗地面面积比等。铝合金的成本限额需要从材料选择及开窗率等方面综合考虑，合理控制在合适水平。本限额指标由窗地比及参照标准化研究成果的铝合金门窗综合价格共同构成。

外门窗档次与材料选用参照表（住宅类、别墅类）　　　　表7-5

产品类型	档次	型材表面处理	玻璃	小五金	型材及截面
外门外窗	超高	可选用氟碳喷涂、电泳喷涂、粉末喷涂	三层中空玻璃，选用Low-E	进口品牌	断桥铝合金50（窗）/110（门）
	高档	电泳喷涂、粉末喷涂	6+12A+6或三层中空玻璃，双层玻璃可按需要选用Low-E	合资品牌	断桥铝合金50（窗）/90（门）
	中档	表面粉末喷涂/铝合金型材自表面	6+9A+6双层中空玻璃，可按需镀膜玻璃	国产品牌	铝合金50（窗）/70（门）
	低档	塑钢型材自表面	5+9A+5双层中空玻璃	普通品牌	塑钢50（窗）/70（门）

内门窗档次与材料选用参照表（住宅类、别墅类）　　　　表7-6

产品类型	档次	入户门	防火门	单元对讲门	使用规格	小五金
内门	超高	指纹入户甲级防盗门	木质防火门	钢化玻璃可视对讲入户门	1200mm×2400mm (1000～1800) mm×2400mm 1800mm×2700mm	进口品牌
	高档	甲级防盗门	木质防火门	钢化玻璃可视对讲入户门	1200mm×2400mm (1000～1800) mm×2400mm 1800mm×2400mm	合资品牌
	中档	乙级防盗门	钢制防火门	不锈钢可视对讲门	1200mm×2200mm (1000～1800) mm×2200mm 1800mm×2400mm	合资品牌或国产品牌
	低档	丙级防盗门	钢制防火门	铝合金对讲门	1200mm×2100mm (1000～1800) mm×2100mm 1800mm×2400mm	普通品牌

栏杆档次与材料选用参照表（住宅类、别墅类）　　　　表 7-7

产品类型	档次	生活区域部位	防护区域部位	产品类型	公共区域部位	防护区域部位
室外	超高	铝合金钢化夹胶玻璃	铝合金钢化夹胶玻璃	室内	木质栏杆/钢木栏杆	钢木栏杆
	高档	铝合金钢化夹胶玻璃	铝合金钢化夹胶玻璃		木质栏杆/钢木栏杆	钢木栏杆
	中档	铝合金/锌钢栏杆	铝合金/锌钢栏杆		不锈钢栏杆/扶手	不锈钢栏杆
	低档	铸铁栏杆	铸铁栏杆		铸铁栏杆/扶手	铸铁栏杆

建筑立面用材档次与材料选用参照表（住宅类、别墅类）　　　　表 7-8

产品类型	档次	石材及比例	面砖及比例	涂料及比例	墙地比
外墙	超高	可选用进口石材，石材用量不宜超过 6 层	可选用高档合资品牌外墙砖	无限制	1：1.5
	高档	可选用进口石材，但进口石材占石材总量的比例不宜超过 40%，建筑楼层不应超过 3 层	可选用较高档次外墙砖，比例不限	比例不限，但不宜选用高档涂料	1：1.4
	中档	石材不应超过 1 层	采用普通档次面砖	比例不限，但不宜选用高档涂料	1：1.4
	低档	不宜使用	普通面砖，比例不得超过 50%	不宜选用高档涂料	1：1.2

建筑立面用材档次与材料选用参照表（住宅类、别墅类）　　　　表 7-9

产品类型	夏热冬冷地区（mm）	夏热冬暖地区（mm）	严寒地区（mm）	干密度（kg/m³）	导热系数 W/（m·K）	使用部位
挤塑聚苯板	30～50	/	80～120	≥25	0.03	外墙
	20～30	/	30～50			楼板
	50～100	30～50	100～150			屋面
胶粉颗粒保温砂浆	25～40	10～30	/	≤350	0.07	外墙
	10～20	10～25	/			楼板
	20～30	10～20				分户墙
膨胀聚苯板	60～100		60～100	18～22	0.041	分户墙
	80～120	60～100				屋面
半硬质玻璃棉板	/		100～150	80～120	0.045	外墙
	50～100	30～50	100～150			屋面

窗地比控制（住宅、别墅）　　　　表 7-10

序号	项目档次	华南区	华东及中西部	华北	备注
1	超高	0.4	0.32	0.32	
2	高档	0.30	0.26	0.26	
3	普通	0.22	0.20	0.20	

备注：
1. 计算方式为外墙门窗洞口面积/地上建筑面积，不含入户门、装饰百叶、采光井等。
2. 窗地比控制在 0.30 以内，以 0.25～0.28 为宜。
3. 控制开窗面积，降低外墙保温投入，减少飘窗、转角窗面积。

7.9.3　影响成本要素

装配式建筑的建造成本从目前看相对传统现浇方式有一定的增量成本，建筑师也要思考在增加设计周期的情况下如何更好地带着成本意识做设计，见表 7-11。在方案设计阶段，要根据经济性和实际情况选择预制率拆解方案。此阶段最关键，基本决定后期成本，如是否选择做全外墙预制，这一项直接影响整体成本和设计的全过程内容。对于预制柱、叠合梁、叠合板、预制阳台、预制楼梯、预制隔墙等构件，成本增量也要考虑，选择合理的拆解方案。在施工图设计阶段，在对构件进行深化设计时需要考虑模板，铝模、木模等构件模板选择，模具影响构件成本的 $10\%\sim15\%$，现场端的问题很大程度出现在构件上，而构件的瓶颈在模具。避免由于构件深化设计造成的成本增加[30]。

建筑设计阶段成本影响要素　　　　　　　表 7-11

	类型	原因	影响成本定性程度
建筑设计阶段成本影响要素	技术方案方面要素	1. 结构选型	★★★
		2. 高预制率拆解方案，是否做全外墙 PC	★★★★★
		3. 模数系统与模数协调——关乎叠合板等构件的标准化	★★★★
		4. 平面规整、体型规则、多组合	★★★
		5. 采用外立面 PC 后的立面做法——包含材料、纹理、构件标准化	★★
		6. 节点连接方式，特别是外墙防水节点	★
		7. 模具策划	★★
	计划方面要素	设计流程、计划的流畅关乎是否返工	★★★

7.10　装配式建筑协同工具

7.10.1　协同平台搭建

传统企业向数字化企业转型，离不开管理协同平台的搭建。装配式建筑产业链多主体管理协同平台是集信息获取、各专业软件支持、模拟仿真与即时通信功能为一体的综合性管理平台，根据其应满足的四大基本功能对装配式建筑产业链多主体管理协同平台的架构进行设计[14]，总体框架包括访问端口、Web 网络云层、基于 BIM 技术的管理协同平台、软件支持与维护模块以及基础信息数据层，如图 7-11 所示。

作为装配式建筑产业链多主体管理协同平台的一部分，BIM 技术管理协同平台是集设计、制造、施工、运营为一体的综合集成协同平台，通过利用 BIM 技术管理手段实现装配式建筑全过程参与主体的管理协同，见图 7-12。

7.10.2　设计阶段应用

BIM 作为一个庞大的参数化设计构架体系，牵涉规划设计、建筑设计、结构机电设计、绿色建筑节能分析、预制装配式深化设计、工程量统计等方方面面，见图 7-13。BIM 软件也多种多样，目前国际上主流的四个 BIM 协同设计体系为 GeryTechnology® Digital-Project 平台、Autodesk® Revit 平台、Graphisoft® ArchiCAD 平台以及 Bentley® Microstation 平台[97]。无论哪种体系，协同设计原理基本相似，即通过网络关联不同专业或不同软件的模型信息，下文内容主要基于 Revit 平台展开。Revit 协同设计模式主要分为工作集（中心文件）与 Revit 三维模型外部参照两种。

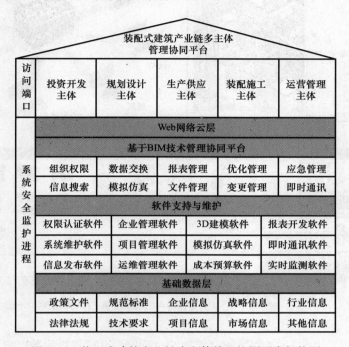

图 7-11　装配式建筑产业链多主体管理协同平台架构图

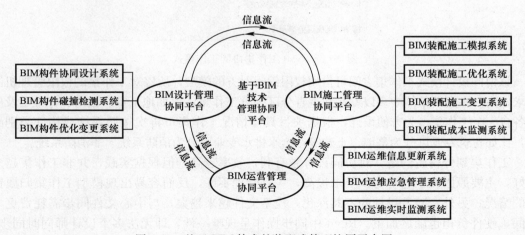

图 7-12　基于 BIM 技术的装配式管理协同平台图

1. Revit 工作集（中心文件）协同设计模式

目前，该协同设计模式应用最为广泛，非常适用于专业内部以及建筑单体或者子项体量较小、数量较少的项目。由于采用同一套样板和标准，各专业协同设计效率很高，中心文件与多个本地文件之间信息可双向同步（Revit 命令：立即同步），确保数据及时更新，见图 7-14。

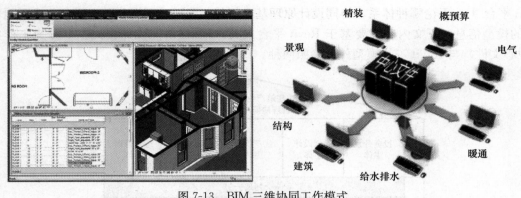

图 7-13　BIM 三维协同工作模式

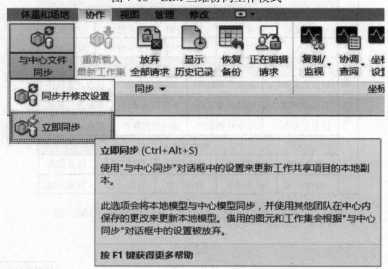

图 7-14　Revit 工作集协同工作模式

该协同设计模式工作集之间可借用权限编辑对方的模型，所以对工作集的权限管理机制要求较高。在建筑单体中多以专业和垂直分区划分工作集，比如地下室、裙房、标准层及屋顶各自一个工作集。为方便设计，根据项目具体情况工作集可再次按照系统或构件类别细分，比如建筑专业可分为幕墙、土建等；给水排水专业可分为消防系统、非消防系统。

工作集划分得越清楚，对协同设计越有利，效率越高。但根据实践，并非工作集越多越好，主要原因在于这对协调要求极高，一旦管理不好，反而容易出现模型工作集归属错误的情况；另外，随着设计的不断深化，模型文件越来越大，与中心文件同步需耗费更多时间，硬件负担也随之加重。Revit 中同步操作呈现唯一性，即无法多个设计师同时同步，必须有先后顺序，而且在同步过程中其他成员的编辑工作会出现卡顿甚至无法编辑。所以，工作集的划分视具体情况而定。

2. Revit 三维模型外部参照协同设计模式

外部参照模式的原理类似于 CAD 二维协同，只是引用的对象换成 Revit 三维模型。该模式适用于综合性大体量建筑群，各子项单体规模均较大，功能业态也不相同，但界线清晰的情况。不同于中心文件所有数据均在同一个模型中，外部参照最大的优点即模型文件被分成了若干个，大大降低了对硬件的负荷，在资源有限的情况下对项目的顺利推进意义重大。但也由于文件拆分原因，参照文件的标准较难统一，虽然在项目初始可加载相同的样板文件，但是在设计过程中需人为管理，很难保证不出现疏漏。在这方面，中心文件可实现即时共享数据，便捷性远高于外部参照，见图 7-15。

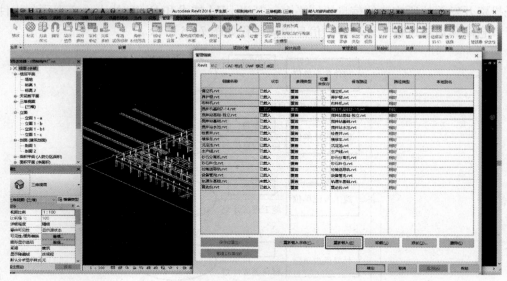

图 7-15　Revit 外部参照模式

在该模式下，数据仅可单向传输（Revit 命令：重新载入），母文件中可查看子文件，但无法直接修改子文件。需将其卸载后取消关联，另外打开子文件才能修改。缺少了周围模型的参考，无法确定空间位置，步骤也较烦琐，修改很不方便。外部链接模式还可用于分专业参照，即单专业所有模型作为一个外部参照。这在后施工图阶段管线碰撞检查中应用较多，CAD 图纸已相对稳定，不会产生重大变化，各专业在相同标高和轴网的条件下，按照参考将模型构建出来即可。

3. Revit 协同设计模式对比

Revit 两种协同设计模式有各自的优缺点，需根据设计阶段、项目规模、子项划分、专业数量、人员构架等多项因素综合考虑，灵活选择合适的操作方法，见表 7-12。

Revit 协同设计模式　　　　表 7-12

对比项	工作集（中心文件）	Revit 三维模型外部参照
项目文件	一个中心文件多个本地文件	一个母文件多个链接子文件
数据传输	双向（同步）	单向（更新载入链接）
编辑权限	可借用对方权限编辑	不可行
样板文件	同一样板文件	可加载不同样板文件
模型性能	受模型文件量限制较大	不受限制
适用情况	专业内部建筑单体	综合性大体量建筑群

7.10.3　制造阶段应用

在生产供应环节，投资开发单位需要要求构件生产单位、材料供应单位和物流运输单位运用 BIM 及 RFID 技术来对生产供应环节的信息进行采集与集成，从而更好地进行生产和供应。

生产供应环节是以构件生产单位为主，研发设计单位、材料供应单位、物流运输单位以及施工装配单位为辅的多方参与主体协同作业的过程，各参与主体各司其职[98]，共同依托投资开发单位所构建的信息协同平台，基于 BIM 技术和 RFID 技术，实现预制构件的生产、仓储和运输过程。该环节的信息协同流程如图 7-16 所示。

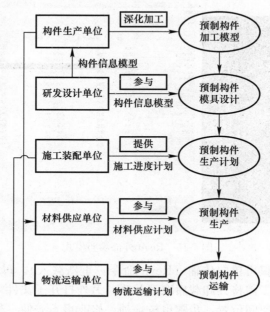

图 7-16   制造供应阶段信息协同流程

预制构件在经过研发设计单位进行深化设计后，构件生产单位在构件生产环节可以借助 BIM 技术将构件信息模型转变为构件加工信息模型，通过对构件加工信息模型进行分析，可以生成原材料采购计划，材料供应单位根据原材料采供计划进行材料的供给；在生产过程中，构件生产单位可以通过 BIM 技术实现对构件生产场地的模拟，优化场地布置，使生产场地得到充分利用；还可以通过 BIM 技术与数控加工设备进行对接，实现预制构件的自动化和数字化加工。BIM 技术在装配式建筑生产供应环节的应用，能够有效地控制材料设备的使用，合理利用生产场地，提高构件生产单位的自动化生产水平，从而提升构件的生产质量，加快生产效率，减少原材料浪费，有效地对预制构件进行管理。

7.10.4 施工阶段应用

装配施工阶段是项目建设全周期中最为复杂的环节，需要提前考虑和规划施工现场的空间安排以及预制部品的安装步骤，降低工期进度、竣工质量以及建安成本等方面的潜在风险。在 BIM 技术环境下，施工阶段的协同管理工作依然是利用云端的集成化平台来实现，首先将设计优化后的 3D 模型导入时间节点进行 4D 进度动态观测，通过模拟施工过程全面把控施工进度，还可以进行现场施工组织工作模拟来确定合理的现场布局和施工顺序，制定详细、可行的施工方案；其次，在 4D 模拟功能的基础上集成项目实体构配件造价信息并及时更新市场价格库，生成 5D 成本控制模型[14]，参建人员可以模拟和监测不同时间节点的施工和成本动态来及时调整采购行为，实现物料的及时供应，最终取得成本控制的最佳效果。基于 BIM 技术的施工阶段该信息协同流程如图 7-17 所示。

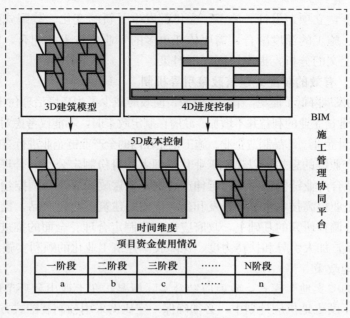

图 7-17　施工阶段信息协同流程

7.10.5　运维阶段应用

运营管理和技术人员可利用 BIM 软件对产品的当前使用情况及重点把控对象的性能情况实施动态监测，利用 BIM 协同平台可以及时储存并更新运维数据和信息，根据产品及有关设备的实时使用情况及时制定针对性的保养计划[99]，还可以通过模拟建筑物在不同外界环境条件下的运维风险制定装配式建筑应急管理措施。各主体还可以利用该平台随时掌握项目运营状态，为新装配式建筑工程积累经验。运营阶段信息协同流程如图 7-18 所示。

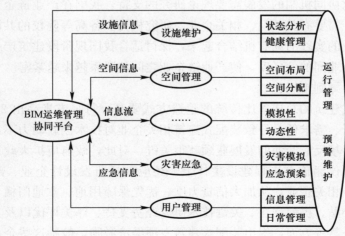

图 7-18　运维阶段信息协同流程

7.11　产业链协同发展对策

产业化背景下，立项、设计、施工、交付都发生了新的变化。装配式建筑的良性发展需要设计、生产、施工的深度融合，需要依托更多的专业化技术的配合，需要产业链主体间的协同。通过上文的分析，提出协同发展对策。

1. 建立全面、有效的装配式建筑政策引导机制

建筑产业化的发展降低了能耗，节约了资源，使政府减少了为环境治理付出的成本，增加了社会效益，但是产业链企业的利益并不增加。政府在制定政策时，不能仅考虑对开发企业的激励，也要对包括勘测设计企业、部品制造企业、施工企业在内的全产业链企业进行有效的激励。

政府需要以产业链的思想，以建筑工业化管理者的身份制定公平、合理的建筑产业发展各项方针政策，整合产业链优势资源，延伸产业链，依靠政策造就和调控建筑工业化产品消费市场，并引导企业提高技术水平，开发和生产优质的建筑工业化产品，提高质量和服务水平。同时，在充分调查研究的基础上，政府应进一步制定合理、全面的推进政策，理顺各方面的经济利益关系，加大引导和扶持力度，保障我国建筑工业化的顺利实施。

（1）完善土地政策

相较于传统的"卖地"模式，政府应结合实际情况，在土地出让环节明确建筑项目装配率要求。如在年度土地供应计划中，必须确保一定比例采用预制装配式方式建设，做示范项目，以点带面以带动全省装配式产业的发展，让省外优秀企业和人才走进来，让本地企业走出去，利用好区块链、自贸区、新基建等利好政策，面向东南亚，形成新的经济增长点。

（2）区别对待装配式项目

保障房、人才公寓、产业园配套住房、政府投资的公共项目、成规模的居住项目，适当提高装配率，因抗震、超限、体量规模小、偏远地区的房屋建筑工程，特殊工艺工业建筑项目适当降低装配率，不搞一刀切，制定实施细则。

（3）协同管理与监督机制

政府应建立有效的协同监督机制，不断完善监督体系，为协同创造良好的外部环境。首先，建筑产业化协同机制的发展需要理论研究的支持，我国在产业链企业协同合作方面的研究相对落后，需要有关部门、相关企业、研究机构和各高等院校的共同努力，将理论研究与产业链企业的实践活动有机结合起来，探讨适合我国现阶段建筑产业化发展的协同机制，增加协同企业间的信任度，使产业链企业之间的联系越来越紧密。

（4）由政策引导到市场化

目前，装配式建筑的总成本比传统的建造方式要高，每平方米高出 200～500 元，消费者购买意愿较低、需求低，导致装配式建筑相关企业对技术创新动力不足，因此政府的政策导向对突破市场反应冷淡的发展瓶颈就很关键。对此，政府应扩大政策优惠面，使得优惠政策辐射面不仅涵盖在工程建设主体上，还应包括研发设计企业、部品生产制造企业、工程总承包等相关企业，从加大信贷力度、优先保障用地、拿地门槛、税收优惠、容积率奖励、财政补贴、提前预售、关键技术研究经费支持、评奖评优以及其他提供有利于企业融资的政策条款等方面，提出装配式建筑专项经济激励，鼓励这些企业在自己的经营范围内提升研发和生产制造能力，激发企业热情，为企业减负。

2. 加快工业化标准化体系建设

借鉴发达国家的产业化发展经验，向汽车等制造业看齐，制定统一的行业标准，保证产业链每一环节的交易公平、透明，提高产业链整体的运行效率。根据国家装配式规范、评价标准，结合各地气候、抗震设防烈度等特点，建立和完善符合本地区气候特征的技术体系及地方标准，将减隔震技术、BIM 技术、新型环保材料与装配式技术相结合，大力发展低碳、零能耗、绿色节能的房屋建筑及市政基础配套设施，积极、稳妥地推进装配式建筑的发展，是摸着石头过河，不代表只摸石头而不过河。

目前，装配式建筑产业链还未形成统一的标准化体系，不同项目的预制构配件不通用，这样就导致预制模具的成本提高，使得整个装配式建筑成本提高。因此，建立标准化体系是非常重要的。而政府作为我国装配式建筑发展最有力的推动者，应重点加快推进标准化建设，并结合市场运作效果，逐步完善并形成国家、地方和企业层面以及行业等多个维度的标准，实现装配式建筑项目成本的有效降低，减少消费者的购买顾虑，并依靠装配式建筑发展的光明前景，提高企业积极发展装配式建筑的热情，进而提高和提升技术创新能力。

3. 加大科研投入并建立适宜的技术体系

我国的建筑产业化仍处于初级发展阶段，产业化技术水平较低，这也是造成当前产业链间产品转化率较低的原因之一。因此，政府和企业应加大对关键技术的研发力度，增加投入，从而加速产业化进程。政府应采取多种财政补贴的方式支持产业化试点项目，包括科技创新专项资金、绿色基金等，集中力量进行科研攻关，研究开发新技术、新材料和新工艺，解决技术上的关键问题，使这些技术尽快在产业化标准、部品生产与供应、设计施工等领域推广应用。同时，通过与发达地区的技术交流，立足本区域现有条件，引进和消化国内外先进的成套建筑技术，尽快形成一套适合本地区和企业发展的产业化建筑技术。只有技术发展了，才能从根本上降低产业化建筑的成本，最终推动建筑产业化的快速发展。

政府进行强有力的干预和支持，推动协会、学会、联盟、委员会等社会团体的交流，走出去向经济发达地区、装配式发达地区学习，逐步建立适合本地区的工业化结构体系、围护体系、机电管线体系、装修体系等。

（1）主体结构

1）装配式钢结构：鼓励公共建筑和工业建筑如车站、机场、体育馆、超高层等优先采用钢结构或钢-混凝土组合结构，宜采用钢梁＋钢柱＋压型钢板现浇楼板结构体系，要满足防火、防腐、防水和隔声等性能要求，要注意钢结构主体与外围护系统和内隔墙系统安装后的质量可靠性，解决墙体和钢构主体开裂的通病。

2）装配式混凝土结构：鼓励高层建筑采用混凝土结构、钢结构。按照本地区特点，宜采用水平构件叠合和预制＋竖向高精度模板现浇的技术体系，并随技术的成熟逐步提高主体结构的预制率，也就是预制构件先做楼梯、楼板、隔墙，再尝试局部做点梁、柱，技术成熟后再做剪力墙、框架柱。

3）装配式木结构：鼓励低多层建筑、低多层公建、体育场馆等采用木结构，要满足防火、防腐、防虫等性能要求。由于木结构居住的舒适性、优良的抗震性能，在发达国家的建筑中得到大量应用，在国内刚刚起步，会有广阔的发展前景。

4）组合结构和其他结构：包括干法混凝土墙板结构、钢和混凝土组合结构、钢木组合结构、木混凝土组合结构、竹结构、生土结构建筑等。国内关于组合的规范和技术体系还不完善，也是下一步需要研究和发展的方向。

（2）围护墙和内隔墙

推进围护墙除现浇外墙外，优先采用保温装饰一体化墙板，内隔墙采用高精度砌块墙、条板隔墙、轻钢龙骨石膏板墙，推广应用高性能节能门窗。

（3）机电设备管线

推广卫生间同层排水，水、电气竖向干线的管线集中管井敷设，水、电气水平管线在地面架空层或吊顶内敷设，逐步实现管线分离。

（4）装配式装修

推广建筑全装修，装修与主体结构、设备机电一体化设计和施工，鼓励装配式装修，提倡干法楼地面，建筑采用整体厨房、整体卫生间，加快智能产品和智慧家居应用。

4. 构建装配式建筑人才协同培养机制

利用好国家级、省级装配式产业发展基地和高校资源，产、学、研相结合，共同联手从政策、制度和措施等方面培养该领域的复合型领军人物、管理和技术人才、专业技术工人和后备人才。这样，才能为建筑工业化提供大量的优质人才资源，为建筑工业化的规模化良性发展奠定坚实的人才基础。

5. 推动企业兼并重组，提高产业集中度

要使上下游企业实现协同演化的关键因素是产业化产品的转换系数。然而，当前产业链企业中存在管理不科学、资源利用率不高、技术能力弱、抗风险能力差等，都是影响产品转化率的关键问题。因此，为了提高产业化企业在建筑市场的竞争力，提高产品转化率，实现产业链整体利益最大化，应鼓励核心企业对产业链上下游相关企业进行兼并重组，使各节点企业围绕在核心企业周围，形成企业集团，全面提升产业化企业的核心竞争力。

当前，制约建筑产业化发展的一个重要原因是成本过高，产业链的纵向一体化能使各节点企业明确分工、各司其职、相互协作，可以大大减少中间的成本，增加企业的利润，从而激发企业进行产业化建筑开发的积极性，达到风险共同承担、利益共同分享的目的。政府应充分调动产业链利益相关主体的积极性，加快企业结构调整和优化，加强组织结构、人员结构和技术结构的建设，向专业化、规模化发展。

6. 新型装配式建筑协同发展

创新包括技术创新、管理创新、服务创新、协同创新等。坚持发展以装配式混凝土结构为主，钢结构和木结构为辅。引导技术创新，比如：钢管桁架叠合板、四边不出钢筋密拼叠合板、大跨度密拼预应力双向叠合楼盖等。引导管理创新，包括：改革审图机制，用人工智能审图取代传统审图，推行施工过程结算，推行房屋建筑和市政工程勘察设计责任险、工程保险等。

（1）智慧平台建设

政府加快推进"智慧工地""智慧建筑""智慧城市"建设，推进装配式建筑全产业链智慧平台的建设，推进 BIM 建筑全生命周期技术管理，推进工程建设项目审批管理系统建设，实现装配式建造产业标准化、产业化、集成化目标，提升装配式建筑设计、生产、施工和运行维护各环节的智能化水平，降低建造成本。

（2）部品部件生产企业创新

企业充分发挥部品部件的标准化、通用化、系列化、专业化、商品化，发挥工业流水线的优势，提质、降本、增效；企业积极探索除固定工厂外的游牧工厂、临时工厂，培养人员，提供简单设备在现场生产楼梯、叠合板等，降低生产成本。

（3）绿色建材企业创新

推广节能环保、品质优良的建材，鼓励使用再生混凝土、利用废弃材料生产新型建材。

（4）工程总承包企业创新

装配式建筑原则上采用工程总承包模式，承包主体可以是设计院、施工单位或者双资质单位，采用"设计—采购—施工"（EPC）方式或者"设计—施工"（EC）方式。

（5）产业链企业间的信息共享

建立企业信息共享协同机制，充分考虑各方的需求，并结合当地的经济水平和协同企业的技术水平，选择恰当的信息共享模式，以达到信息转移的畅通。只有企业间密切合作，才能扩大双方的生存空间，才能促成企业之间的效益溢出和产业链协同效应的凸显。要加强企业间的合作就离不开信息的共享，充分的信息共享有利于产业链企业增加彼此的信任，消除猜疑产生的成本，并能提高产量的转换系数，从而加快产业链协同演化的进程。

（6）企业间的利润合理分配

在协同过程中，核心建筑企业获取大部分利益，比如开发企业会获得较多的合作收益，应根据各企业对产业链的贡献大小，遵循利益互惠原则，制定科学、合理的利益分配机制，保证对产业链上其他企业合理的利润；否则，因行业利润分配不均，导致下游企业的恶意压价竞争，降低产品质量，不利于塑造平等、竞争有序的市场秩序，制约了建筑产业的集约化发展。建筑产业化的产业链具有复杂性，既要关注眼前利益又要重视长远利益，产业链的各方要增加彼此信任，加速达到协同合作的稳定状态。政府应对"搭便车"行为采取一定的惩罚措施，惩罚力度要大于"搭便车"获得的超额收益；同时，应对协同贡献大的企业给予一定的奖励，加速协同演化的过程。

7. 加强与客户的协同

目前，消费者对于装配式建筑认可度不及预期。当前，我国装配式住宅主要应用在保障性住房领域，商品房领域占比不高，客户对装配式建筑技术的认识程度有待提升。若因工程施工管理不当使得装配式建筑出现开裂、渗漏等质量问题，将导致客户不愿购买装配式住宅，对其推广产生不利影响。所以，要加大宣传力度，引导消费者转变传统观念。

7.12　本章小结

建筑产业化是我国建筑业转型发展的重要方向和必然趋势，是促进建筑节能减排、降低碳排放、走可持续发展道路的重要途径。讲到装配式建筑深化设计协同，既包含了装配式设计企业内部各专业间的协同，还包含设计企业和外部产业链上各部门的协同。本章基于建筑产业化的全产业链视角，结合协同机制理论，以产业链协同演化为研究主线，采用定性和定量相结合、理论联系实际的方法，剖析了建筑产业化发展的复杂性，探究符合我国国情的建筑产业化协同发展道路。本章首先通过对当前产业链的现状和存在的问题进行了分析，选择特定的产业链上下游企业，指出当前住宅产业化在全产业链难以推进的原因；其次，分析了建筑产业化协同的动力来源和动力要素，指出了产业化协同机制建立的逻辑框架，更进一步通过建立政策、市场、开发、设计、制造、施工、成本等产业链价值模型，对产业化的协同效应进行分析；最后，围绕产业链机制和协同机制的构建，对我国建筑产业化的发展提出对策和建议。

第 8 章
装配式建筑全产业链创新

8.1 前言

对装配式建筑全产业链创新的界定：本书是指装配式建筑上下游部门在组织、管理、技术等方面的创新，创新的目的是通过对其内外部资源的不断整合利用，在研究开发能力、生产制造能力、营销能力等方面的多种能力做出一定的调整和改变，以紧跟行业发展步伐，获取并保持在行业内的竞争力，推动行业持续性发展[100]。装配式建筑创新是多方面的，任何一个产业链上主体的创新，都会影响到装配式建筑深化设计，这里选取市场营销创新、关键技术创新、智慧设计创新、智能制造创新、新材创新、质量检测和追溯创新进行分析。

8.2 装配式建筑市场营销创新

8.2.1 市场环境分析

由市场需求来促进企业产生技术创新意识进行创新行为的，企业通过对市场的调查研究而产生一些创新想法，并以此加大研发投入。具体来说，企业会首先对市场需求进行相应的调查，再决定技术研发的内容。在调查过程中，企业会不断寻找新的创新机会，促进产生技术创新的新思维[101]。在这种观点下，市场需求拉动创新过程主要包括研究与开发、生产制造、市场销售等几个阶段，见图 8-1。

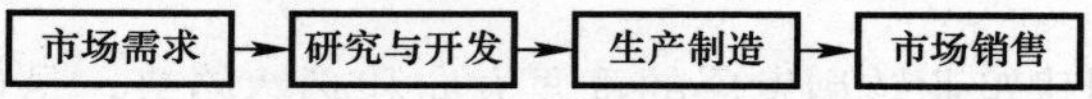

$$\boxed{\text{市场需求}} \rightarrow \boxed{\text{研究与开发}} \rightarrow \boxed{\text{生产制造}} \rightarrow \boxed{\text{市场销售}}$$

图 8-1　市场需求拉动创新

市场营销能力主要是通过企业对市场提前进行调查分析与研究，并在产品研发制造出来后进行适当推广营销的一种能力。它既是企业进行技术创新活动的最后一个环节，也是重要的环节之一。此能力的高低直接是通过消费者对产品的接受程度所反映出来的，营销能力高则说明所创新的产品是被消费者所接受的、被市场所容纳的，能够在市场中创造一定的经济效益和社会效益，也说明这类技术创新是成功的，见图 8-2。

8.2.2 营销推广策略

营销推广策略的合理使用有利于增加企业产品及服务的知名度，吸引客户注意力并使其产生浓厚的兴趣，从而激发其购买欲望或创造品牌忠诚，促使其做出购买决策，最终提高企业销量。装配式建筑营销推广手段主要有新媒体营销推广、品牌营销推广、事件营销推广、搜索营销推广等[95]。

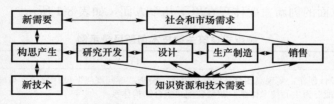

图 8-2　市场需求到产品销售交互模型

1. 新媒体营销

企业主要通过抖音、微信两大社交媒体以及一些门户网站进行营销推广。企业通过自有的微信公众号，以图文并茂的方式为公众详细介绍企业及其主营业务，并且添设了公司大事记、资讯速览等信息板块。其中，资讯速览为公众提供了新闻、行业动态、政策法规及相关问题等信息，便于用户更加深入地了解我国装配式建筑最新的发展详情。

2. 搜索营销

通过"装配式建筑"进行搜索时，排在前几页的文章均是关于企业各种动态的正面信息，包括产业园签约、重点签约项目动工、项目开盘等等，为企业塑造了良好形象。

3. 事件营销

积极参与房交会、筑博会，不仅增强了企业的曝光度，而且表明了参与装配式建筑产业发展，提供装配式建筑解决方案的态度，在政府面前、行业内部和社会公众心中成功地树立起装配式建筑的专业形象。

4. 品牌营销

通过可视化的品牌形象、富有象征吸引力的品牌名称、有形的产品质量和无形的服务品质，将企业的良好公司形象、集团知名度深刻地印入客户心中。

5. 人员营销推广

拥有专业的市场、销售团队，除了线下的销售人员，还有在线销售客服人员。线下的销售人员为来访客户热情地提供关于公司装配式产品和服务的信息介绍服务，并积极、主动地拜访潜在企业客户，寻求合作意向。在线销售客服人员会根据线上客户留下的意向设备和联系方式等信息，及时主动与其联系，进行价格协商、完成交易、解决客户投诉等。

8.3　装配式建筑关键技术创新

装配式建筑关键技术创新的主要内容包括：产品基本性能的渐进提高；产品的生产材料更新；原有产品的核心技术创新；完全新产品的出现；原有产品功能的改善和增多；不同技术的组合。技术创新能够提升产品的质量，确保产品的安全，丰富产品的种类，能够根据消费者的需求进行相关产品的生产，为产品提供更为丰富的功能，能够增强产品的竞争力，使产品获得更大的竞争优势。

8.3.1　关键技术创新分类

装配式建筑是建筑业变革的重要举措和发展方向，属于创新性、较强系统性的一种产业。要加快装配式建筑的发展步伐，关键靠技术的不断革新。要充分认识到装配式建筑的技术特征，并以此为根据不断加强在工艺、材料、技术、设备等方面的创新[102]。装配式建筑在关键技术方面的创新主要体现在以下几个方面，如表8-1所示。

装配式建筑关键技术创新目录示例　　　　　　　表8-1

类别	内容
设计方面	结构设计创新：实现高预制率的结构设计，突破"等同现浇"设计理念，与减隔震技术结合，建立"预制装配"为主的技术体系，新型装配式组合结构体系
	连接节点技术创新：例如创新大直径、大间距钢筋连接技术、环形筋扣合锚接等，大大提高现场安装效率
	构造设计创新：提高装配式建筑防水渗漏功能
	标准化设计技术创新：建筑功能模块设计标准化、构建设计标准化、构件钢筋设计标准化等
	建筑外围护创新技术：结构自保温与装饰一体化外围护墙板、ALC板连接设计等
	卫生间不降板同层排水、大跨预应力叠合板、RIFF体系、不出筋叠合板、周边变阶叠合板、竖向分布钢筋不连接剪力墙结构
	机电、内装一体化装配技术创新
生产方面	新型万能模具技术
	钢筋骨架与模具的自动化组装技术
	精准化智能布料技术和低噪、高效振捣技术
	工厂生产设备系统联动的生产技术
施工方面	高效化装配工法研发、现场机器人施工替代人工
	建筑、机电、结构、装修全专业协同的系统装配技术
	与构件相匹配的系统化、标准化的吊装、防护、支撑等系列工程
	装配式建筑全过程质量控制技术（原材料、构件检测、关键连接部位质量检测与控制、施工验收）
一体化集成技术创新	构件配筋设计统一规格，实现标准化配筋；优化钢筋构造设计，便于机械化生产制造
	一体化的设计-制造-装配技术体系研发
信息化技术创新	全过程5D-BIM信息化装配管理技术
	工厂自动化生产和信息化管理技术

8.3.2　技术创新实施路径

在技术创新理念的发展过程中，出现了多种技术创新的定义，我们对这些定义进行了整合梳理，认为技术创新可以理解为通过研发新型生产技术或改进传统生产技术的方式来提高产品生产效率、生产出更符合市场需求的新型产品，从而获得较高经济利益的过程，见图8-3。

可以从以下几个步骤来实现技术创新：

1）技术创新需要专门的技术人员或研发人员组建专门的研发团体，有时还需要借助高等院校和科研院所的力量；

2）技术创新的目的是开发出一种符合当前市场需求的产品或提高现有技术的生产效率、降低产品生产成本，从而获得更多的利润，增加企业的市场影响力，实现企业经营规模的扩大；

3）技术创新具有多样性，既可以设计出某种前所未有的新技术，也可以将传统的技术进行新的优化组合。

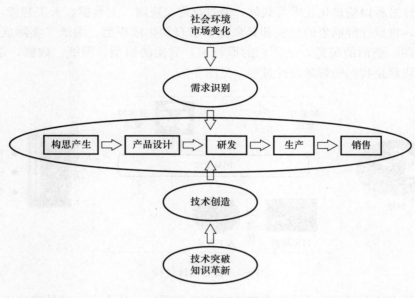

图 8-3　技术创新模型

8.4　装配式建筑智慧设计创新

8.4.1　建筑设计行业现状

建筑设计行业常被设计师们自嘲为"深坑"，每天奔波在画轴网、画平面、画立面、画大样、套图框、标尺寸、加注释等等，除了画图外还有汇报、跑工地。建筑设计师们更是常常与深夜加班为伴，已经感觉不到设计工作的高大上，它更像是一种机械、枯燥的体力劳动。人是具有高等智慧的生物，他不是机器，动作只有这么快，他会疲劳、会有情绪，所以说让人做这种重复性很强的画图工作，一种必然的结果就是，越到后面越慢，并且越容易出错。

建筑行业的设计工作这种现状怎么改变呢？思路很简单：对设计工具进行提升，将画图工作交给机器[103]。换句话来说，就是让我们的设计工具变得智能化、智慧化，让设计的过程变成智慧设计，见图 8-4。

图 8-4　机器替代手工设计过程

智慧设计过程以信息化技术为载体，通过自定义规则、大数据、人工智能，在设计师的互动性下，将设计师抽象的想法和具象的要求自动生成模型、图纸等实际成果的过程。看下面这张图：前面的场地，是我们的原材料；后面的模型、图纸、数据，是我们的成品；中间这块就是我们的智慧设计过程，见图 8-5。

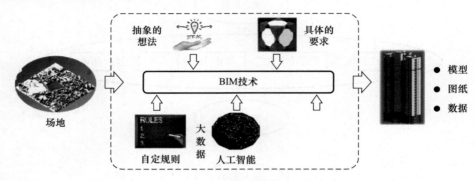

图 8-5　智慧设计过程

信息化技术建立了装配式建筑全产业链共享的图元，从全产业链的高度上实现技术、信息、管理共享，大幅度提高效率。信息化技术不仅支持数据共用、实现室内外可视化、减少信息损失，还能进行碰撞检查和施工模拟，甚至在一定程度上控制成本、抵御风险、保证质量。通过操作和调控生产流水线，深化预制构件的自动化生产，成功地将技术积累转化为产值[104]。具体项目流程，见图 8-6。

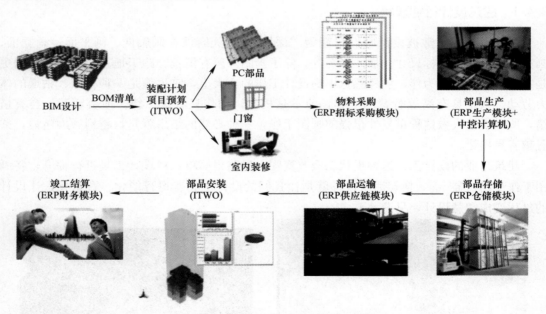

图 8-6　装配式建筑信息技术业务流程

8.4.2　传统设计与智慧设计

设计是建筑产业链的灵魂，设计靠三分创作、七分画图，脑力劳动与体力劳动结合。

1. 传统设计

传统 CAD 工艺设计流程：设计→专业负责人（校对）→项目负责人（审核）→总工（审定），在完成最终的图纸设计后交由校对、审核人员进行校审工作，发现轮廓尺寸、钢筋信息、预埋件布置、装修设备专业开缺预埋及图纸表达等各类型问题，再分别返回给设计人员进行修改。

对于校审人员来讲，外形尺寸是校审的重点，因为一旦构件的外形尺寸出错，安装现场发生碰、缺，造成的经济损失和工期延误都很大。但外形尺寸的校对非常麻烦，细部做法需要逐一手动测量，问题或错误往往得不到直观体现，花费时间长且准确率不高。此外，一栋建筑的构件数量庞大，导致校审工作超负荷且其中大部分属于机械式重复劳动；设计和审图版本不能实时共享，校对审核与设计之间不能联动，被要求修改和已修改部分不明确，版本混乱。

因此，在传统模式下的工艺设计过程，不论是设计人员还是校审人员工作量多且难度大，效率低且准确度也不高。

2. 智慧设计

信息化技术具有可视化、协调性、参数化、模拟性、优化性及可出图等特点。越来越多的企业应用 BIM 软件进行预制构件设计，解决构件设计精准度问题。但构件精度会直接造成 BIM 模型体量的飙升，在未做轻量化处理的情况下，一个标准层的预制构件（50％装配率）要完整地展示轮廓、钢筋、预埋件等信息，对计算机的要求就非常高。如果要实现整栋楼的完整呈现，那将需要用到服务器或工作站。此外，装配式建筑构件数量多、构件内信息烦琐，要在 BIM 模型中快速获取想要的信息，对模型信息进行分析，在现有 BIM 软件中很难实现，需要有配套的 BIM 应用软件。

采用 BIM 进行工艺设计，在校审流程、校审方法、校审内容上都有不同。BIM 工艺设计流程中，在完成工艺拆分模型后，即可开始组织第一次自校，通过智能审图软件自身的碰撞检查功能，事先将外形尺寸问题在此阶段消除；在提交工艺图后进行的二次校审，重点集中在钢筋、预埋件与轮廓之间的碰撞干涉检查。参数化的 BIM 设计便于模型的快速修改，并且模型的修改直接反映在图纸上，因此校审后的问题都能很快地完成修改。

3. 设计流程对比（图 8-7）

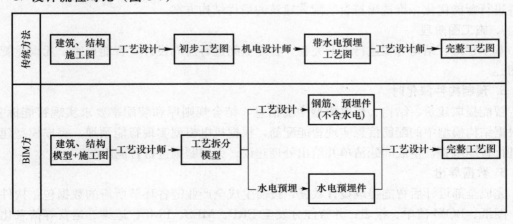

图 8-7　设计流程对比图

8.4.3 智慧设计的目的

1. 设计过程的高效

每个环节通过让机器更多地介入甚至主导，减少人的参与，这样即使反复调整整体方案或细部做法，智慧设计也能游刃有余，使调整更快捷、准确。

2. 获得高品质、优秀的设计成果

我们采用的是一套模型，我们是在一个平台上进行协同设计。从方案阶段开始，即建立装配式 BIM 模型，在随后的阶段中建筑、结构、机电、工艺各专业逐步将信息融入 BIM 模型中，专业间实现大协同，避免错漏碰缺。这种方式也就告别了以前各专业间模型独立、数据不同的场面，实现的是一套相互关联的综合 BIM 模型。

3. 设计成果的多能

在智慧设计下因智而能，各种精度、体量的 BIM 模型，各类分析结果、专业图纸、BOM 清单、报表、说明书都能轻松生成。成果的丰富带来设计价值的提升，全专业的综合 BIM 模型作为数据源，打通信息化系统中的各个环节，基于智慧设计，设计周期大大缩短，各类错误大大降低；再加上各类设计优化及对全产业链各个环节的成品降低，都将起到积极的效果。智慧设计系统服务于传统设计、PC 深化设计、项目策划、工厂生产、现场装配。

8.4.4 智慧设计的实施

1. 场地规划阶段

可智能收集场地信息，根据控制指标进行自动强排，自动比选出综合评分最高的方案。

2. 建筑方案阶段

基于客户需求进行智能分析，结合规划方案和模块库进行智能组拼，智能优选出满足客户需求和高度适应建筑工业化的建筑方案。

3. 结构方案阶段

基于建筑方案智能比选结构体系，然后进行结构件的智能布置，通过迭代计算对平面布置进行智能优化，推选出符合装配式建筑的最优结构方案。

4. 施工图阶段

基于建筑、结构方案进行细节完善，各专业间进行协同设计，智能审查，无误后智能出图。

5. 预制构件深化时

智能提取建筑、结构、机电模型中的信息，结合规则库和装配率要求实现智能拆分，再根据结构模型中的配筋信息实现智能配筋，根据机电模型实现智能预埋，完成模型建立后进行智能审查，生成问题清单并给出处理建议；无问题则进行智能出图。

6. 数据导出

完成全部设计后智能提取设计数据，按需生成全产业链各环节所需的数据包：构件模型、图纸、BOM 清单、报表；并智能分发至 ERP、MES、PMS、运维、运营等信息化子系统，为下游提供数据源。

8.5 装配式建筑智能制造创新

8.5.1 智能制造创新分类

装配式建筑智能制造技术创新能力包括了研究开发能力、生产制造能力和市场营销能力三个方面，同时受外部因素和内部因素影响。外部因素包括政府政策和市场因素；内部因素包括企业家精神、创新氛围、产学研合作和创新投入。根据上述内容构建了装配式建筑相关企业技术创新能力影响因素的概念模型，如图 8-8 所示。

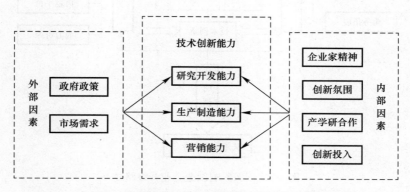

图 8-8 装配式生产企业创新能力影响因素模型

生产制造能力指的是通过企业在试验室中开发出来研究成果，并将其转化为符合相关设计要求、能够满足市场需求的产品，然后再进行规模化批量生产和制造。企业的生产制造能力在一定程度上也是技术创新能力水平的决定要素之一。

8.5.2 制造业升级的影响

制造业升级的直接驱动力来源于市场需求和技术革新，而社会组织环境则是市场拓展和技术进步的培育土壤。市场创新促进技术创新，技术创新反向推动市场创新，而组织创新则是市场创新和技术创新的支撑力量。制造业发展的动力主要包括以下几大方面：技术创新、市场创新和组织创新。对于一些装配式建筑制造企业来说，企业升级和改革的重要原因就是政府政策的变化。这些企业根据国家的指令进行相关产品的生产[101]，一旦国家指令发生变化，这些企业的生产过程也将发生变化。

如图 8-9 所示为创新对企业升级的影响路径。通过图 8-9 可以发现，在企业创新协同体系的建立过程中，需要完成以下几项工作：一是制定企业协同创新战略；二是重新规划企业结构体系；三是制定详细的创新协同运行步骤；四是利用好多种创新协同工具。协同创新机制的建立是需要企业进行适度管理和控制的混合过程。

例如，在装配式制造工厂设备技术创新，研发深度学习 AI 系统机器人，可以对钢筋骨架质量、类型进行判断，对骨架进行定位，可引导机器人准确抓取和放置钢筋骨架，解决装配式构件中钢筋精度低、入模续接难、构件生产线加工工序节拍周期长等一系列问题。这些关键性技术的突破，加快了制造工厂工业机器人的落地应用，促进产能释放，助推装配式工厂无人化的早日实现，见图8-10。

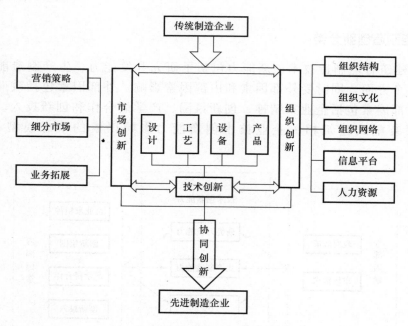

图 8-9　创新影响制造企业升级路径

骨架组合机器人

拉网机器人　　　　　　　　　抓网机器人

图 8-10　机器人在智能工厂制造创新应用

8.6　装配式建筑新材料的创新

　　装配式建筑带动建筑业全面转型升级，采用新材料、新工艺，全面提升工程质量性能和品质，达到高效益、高质量、低消耗、低排放的发展目标[105]。建筑业在不断发展，建筑材料也在不断变化，在材质和工艺上做了创新与改进，能达到环保标准。建筑材料材质更轻薄，但是其更坚固，这种新型材料能达到现在建筑发展的需求，符合人们的期望值。装配式建筑新材料方面的创新，下面以超高性能混凝土装配式外墙饰面板为例进行说明。

8.6.1　特性及适用范围

　　超高性能混凝土板是由先进水泥基复合材料制备而成的外墙装饰挂板，其具有自重轻、吸水低、强度高、耐候性好、服役寿命长、美观、大气等优点。适用于装饰保温一体化建筑外墙及装配式建筑外墙，同时亦可应用于内墙装饰。

1. 超高性能混凝土板

　　超高性能混凝土板是由胶凝材料、骨料、增强材料、颜料组成，经过搅拌、浇筑、养护、表面处理等工艺制成具有装饰效果的外墙挂板。超高性能混凝土板一般由基层、饰面层组成，主要用于建筑外墙围护结构，也可用于制作保温装饰一体板，见图 8-11。

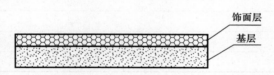

图 8-11　超高性能混凝土板结构图

　　（1）基层：是超高性能混凝土板中主要起承载作用的材料，其材质为水泥基复合材料。

　　（2）饰面层：是超高性能混凝土板中主要起装饰作用的材料，其材质可以为无机砂浆、聚合物砂浆或其他装饰材料。

2. 材料性能（表 8-2）

超高性能混凝土板材料性能要求　　　　　　　　　　　　　　　表 8-2

项目			技术指标
饰面层	按相应材料技术标准执行		
结构层	抗折强度（MPa）	1d	≥5.0
		28d	≥15.0
	抗压强度（MPa）	1d	≥30.0
		28d	≥80.0
	吸水率（%）		≤2.0

3. 外观质量（表8-3）

超高性能混凝土板外观质量要求　　　　　　　　　　　　　　　表8-3

缺陷种类	要求
裂纹、漏涂	无可视
表面气孔	3mm 以上气孔不超过 3 个/m²
残缺、扭曲、翘曲、异物混入表面、龟裂及剥离	不妨碍使用
加工形状以外的凹凸、污损、擦伤、划痕	距离 1m 时观察不明显
装饰目的以外的光泽及色调不一致	距离 1m 时观察不明显

4. 物理力学性能（表8-4）

超高性能混凝土板物理力学性能要求　　　　　　　　　　　　表8-4

项目	技术指标			
	厚度（mm）			
	8~13	14~17	18~20	20~27
弯曲破坏载荷（N）	≥1300	≥1400	≥1500	≥1600
涂膜附着力	涂膜剥离面积率≤5%			
耐候性	表面的剥离、膨胀等的面积率≤2%，涂层板色差值≤6（2级）			
抗冻性	表面的剥离面积率≤2%，没有明显的层间剥离，并且厚度变化率≤10%			
不透水性（mm）	水面降低的高度≤10			
吸水后翘曲（mm）	≤2			
吸水率（%）	≤2			
湿胀率（%）	≤0.30			
燃烧性能	不低于 A_2 级			

注：力学性能的其他指标检测参照《纤维增强水泥外墙装饰挂板》JC/T 2085—2011 第 6.1~6.16 执行。有机饰面层按具体材质对应的检测标准执行。

5. 产品分类

按是否具有保温材料进行分类：

（1）超高性能混凝土板单板：仅由超高性能混凝土制备而成的板材。

（2）保温超高性能混凝土板：由保温材料与超高性能混凝土板单板复合而成的板材。

6. 常用板材规格（表8-5）

常用板材规格图　　　　　　　　　　　　　　　　　　　　表8-5

项目	公称尺寸（mm）
标准板规格	1220×3050
长度	600/900/1200/1500
宽度	600/900/1200
厚度	8~20
保温材料厚度	30/50

注：实际尺寸及厚度根据实际项目供需双方确认。

7. 面板连接系统

（1）超高性能混凝土板背栓连接系统

1）背栓连接是在面板背面预埋专用背栓或背面开背栓孔，植入后置背栓，将连接挂件安装在背栓上，中间加弹性非金属垫片，形成外墙板块组件，然后安装在承托件上。

2）背栓的数量应根据面板形状、大小、所在位置经计算确定。

3）背栓直径不应小于 6mm。

4）背栓中心线距端部距离不应小于 50mm，也不宜大于边长的 20%。

（2）超高性能混凝土板粘锚结合连接系统

1）粘锚结合是指面板通过粘结砂浆等方式，将保温超高性能混凝土板粘贴在墙体上面，再辅以机械锚固措施的连接方式。

2）粘贴的方式主要有点框法、条粘法、网格状。

3）锚固件金属部分应采用不锈钢或经过防腐处理的金属制成。

8. 面板接缝要求

（1）超高性能混凝土板既可采用开放式板缝又可采用封闭式板缝，复合超高性能混凝土板宜采用封闭式板缝。超高性能混凝土板较传统的纤维水泥板具有超低的吸水率，可适应密闭式板缝。

（2）注胶式封闭式幕墙板缝的密封胶，应根据超高性能混凝土板的材料特性和接缝的设计要求选用。胶缝宽度不宜小于 6mm，密封胶与面板的粘结厚度不宜小于 6mm。板缝底部宜采用衬垫材料填充，防止密封胶三面粘结。

（3）开放式板缝应符合下列设计规定：

1）外墙板缝宽度不宜小于 6mm。

2）面板后部空间应防止积水，并采取有效的排水措施。

8.6.2　外墙安装工程图

1. 点挂外墙系统

彩力板点挂系统分有空腔和无空腔两种，连接节点见图 8-12～图 8-15。

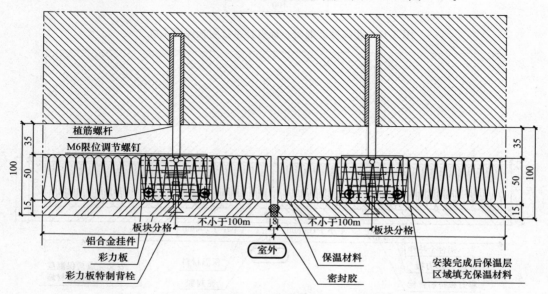

图 8-12　超高性能混凝土板点挂系统附板保温系统一

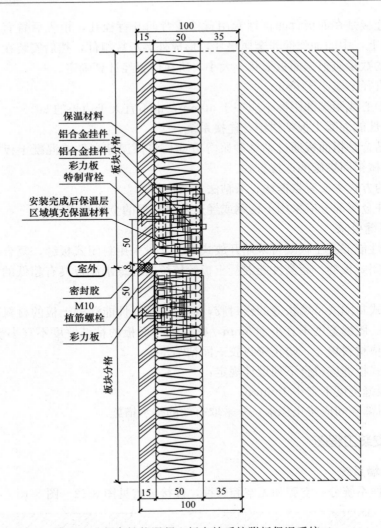

图 8-13　超高性能混凝土板点挂系统附板保温系统二

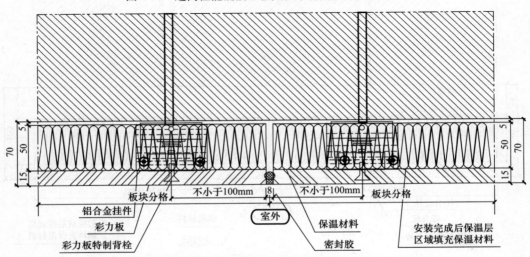

图 8-14　超高性能混凝土板点挂系统附板保温无空腔节点一

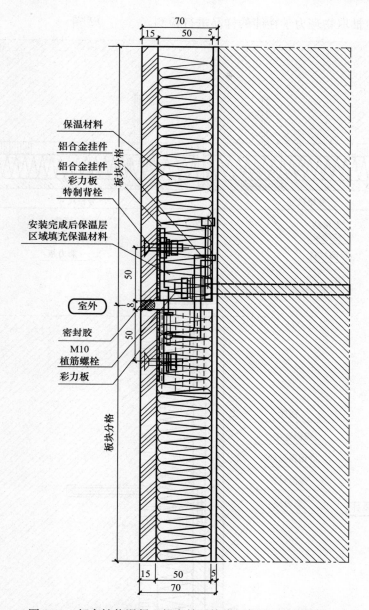

图 8-15　超高性能混凝土板点挂系统附板保温无空腔节点二

2. 粘锚结合外墙系统

3. 框支承幕墙系统

8.6.3　材料产品检测

1. 组批

以同一类型、同一规格 1000m² 为一批，不足 1000m² 亦作为一批。

2. 抽样

在每批产品中随机抽取 3 张试样进行外观质量、尺寸允许偏差检查。在上述检查合格的试件中，随机抽取物理力学性能的样品进行检测。

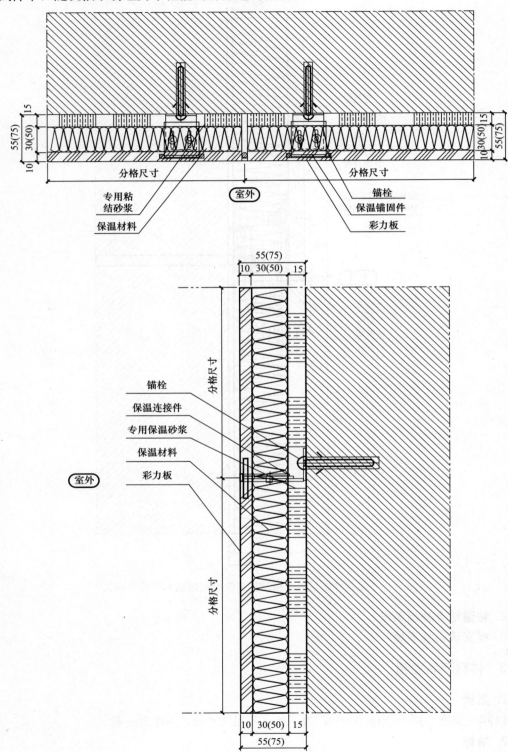

图 8-16　粘锚结合节点详图

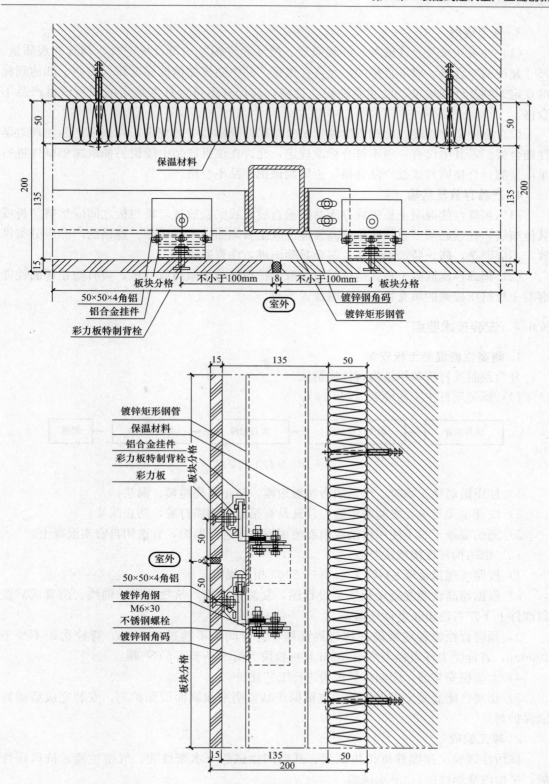

保温材料

板块分格　　不小于100mm　8　不小于100mm　　板块分格

50×50×4角铝　　　　　室外　　　　　镀锌钢角码
铝合金挂件　　　　　　　　　　　　　镀锌矩形钢管
彩力板特制背栓

镀锌矩形钢管
保温材料
铝合金挂件
彩力板特制背栓
彩力板

室外
50×50×4角铝
镀锌角钢
M6×30
不锈钢螺栓
镀锌钢角码

图 8-17　超高性能混凝土板幕墙系统详图

3. 判定规则

（1）外观质量及允许偏差。外观质量、尺寸允许偏差均符合规定时，判其外观质量、尺寸允许偏差合格。对不合格的，允许在该批产品中随机加倍抽样重新检验，全部达到标准规定即判其外观质量、尺寸允许偏差合格，若仍有不符合标准规定的即判该批产品不合格。

（2）物理力学性能。物理力学性能试验结果符合标准中的规定，判该批产品物理力学性能合格。若其中仅有一项不符合标准规定，允许在该批产品中随机另抽取加倍试件进行单项复测，合格则判该批产品合格，否则判该批产品不合格。

4. 产品存放及运输

（1）超高性能混凝土板码垛存库时应垂直放置或平躺放置，板与板之间应垫挤塑板或其他垫层，托盘必须平整，防止超高性能混凝土板翘曲。不同类型、规格的产品应分类堆放，不应混杂，防止装饰面划伤，避免日晒雨淋，注意通风。

（2）超高性能混凝土板在运输时应采取保护措施防止倾斜或侧压，应有防止超高性能混凝土板挤压碰撞的填充物，必要时加盖苫布。

8.6.4 安装技术要点

1. 超高性能混凝土板安装

分为预制反打法和钢结构背栓构造法。

（1）预制反打法工艺要点（图8-18）：

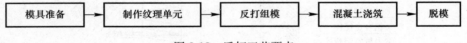

图 8-18 反打工艺要点

1）使用振动棒振捣时，严禁用力接触边模，防止边模跑模、漏浆；

2）纹理单元与单元之间需留缝，且凡是有接缝处均需打胶，防止漏浆；

3）浇筑混凝土时不使用振动台模而使用振动棒进行振捣，宜选用自密实混凝土。

（2）钢结构背栓构造法要点：

1）按照《建筑幕墙》GB/T 21086－2007 相关规定。

2）根据超高性能混凝土板安装设计图，复测建（构）筑物柱网、轴线、前置或后置预埋件上下左右进出长度标高偏差。

3）预埋背栓位置应准确并透过界面层，背栓间距不超过 600mm，背栓边距不少于 100mm，背栓受力杆直径不少于 8mm 且抗拉拨力值不小于 4.5kN/颗。

4）大面积安装前，应制作样板段进行工艺评价。

5）超高性能混凝土板出厂前，应根据产品说明书涂刷面层保护剂，安装完成后需补刷保护剂。

2. 竣工验收

抗污性试验、预埋件抗拉拔试验、幕墙四性试验（水密性能、气密性能、抗风压性能、平面内变形性能）、淋水试验。

8.7 装配式建筑质量检测创新

1988 年由 Judea Pearl 首次提出了贝叶斯网络理论,进一步界定随机变量间的条件相互独立关系,逐渐演变形成一种系统的逻辑推断和科学决策的理论方法。其中,包含朴素贝叶斯(Navie Bayes)、贝叶斯推理、贝叶斯学习、贝叶斯决策和贝叶斯网络等理论方法。在贝叶斯理论引起重视之前,经典统计论方法占据主流,它的理论是不承认先验知识,结果完全依据客观数据。贝叶斯理论的出现,引起了思维的重大改变;基于先验经验,结合观测数据推导的后验概率,深刻地影响了人们的思维,可用于装配式建筑构件质量溯源与监控、统计推理的结构损伤识别方法研究、钢筋混凝土深受弯构件抗剪性能研究、大型工程项目进度风险研究等。

贝叶斯网络具有强大的数学推理能力,能够描述变量间的逻辑关系,充分利用先验经验和样本数据,将随机变量间的条件独立关系转换为联合概率计算,有利于系统解决装配式建筑设计、制造和装配阶段的偏差问题。

8.7.1 贝叶斯网络模型建立

依据贝叶斯方法,定义一个装配式建筑偏差随机变量表示网络结构的不确定性,其状态对应的网络结构设为 Y^r,其先验概率分布 $P(Y^r)$。给定实测数据集 E,E 来自 Z 的联合概率分布。计算后验概率分布 $P(Y^r \mid E)$ 和 $P(\beta_y \mid E, Y^r)$,其中 β_y 是参数向量,根据贝叶斯公式可得

$$P(Y^r \mid E) = \frac{P(Y^r, E)}{P(E)} = \frac{P(E \mid Y^r) P(Y^r)}{P(E)}$$

其中,$P(E)$ 指与结构无关的正则化常数,$P(E \mid Y^r)$ 表示边界似然函数。

通过对研究主体在设计、制造、装配各阶段偏差影响因子研究,结合专家经验等先验知识,定义装配式建筑外墙偏差模型的节点关系和条件概率表。通过对制造和装配阶段检测节点信息提取,分析在小样本、不完整条件下,采用敏感度矩阵方法对外墙偏差贝叶斯网络结构和节点参数进行映射,建立装配式建筑外墙偏差贝叶斯初始模型。

8.7.2 偏差检测节点优化设计

基于偏差原因节点有效独立性准则,根据偏差检测节点对偏差原因节点的敏感度分析,开展实测节点设计优化,建立起实测节点到偏差原因节点的诊断信息矩阵。通过对检测节点映射偏差原因节点敏感度由大到小排序,依次删除敏感度最小的偏差节点,删减非关键有向边和非关键节点,获得最佳检测设计方案,对模型进行优化。

在建立贝叶斯诊断模型后,可汇集偏差的敏感度矩阵与实测信息进行融合应用,从而对模型进行优化更新,见图 8-19。

8.7.3 偏差诊断体系创新应用

在贝叶斯网络学习框架下建立涵盖历史数据和专家经验等先验知识诊断体系,利用装配式构件设计、制造、装配中实体检测数据,通过贝叶斯网络节点计算实现模型诊断学习

和更新，及时找出构件设计、制造与装配过程中主要偏差源分布，实现理论方法指导下的应用创新，提升了装配式混凝土建筑产品制造与装配偏差控制标准，为标准化设计、精益制造与高效装配提供新思路。

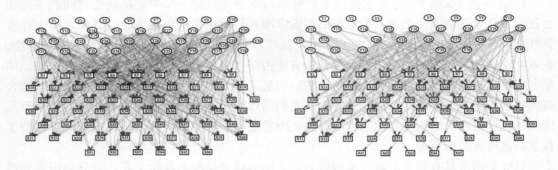

图 8-19 装配式建筑偏差贝叶斯网络模型更新示例

8.8 装配式建筑质量追溯创新

物联网是在计算机互联网的基础上，利用射频识别技术（Radio Frequency Identification，RFID）无线数据通信技术，使网络中物品无须人的干预而能够彼此"交流"。其实质是利用信息感知技术，通过信息传输实现物品的自动识别和信息的互联与共享。在基于物联网的装配式建筑质量追溯系统中，利用 RFID 实现部品、构配件从生产到安装整个过程的信息感知。在生产过程中，将 RFID 标签预置入部品、构配件中，利用 RFID 标签读取器进行关键信息的采集，并实时传入系统的云数据库，架起一个物流与信息流之间的桥梁[106]，为信息的高效采集和处理提供基础条件，反映对项目质量的溯源关系，见图 8-20。

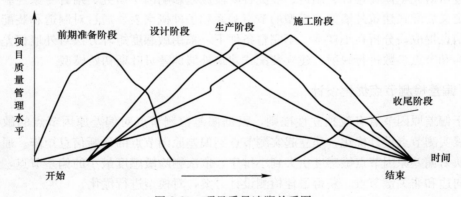

图 8-20 项目质量追溯关系图

建筑工业化项目质量追溯是一个系统性很强的工作。项目建设过程中各个环节不仅有各自的质量管理工作重点，同时也非常强调它们之间的高度协同性。前期阶段、设计阶段、生产阶段和施工阶段工作的质量都会彼此互相产生影响，只是程度有所不同。基于物联网的装配式协同质量追溯机制主要是基于项目建设全生命周期进行工程质量问题根源的追踪和纠正，包括企业认证、工厂生产、部品入库、运输、安装、监理验收和资料归档等环节，而不仅仅局限于某一局部环节或区域。只有从根源上防止问题的发生，才能全面、有效地提高建筑工业化工程项目的质量。

8.9 本章小结

在工业 4.0 和"互联网＋"的时代背景下，在全球范围内各大国开始推动企业转型升级，并开始试验通过创新驱动改造企业传统格局。装配式建筑深化设计的创新，离不开产业链上各主体的创新。任何市场创新、新材料创新、生产施工工法创新、质量检测创新，都会对前端设计带来影响，全产业链创新是分工深化和市场规模扩大循环累积的结果。目前，我国已拥有的制造基础和基于加工组装能力的市场规模，使其逐渐具备了实现自主创新的基本条件。在市场创新层面，经济全球化使我国的劳动和资源密集型产业得到了较大发展，但无法改变我国在国际分工中的不利地位。想要在国际社会中占据一席之地，就必须立足于内生消费需求拉动制造企业升级，通过市场创新不断获得竞争优势；在技术创新层面，要对传传统的设计、生产、施工技术进行新的优化组合，大胆探索装配式新型材料，把数字化应用到装配式建筑全生命周期；在组织创新层面，创新是一项集体性的活动，企业应该加强和科研单位、高等院校等科技创新组织的合作，通过签订相关的合作协议进行相关技术改革，提高生产效率，降低生产成本，提高产品竞争力。

附录——装配式创新企业简介

1. 昆明群之英科技有限公司

昆明群之英科技有限公司是专业从事建筑不降板同层排水系统和不降板装配式集成卫生间研发、生产、销售和服务于一体的高新技术企业，公司本着"以科技做基石、以效率创佳绩、视质量为生命、凭信誉求发展"的理念，坚持以创新推动发展、以技术谋求效益、创新与转化并重的方式，致力于研发具有核心自主知识产权的建筑排水系统和装配式集成卫生间。

基于公司在同层排水行业的持续创新和贡献，全国同层排水技术中心 2016 年设立在公司，作为不降板同层排水系统和不降板装配式集成卫生间的开拓者，将继续树立在本领域技术创新和技术引领的行业典范，通过 ISO 9001 质量管理体系认证，现有生产线能满足不降板同层排水系统年产 20 万套、不降板装配式集成卫生间年产 2 万套的需求。现已在国内主要省市建立了销售服务网络，公司积极参与了 12 项国家、行业和地方技术标准的编制，拥有不降板同层排水系统和不降板装配式集成卫生间的相关专利近 200 项，相关产品已应用于国内几千万平方米的新建、改建建筑工程项目中，将更好地服务于广大客户群体。

技术特点：

（1）不降板同层排水系统实现了卫生间、厨房和阳台等排水场所在设置地漏情况下的无须降板也无须抬高的同层排水，采用横支管污废水分流、废水管集成水封的布置方式，有效地防止了水封干涸现象的产生，极大地提升了排水卫生的安全性，增加了使用净高；同时，便于后续检修维护，杜绝了传统降板同层排水存在沉箱积水、层高压抑的现象，是国家相关标准优先推荐使用的排水方式。

（2）不降板装配式集成卫生间由防水底盘、墙板及顶板通过工厂化生产、现场装配而成，墙板采用大规格陶瓷或岩板，质感高，具有无须结构降板、地面无空鼓感、任意尺寸定制化、管线集成检修、提升空间利用率的优势，是装配化内装修建筑、装配式混凝土结构建筑的最佳选择。

产品系列：

不降板同层排水系统核心管件

2. 筑友智造科技产业集团

筑友智造科技产业集团（简称筑友智造）是河南建业集团旗下，专业提供智慧建筑整体解决方案的运营商，同时从事智慧建筑生态链建设的创新型高科技企业，旗下拥有行业第一家上市公司（HK.000726）。公司始终坚持"科技领先"的发展战略，拥有行业领先的五大核心技术体系，掌握智慧建筑领域 BIM、物联网、大数据、人工智能等核心技术。专利数量一直稳居行业第一位，设有国家博士后科研工作站等产学研应用平台。

不降板装配式集成卫生间

3. 云南城投中民昆建科技有限公司

公司始建于 2017 年，主要经营装配式建筑、绿色建材、混凝土构件生产、金属结构制造及销售、建筑工程的施工、建筑工业化技术咨询；建筑用新材料、新工艺、新技术、新设备的研发、生产及销售；建筑工程检测服务、工程勘察设计、整体厨房、整体卫浴的研发、生产及销售。目前，合作伙伴包括万科、保利、金地、云南城投等诸多知名企业，是云南省领先的装配式建筑企业，2020 年荣获国家级装配式建筑示范基地。

装配式叠合板/装配式高精度楼梯/集成混凝土市政产品

4. 昆明市建筑设计院股份有限公司

昆明市建筑设计研究院股份有限公司始建于 1964 年 9 月，是云南省最早的国家甲级勘察设计单位之一。公司现有 4 个国家甲级资质，分别为建筑工程设计（建筑装饰工程设计、建筑幕墙工程设计、轻型钢结构工程设计、建筑智能化系统设计、照明工程设计和消防设施工程设计相应范围的甲级专项工程设计，可从事资质证书许可范围内相应的建设工程总承包业务以及项目管理和相关的技术与管理服务）、城乡规划、工程咨询、岩土工程勘察；2 个乙级设计资质，分别为市政设计（排水工程、给水工程、道路工程设计；风景园林专项设计。可从事资质证书许可范围内相应的建设工程总承包业务以及项目管理和相关的技术与管理服务）、工程咨询（生态建设、环境工程、城市规划的工程咨询）；2 个丙级资质［电力行业工程设计（变电工程、送电工程）、旅游规划设计］；施工图设计文件审查资格，含勘察一类、房建设计一类（含超限）、市政设计二类（道路、给水、排水）；具有国家商务部核发的对外承包工程资格；通过质量管理体系（ISO 9001）认证。

公司现有在职职工近 500 人，其中各类专业人员近 398 人，正高级工程师、高级工程师 105 人，各类专业执业注册人员 103 人。

5. 云南云天任高实业有限公司

云南云天任高实业有限公司是依托云天化集团优质的磷石膏资源，生产节能、环保、新型建筑材料的资源综合利用型企业，公司立足保护和节约资源，以资源循环利用为己任，积极响应国家政策，引进国内外先进技术及设备，结合本区域资源优势，是致力于新型绿色建材——石膏复合墙体材料研发、制造、安装、推广一体化的专业公司。

高精度石膏复合条板/高精度石膏砌块/石膏砂浆/石膏自流平

参考文献

[1] 甘元彦. 我国建筑工业化项目质量因素分析及协同管理机制研究 [D]. 重庆：重庆大学，2017.

[2] 纪颖波. 我国住宅新型建筑工业化生产方式研究 [J]. 住宅产业，2011，06：8-12.

[3] 装配式建筑评价标准 GB/T 51129—2017 [S]. 北京：中国建筑工业出版社，2017.

[4] 装配式混凝土建筑技术标准 GB/T 51231—2016 [S]. 北京：中国建筑工业出版社，2017.

[5] 仇保兴. 关于装配式住宅发展的思考 [J]. 住宅产业，2014，06：10-16.

[6] 朱伟伟. 装配式建筑的发展现状及前景展望 [J]. 工程建设，2020，3：155-157.

[7] 李丹. 基于装配式建筑视角下的青年公寓适应性设计策略研究 [D]. 深圳：深圳大学，2018.

[8] 王孟男. 装配式建筑全寿命周期成本分析及对策研究 [D]. 沈阳：沈阳建筑大学，2016.

[9] 詹小萍，叶志龙. 装配式混凝土结构发展与应用 [J]. 四川水泥，2018，005：286.

[10] 李翔玉. 保障房建设中推行 CSI 体系的探讨 [J]. 住宅产业，2013，09：65-67.

[11] 谢俊，张贤超，张友三. BIM 技术在装配式建筑产业链中的应用 [C]. 第一届全国 BIM 学术会议论文集，2015（10）：104-108.

[12] 叶浩文. 装配式建筑一体化建造 [R]. 长沙：中建科技集团有限公司，2017.

[13] 张国顺. 装配式建筑现状及发展前景 [J]. 中国战略新兴产业，2018，44：062-063.

[14] 张钰璇. 装配式建筑产业链多主体协同机制研究 [D]. 济南：山东建筑大学，2018.

[15] 韩曰辉. 装配式建筑对现代建筑设计的影响 [D]. 南昌：南昌大学，2017.

[16] 建筑产业工业互联网. 重力在轮船、飞机、和建筑物等组装过程中所处的地位和作用在变化 [Z].

[17] 斯蒂芬·基兰. 再造建筑——如何用制造业的方法改造建筑业 [M]. 北京：中国建筑工业出版社，2009.10.

[18] 辛善超. 基于模块化体系的建筑"设计—建造"研究 [D]. 天津：天津大学，2016.

[19] 建筑产业工业互联网. 新世纪建筑需要重新定义 [Z].

[20] 卢存杰. 跨界设计思维研究 [D]. 青岛：青岛理工大学，2016.

[21] 建筑产业工业互联网. 用制造业改造建筑业是探索两化融合的可能 [Z].

[22] 叶浩文，叶明. 准确把握装配式建筑内涵与外延——不断推动我国建筑业转型升级 [Z]，建筑工业化装配式建筑网，2019.

[23] 叶浩文. 一体化建造——新型建造方式的探索和实践 [M]. 北京：中国建筑工业出版社，2019.

[24] 丁颖. 高层新型工业化住宅设计与建造模式研究 [D]. 南京：东南大学，2018.

[25] 韩丽霞. 产业化集合住宅户型设计方法研究 [D]. 北京：北京工业大学，2016.

[26] 万科地产. 住宅标准化研究. 百度文库，2019.

[27] 建筑模数协调标准 GB/T 50002—2013 [S]. 北京：中国建筑工业出版社，2013.

[28] 王巍，彭宇，丁焕龙. 浅述装配式建筑方案阶段设计流程 [J]. 四川建筑，2018，05：36-38.

[29] 装配式钢结构建筑技术标准 GB/T 50002—2013 [S]. 北京：中国建筑工业出版社，2014.

[30] 陈子健. 基于住宅产业化背景下的 PC 装配式住宅综合设计策略研究 [D]. 南京：东南大学，2018.

[31] 装配式剪力墙住宅建筑设计规程 DB11/T 970—2013 [S]. 北京：北京市规划委员会，2013.

[32] 装配整体式混凝土居住建筑设计规程 DG/TJ 08-2071—2016 [S]. 上海：同济大学出版社，2016.

[33] 镇江市装配式混凝土楼梯设计技术导则（试行）[G]. 江苏：镇江市勘察设计协会，2019.

[34] 装配式住宅建筑设计标准 JGJ/T 398—2017 [S]. 北京：中国建筑工业出版社，2018.

[35] 河南省装配式建筑评价标准 DBJ41/T 222—2019 [S]. 河南：河南省住房和城乡建设厅，2019.

[36] 工业化建筑评价标准 GB/T 51129—2015 [S]. 北京：中国建筑工业出版社，2016.

[37] 邬新邵，谢俊，蒋涤非. 装配式体育馆标准化设计探索 [J]. 城市建筑，2016（12）中：1-3.

[38] 王天娇. 北方地区工业化保障性住房设计评价研究 [D]. 北京：北京建筑大学，2017.

[39] 预制建筑网. 装配式建筑全过程设计要点 [Z]. 百度文库.

[40] 装配式混凝土结构技术规程 JGJ 1—2014 [S]. 北京：中国建筑工业出版社，2014.

[41] 合肥市建设网. 合肥装配式建筑应用技术系列手册 01——混凝土设计篇 [G]. 安徽：合肥市城乡建设局，2020.

[42] 中心技术动态. 装配式混凝土建筑前期策划设计要点 [G]. 重庆：重庆市建设技术发展中心，2018.

[43] 谢俊，蒋涤非，周婳. 装配式剪力墙结构体系的预制率与成本研究 [J]. 建筑结构，2018（2）：33-36.

[44] 蒋涤非，谢俊，庄伟. 某装配整体式剪力墙住宅技术经济性分析 [J]. 建筑结构，2018（2）：37-39.

[45] 恒大集团. 装配式混凝土住宅设计指引 [G]. 广州：恒大地产集团住宅产业化中心，2017.

[46] 樊则森. 集成设计——装配式建筑设计要点 [J]. 住宅与房地产，2019，02：98-103.

[47] 谢俊，沈巧娟，宝正泰. 展览建筑室内交通空间设计 [M]. 北京：中国建筑工业出版社，2018.

[48] 樊则森，唐一萌，刘畅. "改"方案随笔——传统住宅与装配式住宅建筑设计方法之不同 [J]. 建筑技艺，2014，06：77-81.

[49] 冯雪庭. 装配式建筑外墙的精细化设计 [D]. 南京：东南大学，2018.

[50] 王巍，彭宇，丁焕龙. 浅述装配式建筑方案阶段设计流程 [J]. 四川建筑，2018（12）：36-38.

[51] 康旻楠. 装配式混凝土多层停车楼建筑设计研究 [D]. 成都：西南交通大学，2017.

[52] 预制建筑网. 装配式混凝土建筑的平面设计与立面设计要点 [Z]. PC 工厂全程技术服务.

[53] 黄小花. 住宅产业化背景下预制混凝土装配式住宅立面设计研究 [D]. 深圳：深圳大学，2017.

[54] 叶钦辉. 装配式建筑立面多样化设计方法研究 [D]. 湖南：湖南大学，2018.

[55] 叶雷霆. 厦门装配式混凝土结构技术应用研究 [D]. 厦门：厦门大学，2017.

[56] Jun XIE，Difei JIANG，Zhengtai BAO and Qiguo LI. Discussion about the Analysis and Design of Over-Height High-Rise Structure [C]. The Paper of 2018 International Conference on Construction and Real Estate Management（ICCREM），2018（5）：56-61.

[57] 张忠喜. 装配式混凝土建筑结构设计分析 [J]. 中国房地产产业，2018（024）：77-79.

[58] 混凝土结构工程施工规范 GB 50666—2011 [S]. 北京：中国建筑工业出版社，2011.

[59] 混凝土结构设计规范 GB 50010—2010 [S]. 北京：中国建筑工业出版社，2011.

[60] 谢俊，蒋涤非，庄伟. 某商务公寓超限高层结构分析与设计 [J]. 建筑结构，2018（3）：57-61.

[61] 蒋兆晖. 装配式混凝土结构设计方法研究 [J]. 建筑与装饰，2019（10）：22-24.

[62] 谢俊，蒋涤非，陈定球. 深圳大厦超限高层结构抗震设计 [J]. 工业建筑，2017（9）：175-180.

[63] 建筑抗震设计规范 GB 50011—2010（2016 年版）[S]. 北京：中国建筑工业出版社，2010.

[64] 王正凯. 基于 BIM 的装配式建筑预制构件设计加工技术研发 [D]. 北京：中国建筑科学研究院，2018.

[65] 谢俊，蒋涤非，凌琳. 某装配整体式剪力墙结构拆板、拆墙方法研究 [J]. 建材与装饰，2015（10）：123-124.

[66] 谢俊，胡友斌，张友三. BIM 在国内预制构件设计中的应用研究 [C]. 第二届全国 BIM 学术会议

论文集，2016（11）：92-97.

[67] 叶红雨. 构件工艺设计与建筑装配设计方法初探［D］. 南京：东南大学，2019.

[68] 黄小坤，田春雨. 预制装配式混凝土结构研究［J］. 住宅产业，2010（09）：28-32.

[69] 宝正泰，谢俊，何朝辉. 钢结构设计连接与构造［M］. 北京：中国建筑工业出版社，2019.

[70] 钢筋套筒灌浆连接应用技术规程 JGJ 355—2015［S］. 北京：中国建筑工业出版社，2015.

[71] 鞠小奇，庄伟，谢俊. 结构工程师袖珍手册［M］. 北京：中国建筑工业出版社，2016.

[72] 胡友斌，谢俊，蒋涤非. 基于 Solidworks 的大尺寸异形模块吊装技术研究［J］. 施工技术，2016（1）：85-88.

[73] 叶轩. 基于 BIM 的装配式构件深化设计方法研究［D］. 广西：广西科技大学，2019.

[74] 混凝土结构工程施工质量验收规范 GB 50204—2015［S］. 北京：中国建筑工业出版社，2014.

[75] 王珅. 装配式住宅给水排水设计要点探析［J］. 住宅与房地产，2019（05）：67.

[76] 郭向阳. 装配式建筑机电深化设计［J］. 广东土木与建筑，2019（5）：27-29.

[77] 郝飞，范悦. 日本 SI 住宅的绿色建筑理念［R］. 绿色建筑大会，2008（02）：195-203.

[78] 张国顺. 装配式建筑现状及发展前景［J］. 中国战略新兴产业，2018（44）：062-063.

[79] 谢伦杰，谢俊. 高烈度地区装配式建筑实践［M］. 北京：中国建筑工业出版社，2020.

[80] 装配式混凝土建筑施工规程 T/CCIAT 0001—2017［S］. 北京：中国建筑业协会，2017.

[81] 陈涛. 装配式混凝土结构建筑的电气设计［J］. 现代建筑电气，2017，11：55-61.

[82] 装配式混凝土建筑深化设计技术规程 DBJ/T 15—155—2019［S］. 广东：广东住房和城乡建设厅，2019.

[83] Jun XIE, Difei JIANG, Zhentai BAO. Study on Elastic-plastic Performance Analysis of A Prefabricated Low Multi-story Villa［C］. The Paper of The 5th International Conference on Civil Engineering 2019（5）：36-39.

[84] 吴双. BIM 技术在装配式建筑设计中的应用实践［J］. 基层建设，2017（20）：33-38.

[85] 建筑工业化内装工程技术规程 T/CECS 558—2018［S］. 北京：中国计划出版社，2018.

[86] 装配式混凝土建筑设备与电气及全装修技术规程（征求意见稿）［S］. 广西：广西壮族自治区住房和城乡建设厅，2017.

[87] 云南省装配式建筑评价标准 DBJ53/T 96—2018［S］. 云南：云南科技出版社，2018.

[88] 装配式整体厨房应用技术标准 JGJ/T 477—2018［S］. 北京：中国建筑工业出版社，2019.

[89] 装配式整体厨房应用技术标准［S］. 辽宁：辽宁省住房和城乡建设厅，2011.

[90] 装配整体式混凝土叠合剪力墙结构技术 DB42/T 1483—2018［S］. 湖北：湖北省质量技术监督局，2018.

[91] 谢俊，邬新邵. 装配式剪力墙结构设计与施工［M］. 北京：中国建筑工业出版社，2017.

[92] 周敏. 产业链视角下住宅产业化协同机制研究［D］. 福建：华侨大学，2016.

[93] 刘丹. 装配式建筑设计标准体系构建研究［D］. 哈尔滨：东北林业大学，2018.

[94] 黄卫伟. 以客户为中心［M］. 北京：中信出版社，2016.

[95] 唐红华. 三一筑工装配式建筑营销推广策略研究［D］. 广西：广西大学，2019.

[96] 谢俊，蒋涤非，张贤超. 基于建筑工业化的设计工厂研究［J］. 城市建设理论研究，2015（10）：12-13.

[97] 俞侃. Revit 协同设计在建筑工程中的应用研究［D］. 天津：天津大学，2017.

[98] 肖帅. 装配式建筑建设过程多主体信息协同研究［D］. 北京：北京交通大学，2019.

[99] Jun XIE, Difei JIANG, Zhentai BAO and Pin ZHOU. BIM Application Research of Assembly Building Design：Take ALLPLAN as an Example［C］. The Paper of 2018 International Conference on Construction and Real Estate Management（ICCREM）2018（5）：36-39.

[100]　邬新邵，谢俊，蒋涤非．装配式体育馆的创新与应用［J］．科研，2016（12）：03-04.

[101]　陈静．协同创新对制造企业升级的影响机制研究［D］．南京：南京航空航天大学，2018.

[102]　冯艳玲．基于信息可视化的装配式建筑专利计量分析［D］．重庆：重庆大学，2018.

[103]　邬新邵，谢俊，蒋涤非．基于 PLANBAR 的装配式建筑设计效率研究［J］．建筑结构增刊，2017（10）：31-38.

[104]　胡友斌．基于 BIM 的装配式建筑设计效率研究［J］．土木建筑工程信息技术，2018（2）：48-54.

[105]　彩力板 Q_ZYXC－06－2018［S］．南京：南京中民筑友智造科技有限公司，2018.

[106]　刘美霞，邓晓红，刘佳，徐秀杰，王全良，张中，王广明．基于物联网技术的装配式建筑质量追溯系统研究［J］．住宅产业，2016（10）：41-57.

后记

　　此刻，我即将结束在云南的工作，回首四年时光，转瞬即逝；一路行来，感慨万千！心怀产业报国梦想，来到美丽的彩云之南，千载悠悠，古滇王国。抚仙湖畔，滇池洱海，风景迤逦，民风淳朴，文脉传承，步履坚定。艰难起步，从无到有，一点一滴，萦绕于胸！

　　难忘寄居在商会时，一穷二白的创业伊始；更难忘半年六万里行程的分秒必争；难忘江川人民的深情厚谊，更难忘众和同仁的百倍信任；难忘安宁的铩羽而归，难忘晋宁基地建成开业，难忘阳光城艰苦奋斗，更难忘古滇项目装配示范！难忘滇西之行，又怎敢忘却滇东之旅。衷心希望在云南四年播下的产业种子，能在祖国"一带一路"的伟大征程中随风潜入夜，润物细无声；忽如一夜春风来，千树万树梨花开！

　　感恩在云南遇到的诸多好人，感谢给予我关心和帮助的各位领导！感谢蔡嘉明、赵碧宝、陈刚、王江、李寿、邓超、李建新、李向永等领导四年来给我的许多指点，感谢同事任立君、刘峥、蒲自华、冯宝庆、何林露、赵小龙、左云霞、李尚霖、成程、黄燕、付梦娴、李存琪、董玮艺、盛伟东、许怡等给我的诸多支持。感谢肖华娟、邓宏旭、罗文兵、余志岗、包继斌、陈铭、马俪娅、渠源、邹杏芬、林永月、曹雷、许浩波、唐祥念等好朋友的支持和鼓励。

　　感谢上苍，让我经历这么多，依然还生存着。历尽艰险，初心不改，四十不惑，慢慢找到自己的使命。

　　感谢我的父母，你们是我最坚实的后盾。感谢我的妻子，你让我过上有儿有女的生活。感谢儿子桐桐、女儿加加，你们是我不懈奋斗的源泉！

　　感谢所有爱我和我爱的人！

谢　俊